O'Reilly 出版的 Swift 主題推薦書單

iOS Swift 遊戲程式開發錦囊妙計
iOS 15 Programming Fundamentals with Swift
Swift 學習手冊
人工智慧開發實務 使用 Swift
Swift Pocket Reference
Native Mobile Development

O'Reilly 深入淺出系列推薦書單

深入淺出 Android 開發
深入淺出 C#
深入淺出 設計模式
Head First Git
深入淺出 Go
深入淺出 iPhone 與 iPad 開發
深入淺出 Java 程式設計
深入淺出 JavaScript 程式設計
深入淺出 學會編寫程式
深入淺出 物件導向分析與設計
深入淺出 程式設計
深入淺出 Python
深入淺出 軟體開發
深入淺出 網站設計

深入淺出 Swift 程式設計

如果我能快速學會 Swift 程式設計，這不是很夢幻嗎？這樣我就能開發應用程式、網站、命令列工具等等一切程式！

Paris Buttfield-Addison
Jonathon Manning

黃詩涵　編譯

在此我們要感謝 Swift 開放原始碼團隊、Apple 公司員工、所有來自 /dev/world 研討會的與會者、以及參與 Swift 社群的廣大鄉民。

並且，謝謝 Swift，多虧這項程式語言本身具有足夠的複雜性和趣味性，我們才敢為這本書的內容擔保。

喔，當然還要謝謝我們的家人；Paris 要特別感謝他的媽媽和老婆，Jon 想謝謝他的媽媽、爸爸以及廣大的家族成員，一路給予他們的所有支持。

作者簡介

本書作者 **Paris Buttfield-Addison** 和 **Jon Manning** 在澳洲 Tasmania 州的首府 Hobart 市，共同創辦了一家開發遊樂器遊戲的工作室 ——Secret Lab。

Paris 和 Jon 都擁有電腦科學博士學位，兩人多年來共同撰寫了 30 本左右的電腦技術書籍。在頗具影響力的「Web 2.0」時代，他們曾經一起在新創公司 Meebo 工作過，而且是 AUC /dev/world 背後的成員之一；在以 Apple 為主題的開發者大會裡，這是舉辦最久的研討會。

Paris 和 Jon 在工作室 Secret Lab 裡，創作出數千個應用程式和遊戲，其中最為人所熟知的便是冒險遊戲「Night in the Woods」，曾獲得 Independent Game Festival 大會和英國電影學院獎（British Academy Film Awards）的獎項；最熱門的開放原始碼專案「Yarn Spinner」（*https://yarnspinner.dev*），則是支撐數以千計敘事性遊樂器遊戲的力量。

兩人目前都居住在 Hobart 市，喜歡攝影和烹飪，在研討會上發表過大量的演講。如欲聯絡兩人：Paris 的 Twitter 帳號為 *@parisba*，個人網站為 *https://paris.id.au*；Jon 的 Twitter 帳號為 *@desplesda*，個人網站為 *https://desplesda.net*；工作室 Secret Lab 的 Twitter 帳號為 *@thesecretlab*，官方網站為 *https://secretlab.games*。

目錄（精簡版）

目錄（貨真價實版）

前言

本書要讓你的大腦專注在 Swift 上。當你嘗試學習某個東西的同時，你的大腦也正在幫你一個大忙 —— 確保你的學習無法堅持下去，它在想：「最好先留些思考空間給更重要的事，例如，該避開哪些野生動物，還有裸露身體去玩滑雪板是否很蠢」。因此，你要怎麼哄騙大腦，讓它以為你要了解 Swift 才能活下去呢？

Swift 程式設計入門

1 開發應用程式、系統，並且超越極限！

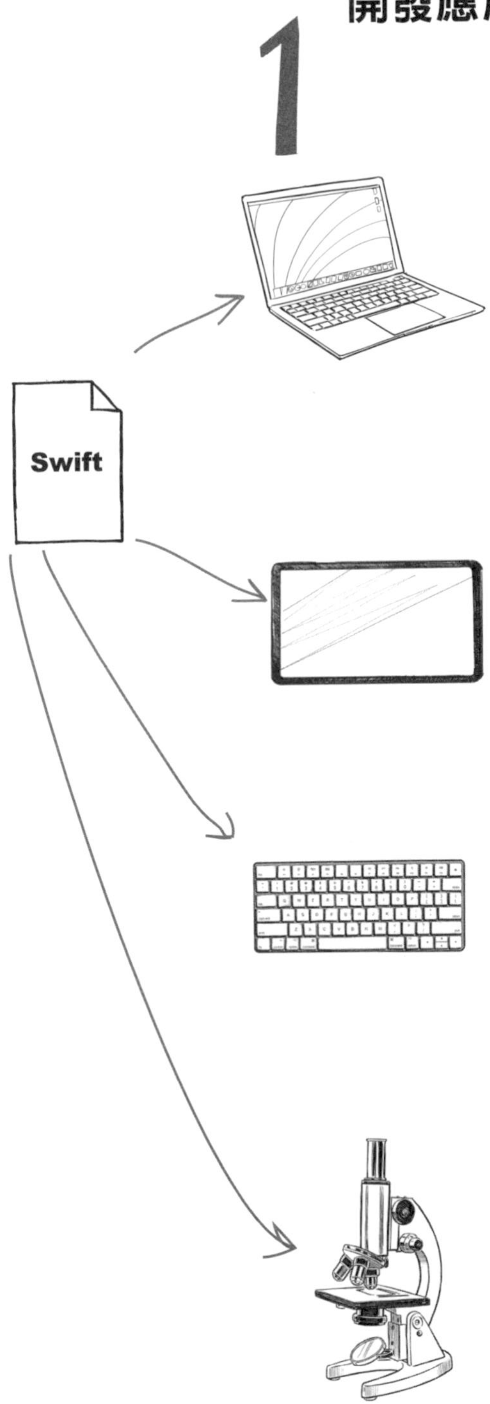

Swift 是能讓你倚賴與信任的程式語言。這個程式語言甚至可靠到你能帶它回去見你的家人，它不僅安全、可靠、快速、友善，而且易於溝通。雖然 Swift **最為人所熟知的用法是應用在 Apple** 平台上，例如，iOS、macOS、watchOS 和 tvOS，不過，有些 Swift 的開放原始碼專案也能在 Linux 和 Windows 上執行，而且逐漸在**系統程式語言**和伺服器上展露頭角。所有你能想到的內容都能利用 Swift 開發出來，從行動應用程式到遊戲、網頁應用程式、框架等等一切都將是你的囊中之物。讓我們開始一起學習吧！

請叫我神速語言

2 Swift 程式語言的基本特性

我們在前一章已經帶你認識 Swift 的主軸，接下來這一章會進一步深入Swift 程式的建立組件。既然你已經相當清楚 Swift 的殺傷力有多強，現在就該來付諸實踐。本章會帶你使用 Playgrounds 來撰寫一些程式碼，教你如何使用**陳述式**、**表達式**、**變數**和**常數**等這些構成 Swift 程式的基本組件，為你將來的 Swift 程式設計生涯打下基礎。你還會學到如何掌握 **Swift 的型態系統**，以及**利用字串表達文字**的基礎知識。那我們就開始囉…你將親眼見識到自己以疾如風的速度寫出 Swift 程式碼。

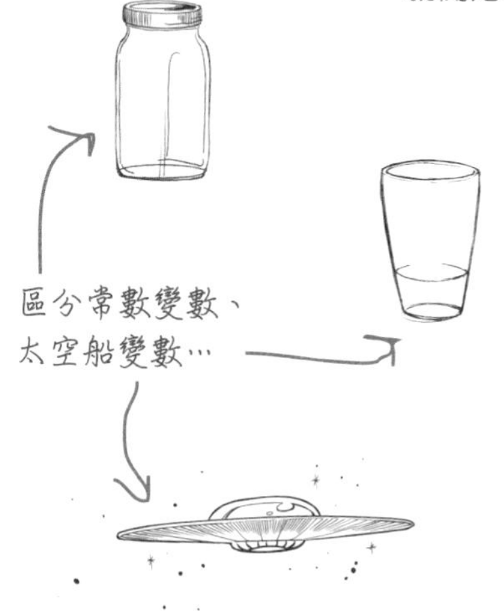

收集與控制

3 令人著迷的資料迴圈

你已經認識 Swift 的表達式、運算子、變數、常數和型態，接著該來強化這部分的知識，並且探索一些 Swift 的進階資料結構和運算子：**集合**與**控制流**。本章會探討如何將資料集合放進變數和常數，以及如何**利用控制流陳述式來建立資料結構、處理資料**和**操作資料**。本書後續還會討論其他收集與建立資料結構的方法，但現在就讓我們先從**陣列**、**Set** 和 **Dictionary** 看起。

函式與列舉

4 依需求打造重複利用的程式碼

Swift 函式允許使用者將特定行為或工作單元獨立出來，包裝成單一程式碼區塊，讓使用者可以從程式的其他部分呼叫這個程式碼區塊。函式可以**獨立運作**，或是定義為**類別**、**結構**或**列舉**的一部分，這些都通稱為**方法**。函式的作用是讓你將複雜的任務拆解成更小、更好管理以及更容易測試的單元，是 Swift 建立程式結構的核心之一。

閉包

5 酷炫又靈活的函式

函式雖然好用，但有時你需要更大的靈活性。因此，Swift 允許你可以**將函式當作型態來使用**，就像整數或字串那樣。這表示**你可以建立一個函式，然後將函式指定給某個變數**，指定完成後，你就可以使用該變數來呼叫函式，或是將函式作為參數傳遞給其他函式，以這種方式建立和使用的函式就稱為**閉包**（**closure**）。閉包好用的地方在於它們可以從自身定義的前後環境去**捕獲**常數和變數的**引用值**，這樣的行為相當於**將一個值封閉起來**，因而得名。

結構、屬性和方法

6 超越自訂型態

處理資料時通常會牽涉到定義自己需要的資料類型。Swift 裡的**結構**（**structure**，通常縮寫成關鍵字「**structs**」）允許使用者**組合其他型態**，創造出**自訂的資料型態**，就與 String 和 Int 這類的資料型態一樣。利用結構表示 Swift 程式碼正在處理的資料，讓你有機會能退一步思考，這些通過程式碼的資料究竟是如何相輔相成。**結構能儲存變數、常數和函式**；在結構裡，前兩項稱為**屬性**，最後一項則稱為**方法**。讓我們一起來為你的 Swift 世界增添一些結構，進而深入了解。

類別、Actor 模型和繼承

繼承永遠不退流行

雖然結構已經在自訂型態方面展現它是多麼有用的功能，但 Swift 還偷藏了很多技巧，其中也包含**類別**。類別和結構**相似**：類別也能讓你**新建的資料型態具有屬性和方法**，然而，除了作為**引用型態**，**類別還支援繼承**；類別的引用型態是讓指定類別的實體可以共享同一個資料副本，這點和結構不同，結構屬於被複製的值型態。繼承允許一個類別能建立在另一個類別的特性之上。

程式協定與擴展

Swift課題——程式協定

雖然你已經掌握類別和繼承的知識，但 Swift 有更多建立程式結構的技巧，而且更快速。本章要帶你認識程式協定和擴展。**Swift 程式協定是讓你定義一張藍圖**，用於**指定**某個目的或功能所需要的**方法和屬性**。類別、結構或列舉**採用程式協定**，並且實作協定的內容。當型態提供所需功能和採用程式協定，就會說型態是**遵守**該項程式協定。**擴展**這項特性，簡單來說，就是**為現有的型態新增功能**。

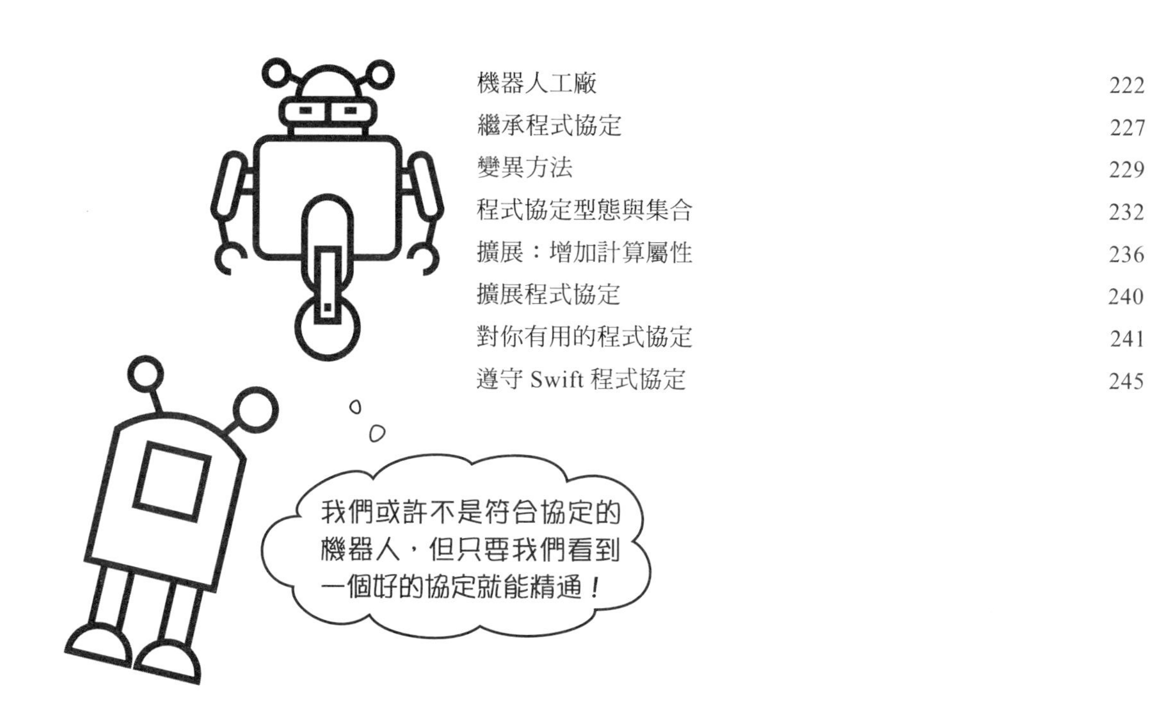

Optional 型態、解開、泛型等等議題

9 你沒有選擇

處理不存在的資料是一項挑戰。幸好 Swift 提供了解決方案，讓我們一起來會會 **Optional 型態**。**不論值是否存在**，Swift 的 Optional 型態都能幫你處理，這是 Swift 程式語言針對安全性而設計的眾多機制之一。截至目前為止，你已經在本書的程式碼裡看過幾次 Optional 型態，現在我們要更深入探討這個主題。Optional 型態之所以能**讓 Swift 具有安全性**，是因為這項機制能防止你不小心寫出會讓程式中斷的程式碼，可能是因為缺少資料或是回傳了一個實際上不存在的值。

SwiftUI 入門

10 建立 Swift 使用者介面…非常快速

你的工具箱已經充滿 Swift 技術、功能和元件，現在該來好好地使用它了：我們將帶你從本章開始建立使用者介面（user interface，簡稱 UI），也可以說是建立 Swift UI。本章會將所有一切整合在一起，創造出第一個真正的使用者介面。我們要**利用 Apple 平台的使用者介面框架 —— SwiftUI**，建立一個完整的體驗。此處會繼續使用 Playgrounds，至少一開始還是會用，但這裡所做的一切其實都是為了奠定基礎，讓你日後能開發真正的 iOS 應用程式。請做好心理準備：本章有滿滿的程式碼和大量的新觀念。

你會有時間喝飲料，只是要等你學完 SwiftUI 之後…

SwiftUI 應用

11 能畫圓、做計時器、設計按鈕——天啊，SwiftUI 也太強了吧！

不僅僅只有按鈕和清單，SwiftUI 能幫你實現更多想法，你還可以使用形狀、動畫等等元件！本章會帶你看一些 **SwiftUI 建構使用者介面的進階方法**，並且讓介面與資料來源連動，而不只是連結使用者產生的內容（例如，待辦事項）。SwiftUI 能**建立回應式使用者介面**，處理來自四面八方的**事件**。本章會使用 Apple 的 IDE「Xcode」，主要內容是開發 iOS 應用程式，但你學到的一切知識也能用於開發iPadOS、macOS、watchOS 和 tvOS 上的 SwiftUI。接下來就請和我們一起探索 SwiftUI 的奧秘！

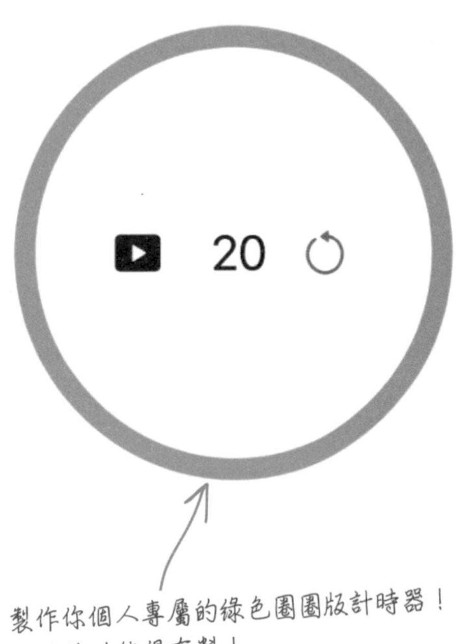

製作你個人專屬的綠色圈圈版計時器！
裡面的功能很有料！

超越應用程式、網頁

12 整合所有知識

你已經完成很多 Swift 程式，也用過 Playgrounds 和 Xcode。我們早就知道最後**終須一別**，而這個時刻終於來臨。縱使有太多不捨，但我們知道你的努力已經獲得回報。本章是我們要一起看的最後一章（至少是在這本書裡），我們將帶你**對許多學到的觀念進行最後的巡禮**，一起建構幾個 Swift 程式。確定你已經步上軌道，並且給你一些**指引，告訴你下一步要做什麼**，也可以說是我們出給你的回家作業。接下來的內容很有趣，本書將結束在最精彩的一章。

如何使用本書

前言

本章要先回答一個十萬火急的問題：「為什麼會把這樣的內容放進 Swift 程式設計書籍裡？」

什麼人適合看這本書？

如果以下三個問題的答案對你來說都是「肯定」的：

1. 你是否能接觸到 macOS 或 iPadOS 裝置，而且能安裝這些作業系統公開的最新版本？

2. 你想要學習 Swift 語言的程式設計原理，從而進一步深入 Swift 的世界嗎？

3. 你希望自己有一天能製作出 iPhone 或任何其他 Apple 生態系統使用的應用程式嗎？或是想針對網頁應用程式，學習一門發展活躍的開放原始碼語言呢？

那麼，這本書就適合你。

什麼人或許應該將這本書擺在一旁？

如果以下三個問題的答案對你來說都是「肯定」的：

1. 你已經是很厲害的 macOS、iOS 或 Swift 開發人員，而你只是想要一本參考書。

2. 你不想成為程式設計人員，也沒有學習寫程式的慾望。

3. 你不喜歡披薩、食物、飲料或冷笑話。

那麼，這本書就不是你想要的。

[出版社行銷部備註：本書適合任何有信用卡的人購買。]

我們知道你在想什麼

「這本書怎麼可能會認真探討 Swift 程式？」

「這本書怎麼會有這麼多圖片，到底是在搞什麼？」

「依照這本書提供的方法，我真的能學到東西嗎？」

我們也知道你的大腦在想什麼

你的大腦渴望新奇的事物，總是在搜尋、掃描和等待某些不尋常的事物。這就是大腦的建構方式，也是幫助我們在這個世界生存下去的機制。

那麼，當你面對所有一成不變、平凡無奇、正常的事物時，大腦會如何處理？大腦會盡一切力量阻止這些事物干擾它真正的工作——記錄重要的事，它不會費心去保留無聊的事物，這些事物永遠無法通過「這顯然不重要」的過濾機制。

大腦怎麼知道哪些事情才重要呢？假設你出去健行，途中遇到一隻老虎跳到你面前。這時你的腦袋和身體會發生什麼反應？

大腦會觸動神經元，引發情緒激動，體內化學物質激增。

這就是大腦「知道」的方式…

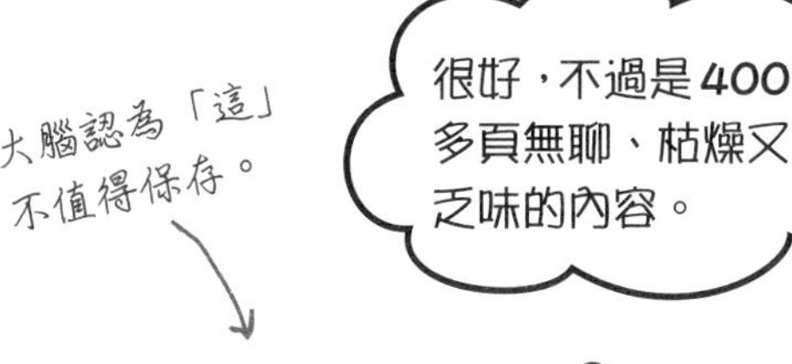

這點很重要！請不要忘記！

但是，請想像一下，假裝你現在是在家裡或是在圖書館裡，這裡很安全、很溫暖而且沒有老虎。你正在學習一些知識，可能是準備考試內容，也可能是學習一些非常困難的技術主題，你的老闆認為只要一個星期、不然頂多 10 天，你就能學完這些知識。

這裡只有一個問題，那就是你的大腦正試圖幫你一個大（倒）忙，嘗試確保這些它認為顯然不重要的內容不會佔用掉大腦稀少的資源，資源最好是用於保存真正的大事，例如，老虎啦、用火的危險性啦，還有記住你永遠都不應該在 Facebook 上發布那些你參加「派對」的照片。然而，世界上沒有什麼簡單的方法可以告訴大腦：「嘿，大腦，感恩喔，可是，不管這本書的內容有多麼無趣，我的情緒有多麼低落，我是真的非常希望能把這些內容都保留在大腦裡。」

我們將「深入淺出」系列書籍的讀者視為學習者。

那麼，我們該怎麼學習？首先，你必須理解要學習的內容，然後確保自己不會忘記。本書不會對你的大腦採取填鴨式學習，根據認知科學、神經生物學和教育心理學方面的最新研究，學會一門知識不只是需要書頁上的文字，我們還知道要如何打開你大腦裡的學習開關。

以下這些是「深入淺出」系列書籍的學習守則：

視覺化：相較於只有文字的內容，圖像更容易記憶，也更能提升學習效率（根據研究，提升記憶力和轉移學習經驗的能力可以高達 89%），使學習內容更容易理解。本書會**將文字放在相關圖片內或是旁邊**，而不是放在那一頁的下面，甚至是放到另一頁去，這樣的做法讓學習者在面對和學習內容相關的問題時，可以提高兩倍的解決能力。

使用對話式與擬人化的風格：最近的研究顯示，如果學習內容是採第一人稱的對話風格，直接與讀者對談，而非正經八百的敘述方式，學生的課後測驗成績提高了 40%。因此，本書會走說故事的路線，而非採取一般的授課方式，使用更輕鬆詼諧的語言。請不要把一切看得太嚴肅，想想看，哪一個更吸引你：是一起出席晚宴的伴侶在你耳邊的輕聲細語？還是死板的演講內容呢？

讓學習者更深入思考：除非你主動刺激大腦的神經元，不然大腦不會有所作為。所以我們必須激發出讀者的動力，讓讀者參與其中，引發讀者的好奇心，進而受到啟發，讀者才能解決問題、得出結論，產生新的知識。因此，你需要做一些挑戰、練習題和富有啟發性的問題與活動，讓你的大腦左右開弓，充分利用多重感知。

引起並維持讀者的注意力：我們都有過那種經驗吧，「我真的很想把這個東西學起來，但才翻了一頁，我就無法保持清醒。」因為大腦只會注意到一些超乎尋常、有趣、奇怪、引人注目和突如其來的事，所以學習一項困難的新技術主題時，不必採取枯燥乏味的方式，這樣大腦會學得更快。

觸動人心：現在我們知道了，大腦是否能提升記憶力，有很大的程度是取決於學習的內容是否生動。你記得自己關心什麼，你記得自己對什麼事物有所感觸。我們說的不是小男孩和愛犬的揪心故事，我們討論的感觸是像驚喜、好奇、有趣這種情緒，還有當你解決一個難題時、學會他人覺得困難的事情時，或是知道某些隔壁工程部門的 Bob 不會的事情，意識到「我比你更專業」的感受時，你心中都會引發一種「我能支配一切」的快感。

後設認知：想想如何思考

如果你有心要學會一件事，而且想學得更快、更深入，請多留心自己是怎麼注意周遭事物，想想自己的思考方式，以及了解自己的學習方式。

多數人在成長過程中，都沒有上過後設認知（metacognition）或學習理論的課程，然而，我們卻要在眾人的期望中學習，又幾乎沒有人會教我們學習的方法。

不過，既然你都將這本書拿在手裡了，我們假設你是真心想學會怎麼寫 Swift 程式，而且你可能不想花大量的時間在學習上。因此，如果你希望將本書看到的內容學以致用，就必須將看過的內容記在腦海裡，充分理解學習的內容。為了從本書或任何其他書籍、還是學習經驗中獲得最大效益，請讓大腦負起責任，讓大腦專注在這個學習內容上。

祕訣就是，讓大腦認為你正在學習的新事物真的非常重要，是你獲得幸福的關鍵，與躲避老虎一樣重要。否則，你會不斷陷入苦戰，因為大腦會極力阻止你記住新事物的內容。

所以，該怎麼「做」才能讓大腦把 Swift 和眼前飢餓的老虎畫上等號呢？

有那種效果緩慢、單調乏味的方法，也有那種更快、更有效益的方法。效果緩慢的方法就只是不斷地重複同一件事。顯然你已經知道，如果持續不斷地將同樣的內容敲進大腦裡，即使是最枯燥的主題都能學會和記住。當你重複足夠的學習次數後，大腦會說，「雖然我覺得這不重要，但你一次又一次又一次地看著一樣的內容，我想這一定很重要。」

效果更快的方法是採取**任何能提升大腦活性的做法**，尤其是各種不同類型的大腦活動。前一頁介紹的守則是解決這個情況的重要功臣，而且已經證實可以幫助你的大腦以有利的方式運作，例如，研究顯示將說明文字放進圖片裡（而非頁面裡的其他位置，例如，標題或本文），會誘使大腦嘗試理解文字和圖片之間的關係，進而觸動更多神經元。觸發更多神經元等於讓大腦有更多機會意識到這是一件值得付出更多心力的事，大腦可能就會因此而記住。

對話式風格也很有幫助。當人們認為自己處於對話之中，往往會提升注意力，因為他們認為對方會期望自己跟上話題，而且堅持到對話結束。神奇的一點是，大腦一點都不在乎那是你和一本書之間的「對話」！另一方面，如果文字風格刻板又枯燥，大腦會認為你正經歷的學習方式與一整間坐在室內聽課的人沒什麼兩樣，所以不需要保持清醒。

不過，圖片和對話式風格只是提升學習效率的開端…

我們的做法

利用**圖片**是因為大腦面對視覺效果時會調適到最佳運作狀態，使用文字則效果不佳。對大腦來說，一張圖片勝過千言萬語。文字搭配圖片一起使用時，我們會將文字內嵌到圖片內，也就是讓圖片內出現相關文字，而非將文字埋在標題或某個段落之中，因為這樣才能讓大腦更有效率地運作。

本書**刻意重複**講述相同的內容，但採用不同的表現方式，利用不同類型的媒介和多重感知，藉此增加這些內容烙印在大腦各處的機會。

由於大腦已經適應新奇的事物，所以本書以**出人意表**的方式使用觀念和圖片；本書還會使用多少帶點**情感**的圖片和想法，讓大腦感同身受。能讓你心有所感的事物，自然更容易被大腦記住，即使這些感受不過是帶給你一點點**幽默**、**驚喜**或**樂趣**。

本書利用擬人化和**對話式風格**，因為比起被動聆聽演說，當大腦認為你處於對話狀態時，會自動提升注意力。即使你只是在閱讀時自言自語，大腦也會有這樣的反應。

相較於單純閱讀，動手**做**一件事更容易讓大腦進入學習和記憶狀態，因此本書收錄了多達 80 幾項**活動**。我們將這些練習題設計成具有挑戰性但又不至於解不出來，這是多數人偏愛的難度。

本書穿插了**多種學習風格**，因為你可能偏好循序漸進的學習流程，但其他人可能希望能先綜觀全局，也有些人只是想看看範例程式。因此，本書以多種方式呈現相同的內容，不論你個人喜歡哪種學習風格，每個人都能從中獲益。

本書同時納入**適合左右腦**的學習內容，因為大腦參與的比例越高，越能提升學習力和記憶力，也能維持更長的專注力。當一邊的大腦工作時，通常意味著另一邊的大腦有機會休息，所以你才能拉長學習時間，提升學習效率。

本書還加入**故事**和練習題，呈現**多種觀點**，因為大腦被迫要進行評估和判斷時，會調整自身進行更深入的學習。

由於大腦已經習慣在它必須處理某件事的時候才學習和記憶，所以本書讓練習題帶有一點**挑戰性**，書中提出的**問題**不見得一眼就能得到答案。你想想，我們不可能只是看到他人在健身房運動的模樣就能塑身吧，但我們會盡最大的力量，確保你的努力能投入在正確的事情上，**讓你不會浪費額外的腦力**去處理難以理解的範例，或是解析困難、充滿術語或過度精簡的文字。

本書在設計的故事、範例、圖像等等內容都用到了**人**，好吧，這是因為讀者本身也是人，而大腦對人的關心程度比一般事物來得高。

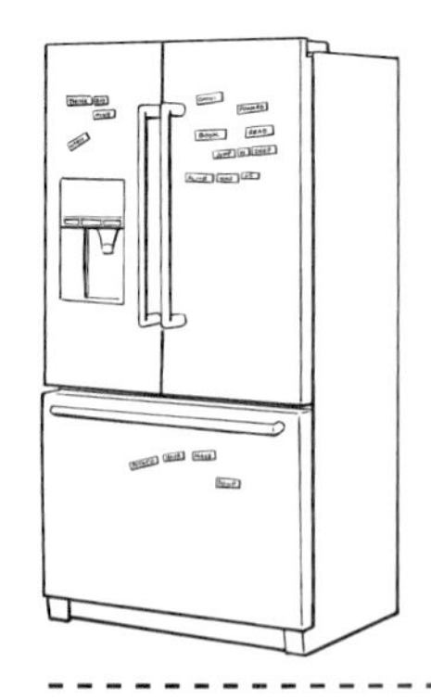

馴服大腦的方法

好啦，我們已經克盡職責了，接下來就看你的囉。以下這些訣竅只是起點，請傾聽大腦的聲音，看看哪些對你的大腦有效，哪些無效。多嘗試新事物就對了。

請沿虛線剪下以下這些訣竅，
然後貼在你的冰箱上。

---

1. **請放慢學習的腳步。理解的內容越多，需要記憶的部分就越少。**

   光是閱讀還不夠，請停下來思考。當本書對你提出問題時，請不要直接跳到答案那一頁，想像是真的有人在問你這個問題。唯有強迫大腦更深入地思考，你才有更多學習和記憶的機會。

2. **勤做練習題，多寫筆記。**

   雖然我們在書中放入練習題，但如果我們幫你做，就像是叫其他人代替你健身一樣，是無法獲得效果的。所以，請不要光看不練，**拿起你的鉛筆**寫寫看。已經有大量的證據顯示，在學習的同時身體力行，可以增加學習效果。

3. **多看「沒有蠢問題」這個單元的內容。**

   意思是說全部的單元都要仔細看過。這些問答單元不是可有可無的內容，**是本書核心內容的一部分！** 請不要跳過。

4. **請將閱讀本書當作是睡前要做的最後一件事，不然也是一天之中最後一件具有挑戰性的事。**

   有些學習效果要等你放下書本後才會發生，尤其是要將你學到的知識轉換成長期記憶。大腦本身需要時間進行更多的處理，所以，如果你在這個處理過程中又塞入一些新知識，就會遺忘某些剛學到的知識。

5. **請大聲地唸出來。**

   說話會觸發大腦各個不同的部位，因此，如果你想了解某些內容，或是增加日後記住這些內容的機會，就要大聲說出來。更好的做法是，大聲地向其他人闡述，這樣你會學得更快，而且可能會發現閱讀時不知道的想法。

6. **請喝大量的水。**

   沐浴在豐沛液體中的大腦工作效率最佳，而且脫水（往往在你感到口渴之前就已經發生）會降低人的認知能力。

7. **請傾聽大腦的聲音。**

   請特別留心大腦的工作量是否已經超過負載。如果你發現自己開始跳著看正在閱讀的內容，或是忘記剛剛才看過的內容，就表示你該休息一下了。一旦超過大腦能負荷的臨界點，就算你想硬擠更多內容也不會學得更快，反而可能對學習過程造成不利的影響。

8. **請感同身受。**

   你必須讓大腦知道正在學習的一切都很*重要*。不管是讓自己融入書中的故事，還是在書中的插圖旁編寫自己的感想，甚至是抱怨書中的笑話太冷，都比你無動於衷來得好。

9. **請寫大量的程式碼！**

   學習程式的不二法門就是：**寫大量的程式碼**，這也是你在看這本書的過程中要做的事。寫程式是一種技能，想要精通，唯一的方法就是練習。本書會給你大量的練習：每一章都有提供練習題，讓你解決問題。請不要跳過這些練習題，解題過程中往往會累積大量的學習經驗。書中的每個練習題都有提供答案，當你的思緒卡住時，請不要害怕，趕緊**偷看一下答案！**畢竟學習過程中很容易糾結在一些小地方。不過，在看解答之前，請你先嘗試自己解題，移動到本書下個部分的內容之前，一定要搞定這些練習題。

閱讀前的注意事項

本書內容是闡述學習經驗，而非從參考書的角度出發，所以我們刻意排除書中所有可能妨礙學習的內容。第一次接觸本書的讀者，建議你從頭開始看起，因為我們假設讀者已經了解一些背景知識。

本書會從 Swift 的基礎觀念一步步教起，等讀者奠定基礎之後，才會將所有知識整合在一起。

你或許會想立刻就動手寫應用程式，但是你得先知道變數和常數的使用方法（還有其他一大堆觀念），不然你寫不出 iPhone 應用程式。所以，我們要先從基礎看起，再帶你了解其他一大堆的知識。日後你會感謝我們。

本書無法詳盡涵蓋 Swift 的所有面向。

Swift 有許多面向需要學習，市面上有許多其他好書涵蓋 Swift 的各種知識（其中某些書甚至還是我們寫的！），適合不同專業水準的讀者閱讀。因此，本書不需要包山包海地討論 Swift 所有面向的知識，只會包含你需要知道的內容，目的是讓你立刻就能動手而且感到自信。

本書挑選讀者最適合學習的內容。

Swift 製作 UI 的方法很多，從 AppKit、UIKit 到 SwiftUI 都是，本書選擇教讀者使用 SwiftUI，沒有納入其他做法。不過，你會在本書看到所有 UI 建構元件，如果日後想學習 AppKit，你會發現學習過程會變得容易許多。

請「不要」跳過本書所設計的活動。

書中的練習題和活動並非附加內容，也是本書核心內容的一部分。有些是為了幫助記憶，有些是為了理解觀念，還有一些是幫助你應用所學到的知識與技術，所以**請不要跳過本書所設計的練習題**。唯一可以不必做的部分是填字遊戲，但這些練習題有利於你學習本書內容，讓你的大腦有機會思考已經在書中不同上下文裡學到的詞語和專業術語。

本書會刻意重複出現重要的觀念。

《深入淺出》系列書籍最明顯的特色之一是，希望讀者能真正地學以致用。因此，本書希望讀者閱讀完畢後，能確實記住書中學到的內容。大部分的參考書不會將記憶和回顧作為書籍設計的目標，但本書的目的是放在學習，所以你會看到同一個觀念重複出現在書中的各個角落。

本書盡力提供最精簡的範例程式碼。

讀者告訴我們要從多達 200 行的程式碼裡，找出他們需要理解的 2 行關鍵程式碼，是很令人崩潰的事。因此，書中上下文裡出現的範例程式碼絕大部分都會盡可能精簡，清楚簡單地浮現出你要學習的部分。所以，請不要期待所有範例會提供健全、甚至是完整的程式碼，這些程式碼是專為讀者學習而寫，而且不一定會具有完整的功能。

本書已經將大量的程式碼都上傳到網頁，方便你需要的時候可以複製和貼到 Playgrounds 和 Xcode 裡面使用。請由此處下載程式碼：*https://secretlab.com.au/books/head-first-swift*。

本書設計的「動動腦」練習題沒有提供標準答案。

有些「動動腦」的練習題是真的沒有正確答案，有些則是要靠你的學習經驗判斷是否有正確答案，或是正確答案出現的時機。部分「動動腦」的練習題會給你一些提示，指引你正確的思考方向。

技術審閱團隊

致技術審閱團隊：

我們要對協助本書完善內容的每個人致上十二萬分的謝意。他們花了很多時間檢查本書的內容，確保一字一句都非常適切，也不吝於指正我們做的一些蠢事。雖然我們不一定能完全理解每個評論字句背後的含意，但永遠都是敦促我們提升書籍品質的動力。

在此要特別感謝 **Tim Nugent**、**Nik Saers** 和 **Ishmael Shabazz** 協助校閱。

致謝

致本書編輯：

要是沒有 **Michele Cronin** 的全力支持，我們根本無法寫出這本書，如果我們有能力表達出這一點，我們會很樂意在此寫下配得上她的感謝之詞。這些年來我們雖然寫了不少書，但本書或許是其中最讓我們倍感艱難，經歷最漫長的過程。遇到 Michele 之前，我們和幾位編輯配合過（當然，他們也都是很棒的編輯），但直到我們認識 Michele，本書才能開始正式成形。她一直都很支持我們，也提出許多有趣的想法，我們在許多會議的對談中，激出一些精彩的火花。我們很高興能在其他方面與你攜手合作，再說一次：沒有你，這本書就無法誕生。

致 *O'Reilly* 團隊：

我們懷著無比誠摯的心，感謝本書的執行編輯 **Christopher Faucher** 讓這本書的版面得以乾淨俐落。真的非常抱歉，我們實在不擅長 InDesign。

同樣地，我們要感謝 **Kristen Brown** 確保本書的一切都盡善盡美，感謝 **Rachel Head** 一如往常出色的審稿能力和對我們的支持。

我們還要謝謝 **Zan McQuade**，不僅為我們所有的會議帶來無與倫比的樂趣與歡樂，甚至還忍受我們對 InDesign、Apple 以及這兩者之間的所有抱怨。

同樣要致上萬分謝意的人還有一位，就是我們的朋友也是我們在 O'Reilly 出版社認識的第一位編輯：**Rachel Roumeliotis**。我們很想念每隔幾個月和你開一次會，等這次整個「排山倒海」而來的事情結束後，我們很希望能有機會再跟你碰碰面。

還要謝謝原本長期支持我們的編輯 **Brian MacDonald**，以及帶領我們進入寫書這個領域的恩人 **Neal Goldstein**。

各位合作夥伴，真的很抱歉，我們老是用澳式英文。

最後，我們要誠摯感謝 O'Reilly Media 的每個人，你們確實是最棒的。沒有一個團隊能像你們這樣，我們和在 O'Reilly 認識的每位新夥伴都合作愉快，每位夥伴的工作能力都非常全面而且出色，你們真的很神。

開發應用程式、系統，並且超越極限！

Swift 是能讓你倚賴與信任的程式語言。這個程式語言甚至可靠到你能帶它回去見你的家人，它不僅安全、可靠、快速、友善，而且易於溝通。雖然 Swift **最為人所熟知的用法是應用在 Apple 平台上**，例如 iOS、macOS、watchOS 和 tvOS，不過，有些 Swift 的開放原始碼專案也能在 Linux 和 Windows 上執行，而且逐漸在**系統程式語言**和伺服器上展露頭角。所有你能想到的內容都能利用 Swift 開發出來，從行動應用程式到遊戲、網頁應用程式、框架等等一切都將是你的囊中之物。讓我們開始一起學習吧！

Swift 是萬用程式語言

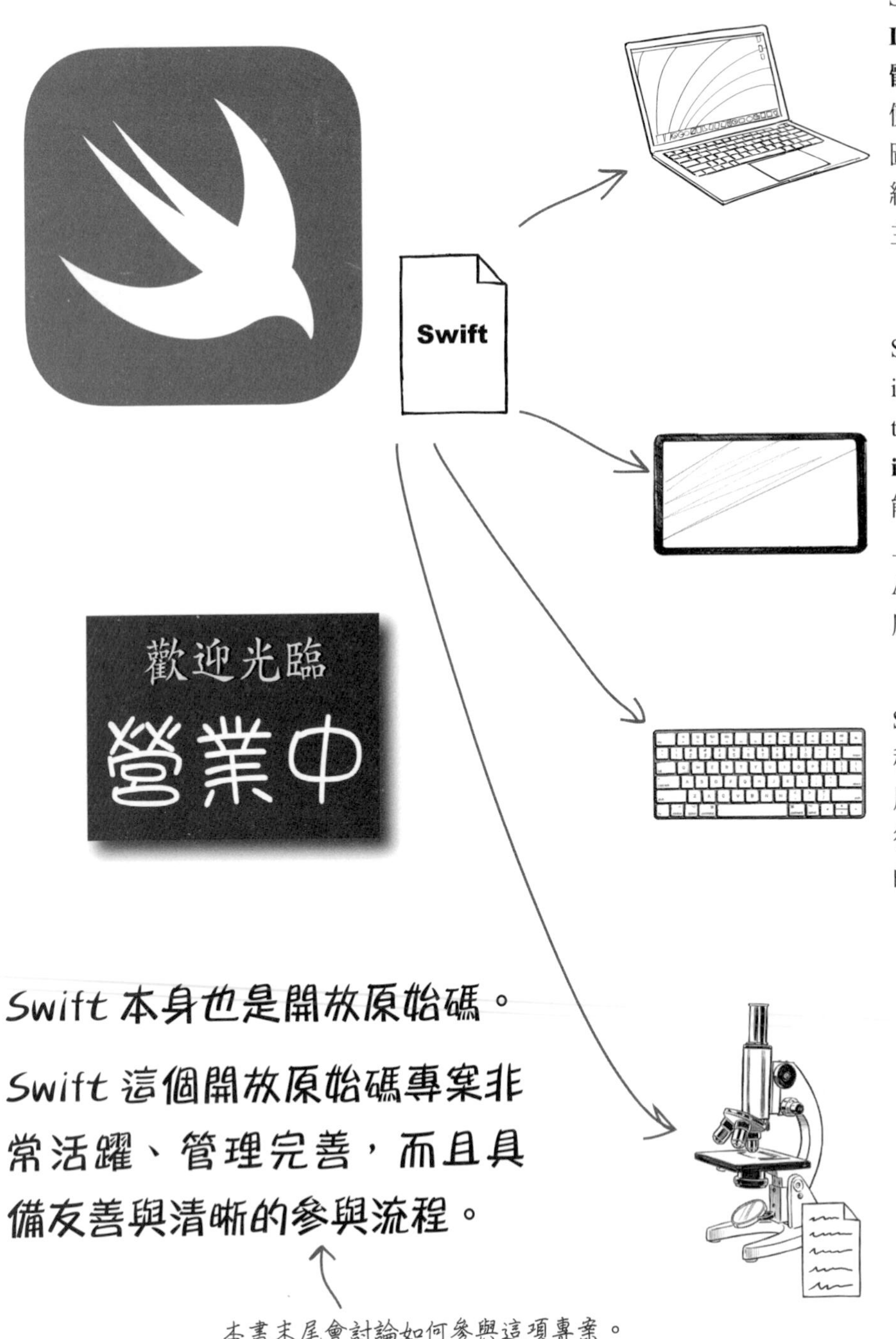

Swift 可以開發 **macOS、Linux 和 Windows 軟體**。在 macOS 上，利用使用者介面框架能創作出圖形豐富的應用程式，後續章節會再回來探討這項主題。

Swift 可以開發適用於 iPad、iPhone 和 iPod touch 環境底下的 **iOS 和 iPadOS 應用程式**，也能開發適用於 Apple TV 上的 tvOS 應用程式、和 Apple Watch 的 watchOS 應用程式。

Swift 可以開發**網頁應用程式**，為你的網站和應用程式的後端 API 驅動後端程式、或是產生靜態的網頁內容，進行同步。

Swift 可以進行**資料科學**和**機器學習**，以及**設計系統程式**，建置各種科學、模擬等等一切的結構。

Swift 本身也是開放原始碼。

Swift 這個開放原始碼專案非常活躍、管理完善，而且具備友善與清晰的參與流程。

本書末尾會討論如何參與這項專案。

不論你的目的是什麼，都可以利用 Swift 達成。

Swift 發展神速。

從原本不起眼的 Swift 1 開始發展，一路走來到今天，放眼未來，Swift 這項程式語言一直不斷成長，年年都會增加新的內容。

Swift 每一項**主要**更新都增加了新的**程式語言功能**，捨棄某些不適切的**語法**元素。自 2014 年公開釋出以來，Swift 一直是程式語言史上，發展最快而且最受歡迎的語言之一。

計算排名有許多不同的認定方式，但某些計算比起其他來說更有意義。然而，不管是在什麼樣的排名列表裡，Swift 都是名列前茅！

過去幾年裡，Swift 經常是**前十大程式語言**的常客，這項語言的使用者與專案數量持續增長。

現今對 Swift 技能的需求很高，所以看完這本書後，請別忘了將它加進你的履歷表中！

雖然 Swift 最初的設計僅是作為 Apple 平台（iOS、macOS、tvOS、watchOS）的語言而生，但自從 2015 年開放原始碼以來，一直不斷成長與擴展它發展的可能性，非常適合系統程式設計、科學、網頁等等超越一切極限的程式。

不論你的目的什麼，Swift 都是最佳的程式語言。

本書絕對無法涵蓋到 Swift 的每個面向，但你會知道你所需要的一切知識，讓你能敏捷地在程式的世界裡四處移動！

重點提示

- 新增的**程式語言功能**，像是結構、通訊協定和 SwiftUI view 框架。
- 捨棄的**語法**是指特別的定位和使用元素，像是！、？和括號等等。

Swift 快速進化史

2014

Swift 1

2014 年 6 月，Apple 在開發者大會（WWDC）上大張旗鼓推出 Swift，讓眾人大吃一驚。在這個時間點，Swift 還是一項專用語言，僅用於 Apple 平台上的開發工作，而且屬於封閉原始碼。

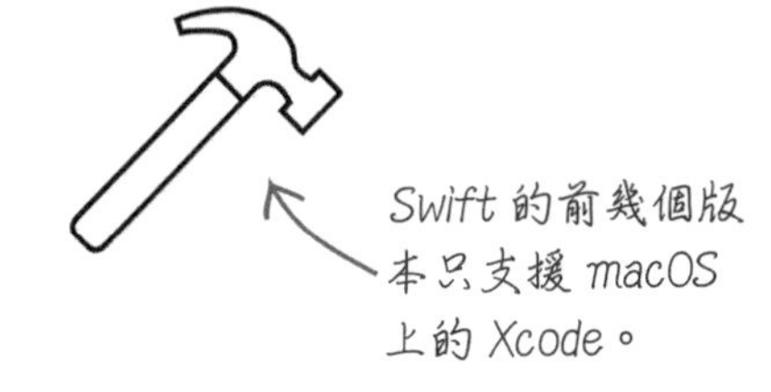

Swift 的前幾個版本只支援 macOS 上的 Xcode。

2015

2015年12月，Swift 在版本 2.2 開放原始碼。從那時起，Swift 的內容開發就在這個專案 https://github.com/apple/swift 裡公開進行。

Swift 2

Swift 2 在 WWDC 2015 上公開亮相，此後根據社群回饋，對大量的語法進行修改，並且進化程式語言的功能。其受歡迎的程度和社群接受度也跟著持續成長。

2016

Swift 3

Swift 3 發布於 2016 年 9 月，再次根據社群回饋， 帶來相當大量語法變化。這也預告 Swift 3 進入穩定的新時代，並且允諾未來會減少修改語法。

釋出 Swift 3 的同時，也推出了 iPad 版的 Swift Playgrounds。

本頁內文使用的槌子圖示來自於網站「Noun Project」。

Swift 未來發展

2017

2018

2019

2020

2021

2022

Swift 4

Swift 4 於 2017 年 9 月發布，不僅帶來全新功能，而且相較於之前的版本，穩定性更高。Swift 開放原始碼專案持續展露頭角，語言本身受歡迎的程度也不斷飆升。

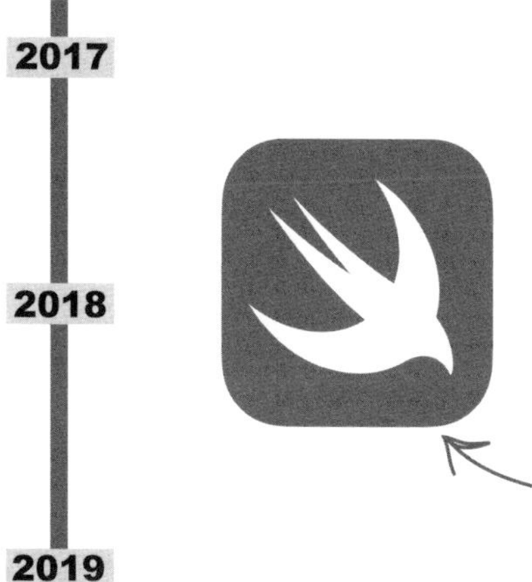

Swift 的設計宗旨在於吸納其他程式語言的精華，包含 Objective-C、Rust、Haskell、Ruby、Python、C# 等等語言。

SwiftUI 於 2019 年的年中推出，支援 Swift 的使用者介面框架。

Swift 5

Swift 5 於 2019 年 3 月發布，向世界推出一個完整且穩定的版本，也是你在本書學習時會使用到的主要版本。

2020 年 2 月，Swift Playgrounds 發布 macOS 版的應用程式。

光明的未來

Swift 的前景一片光明。Swift 6 很快就會問世，不僅保有 Swift 5 的語法和功能，還會增添令人興奮的全新內容。本書後續也會提到 Swift 5 剛採用的新功能，例如，Actor 模型。

那你要怎麼開始撰寫 Swift 程式

對，就是你！

每一種程式語言都需要一個工具，協助你設計程式和用來執行你所寫的程式。基本上，你要是不能執行一些 Swift 程式碼，就無法利用 Swift 一展長才。

那麼，該怎麼做？本書大部分的內容會採用 Apple 開發的一項應用程式——**Playgrounds**！

Playgrounds 就像大型的舊式文字檔案（集合），不過，事實上，你也可以從 Swift 編譯器執行你所寫的每一行程式碼，和檢視執行的結果。

本書帶你撰寫的 Swift 程式，多數都會用到 Playgrounds。

但並非全部都是如此，本書後續會對此稍作解釋。

使用 Playgrounds 開發 Swift 程式會涉及三個階段：

就與你在使用其他各種程式語言的情況一樣，Playgrounds 就是**程式碼編輯器**，你可以在這個環境下撰寫 Swift 程式碼。要將所有的程式碼放在同一個檔案裡，或是拆分到多個檔案裡，視你的選擇而定。

接著是在 Playground 介面下執行你的 Swift 程式碼，可以一次執行全部或是逐行執行。執行過程中發生的錯誤，以及程式碼的輸出結果，都會內嵌在每一行程式碼旁邊，也會顯示在程式碼編輯區域下的控制台裡。

在 Playground 介面下，撰寫 / 執行程式碼的週期非常快速，所以很容易進行微調、改善程式碼，並且發展成實現程式設計目標所需要的形式。開發速度是 Swift 的主要賣點之一，請聰明地使用！

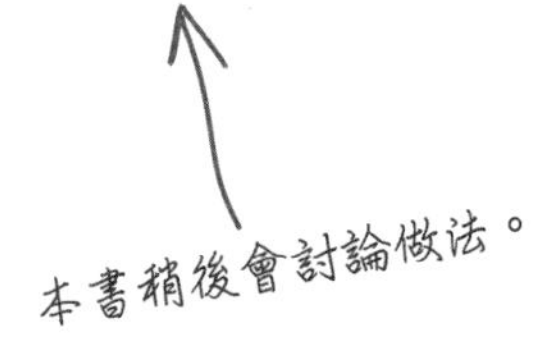

在執行和微調之間切換，最快的方法是利用 Playground 介面，就能對目前進行的情況有清楚的了解。

利用 Playground 介面，可以更輕鬆地學習 Swift，效果更好。

在 Playground 介面下工作，表示你不需要擔心樣板程式碼，所有樣板都配合建立一種應用程式，可以將你撰寫的程式碼編譯成應用程式，協助你在 iOS 裝置模擬器和實體裝置上進行測試，以及在所有大同小異的 iOS 和 iPadOS 硬體上排除故障。

讓你專注在 *Swift* 程式碼上，不必擔心建立應用程式（或是撰寫網站後端程式、進行資料科學等等任何你想利用 Swift 完成的事）時，隨之而來的任何其他問題，這就是本書為何要從 Playgrounds 出發的原因。

這項工具會幫你摒除一切的干擾。

從各方面來看，Playgrounds 一點也不遜色：這項工具是真真切切的 Swift 程式碼，你能利用 Swift 開發**應用程式**等等一切的內容，還可以用來撰寫應用程式。

本書後續會討論這一塊。

如果你出現在這裡，是因為你想寫 iOS 應用程式，請透過 Playgrounds 堅持下去，這真的是最好的學習方式。

Xcode vs. Playgrounds

剛學 Swift 程式語言時，真的會很想直接跳進 Xcode 的懷抱裡，尤其是現役的程式設計人員。

如果你只是想學 Swift，但不想在學習過程中體驗 Xcode 環境非常強大又非常複雜的特性，就請從 Playgrounds 起步，它能讓你專注在 Swift 本身的學習上。

學習路徑

利用 Swift 撰寫應用程式之前，你必須先熟練 Swift 程式設計的方式。

Playgrounds

Playgrounds 是這條學習路徑的起點。適用於 macOS 和 iPadOS，讓你使用 Swift 編譯器寫出真正的 Swift 程式碼。在 Playground 介面下，可以快速檢視輸出結果、測試新想法，並且將工作切分成不同的邏輯頁面。我們再怎麼強調也不夠，只能說 Playground 介面下的所有一切都是真正的 Swift。

iOS、macOS、tvOS 和 watchOS 應用程式

等到你的 Swift 技能夠強大，這些技能就會順勢帶你離開 Playground，進入 Xcode 的懷抱。在 Xcode 底下，你還是能繼續使用 Swift，開發所有適用於 Apple 平台的應用程式。

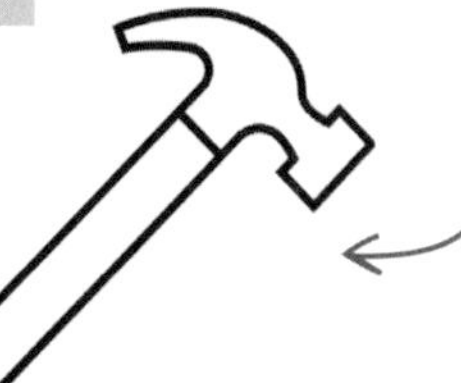

在此學習過程中，你會學到 SwiftUI，這是 Apple 為 Swift 提供的使用者介面框架。我們會先在 Playgrounds 學習如何使用，後續再轉到 Xcode 的環境底下。

網站

在畫下完美的句點前，最後會帶你看看如何利用 Vapor、Publish、建立網站的框架和 Swift 後端程式，將 Swift 帶進網頁世界。

資料科學

照過來！

直接跳進 Xcode 的懷抱裡可能很吸引人。

你可以自由決定是否要先安裝 Xcode，但現階段不會用到，本書之後才會回到這個部分。

取得 Playgrounds 應用程式

下載 Playgrounds 檔案，並且在 macOS 上安裝

搜尋是最快找到應用程式的方式。

1. 請在電腦上開啟 App Store。找到**搜尋欄**後，在欄位裡輸入「playgrounds」，然後按下鍵盤上的「Return」鍵。

2. 等 App Store 載入搜尋結果頁面後，請點擊結果列表中的項目「**Swift Playgrounds**」（圖示為橘色小鳥）。

3. 請點擊**安裝按鈕**，等待「Playgrounds」下載，並且安裝到電腦上。

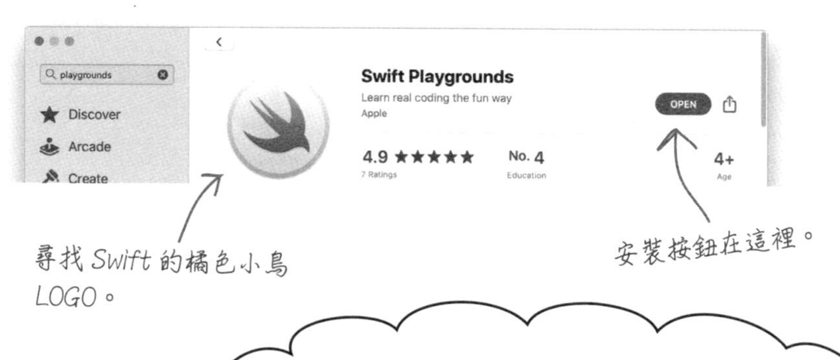

尋找 Swift 的橘色小鳥 LOGO。

安裝按鈕在這裡。

我是行動裝置控，情況允許的話，我會使用 iPad 處理一切事務。我發現 App Store 上有 iPadOS 版本的 Playgrounds，我可以改用這個版本，不要在 Mac 上安裝嗎？

當然可以，本書在 macOS 版 Playgrounds 下進行的一切內容，都可以在 iPadOS 版 Playgrounds 底下完成。

書中需要用到 Playgrounds 的所有操作，都可以在 macOS 或 iPadOS 上完成，也可以在兩者之間混合搭配使用。只要在 iPadOS 上的 App Store 搜尋 Playgrounds，就會帶你找到 iPadOS 版本的 Playgrounds，而且 iCloud 會幫助你同步 macOS 和 iPadOS 兩者之間的內容，所以從技術上來看，你可以同時使用這兩個版本的 Playgrounds！

請在資料夾「Applications」下搜尋「Playgrounds」。

啟動 Swift Playgrounds 時，請瀏覽資料夾「Applications」，然後雙擊「Swift Playgrounds」的圖示。

如果你偏好用 Launchpad 或 Spotlight 來啟動其他應用程式，也可以用這個方式啟動「Swift Playgrounds」。如果是在 iPadOS 上，請尋找「Playgrounds」的圖示，或是透過 Spotlight 啟動。

重點提示

- 撰寫 Swift 程式需要一個或多個不同的工具，目的是讓你撰寫、執行和微調程式碼（再次執行程式碼前，會多次進行微調）。
- Apple 推出的應用程式「Playgrounds」就屬於這樣的工具，適用於 iPadOS 和 macOS。這項工具的進入門檻很低，讓使用者專注在 Swift 程式語言本身，不需要同時學習工具和語言兩者。
- Apple 還有提供另外一個更複雜的工具——Xcode，屬於完全整合的開發環境，類似 Visual Studio 等其他工具，是一個非常大型又非常複雜的工具，具有多種用途。
- 如果你想為 Apple 平台（例如，iOS）撰寫更複雜的應用程式，就必須使用 Xcode，本書後續會介紹 Xcode 的使用方式。
- Playgrounds 是學習 Swift 程式語言的最佳工具，甚至能讓你撰寫應用程式！
- 書中所有專為 Playgrounds 設計的內容，可以在 iPadOS 或 macOS 其中一個、或是同時在兩者上執行，端視你的選擇。

新增你的第一個 Playground 專案

啟動 Swift Playgrounds 後，請新增一個空白的 Playground 專案作為工作專案，或是開啟已經建立的現有 Playground 專案。

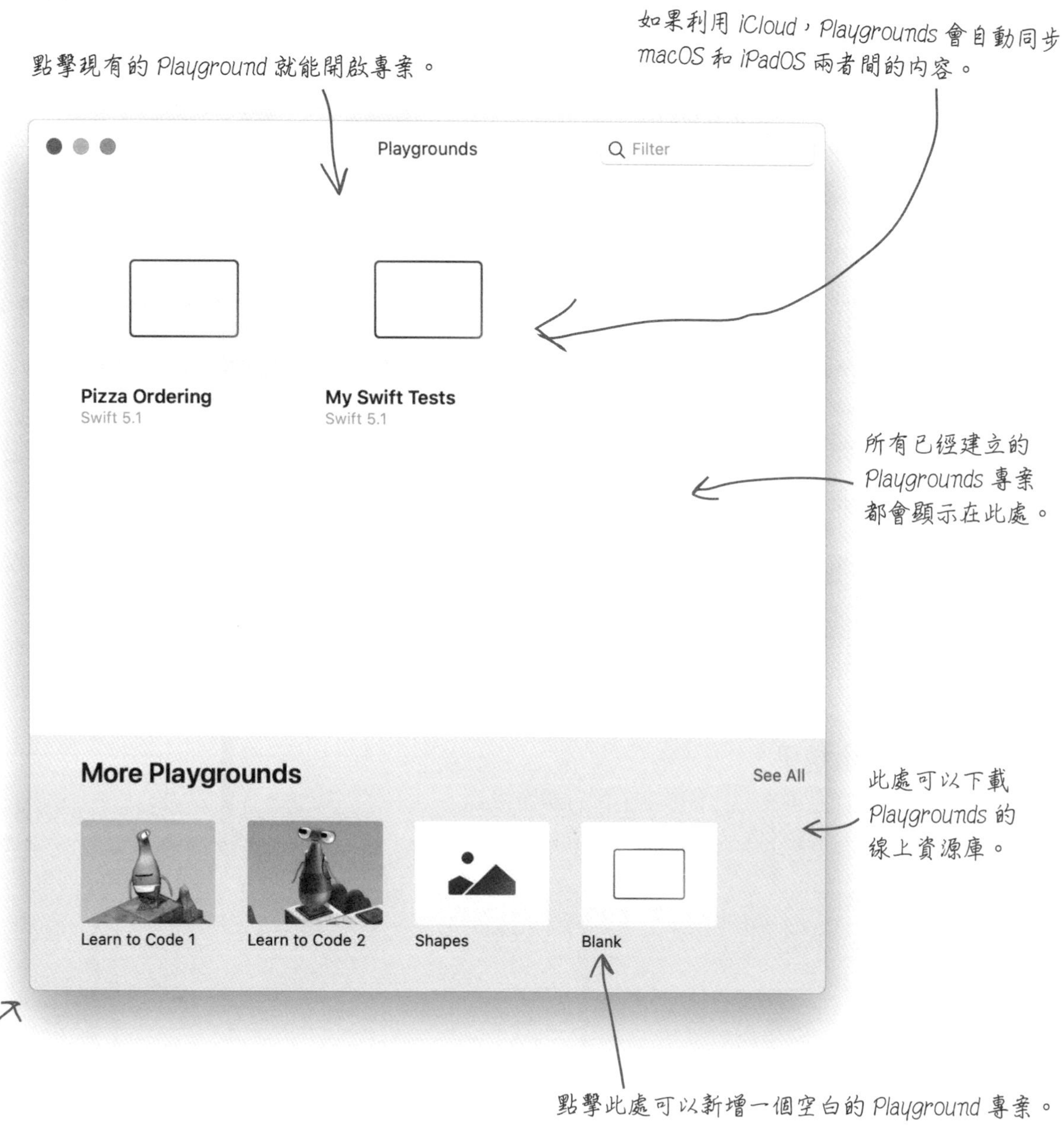

使用 Playground 專案撰寫 Swift 程式碼

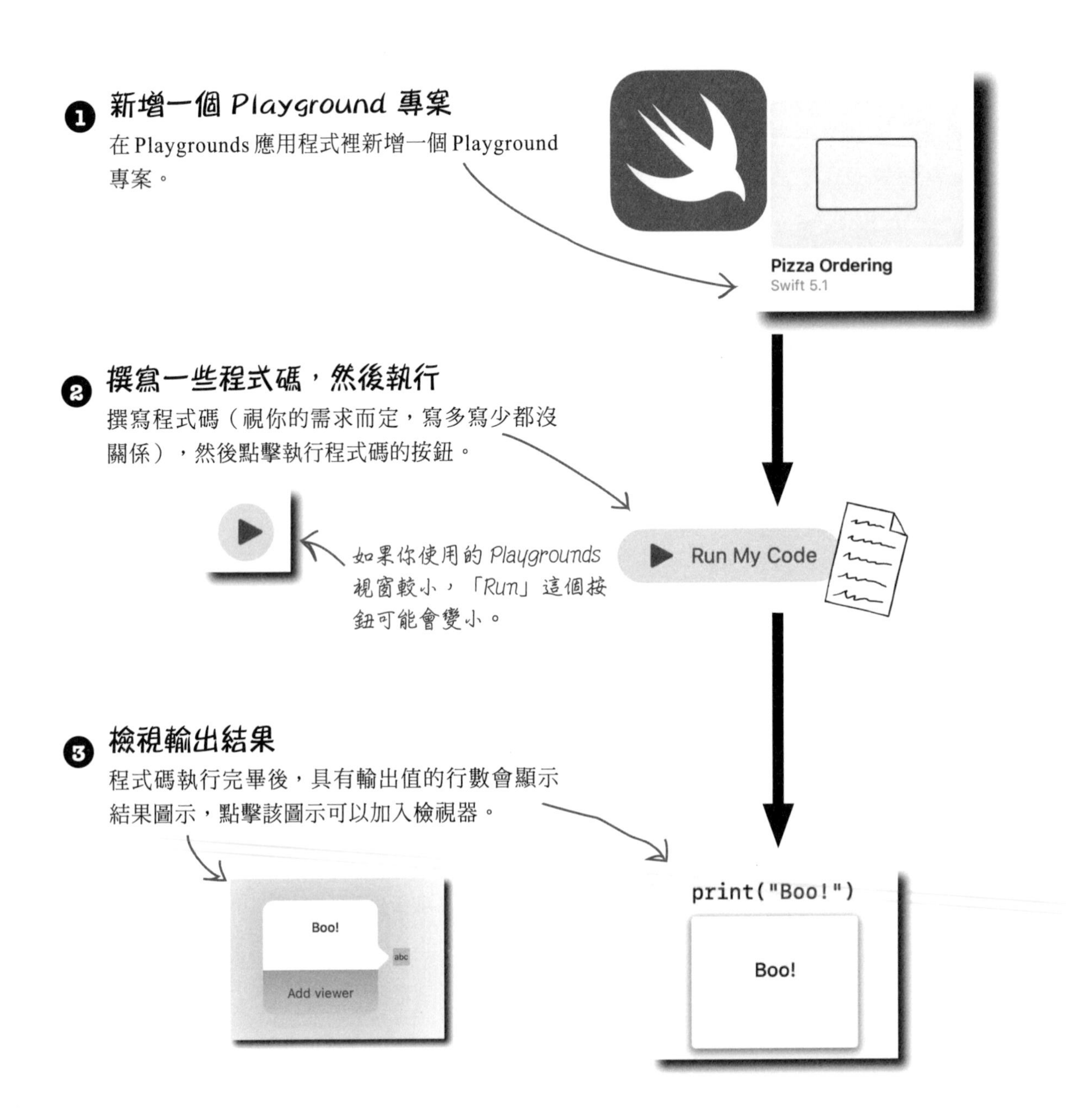

❶ 新增一個 Playground 專案

在 Playgrounds 應用程式裡新增一個 Playground 專案。

❷ 撰寫一些程式碼，然後執行

撰寫程式碼（視你的需求而定，寫多寫少都沒關係），然後點擊執行程式碼的按鈕。

❸ 檢視輸出結果

程式碼執行完畢後，具有輸出值的行數會顯示結果圖示，點擊該圖示可以加入檢視器。

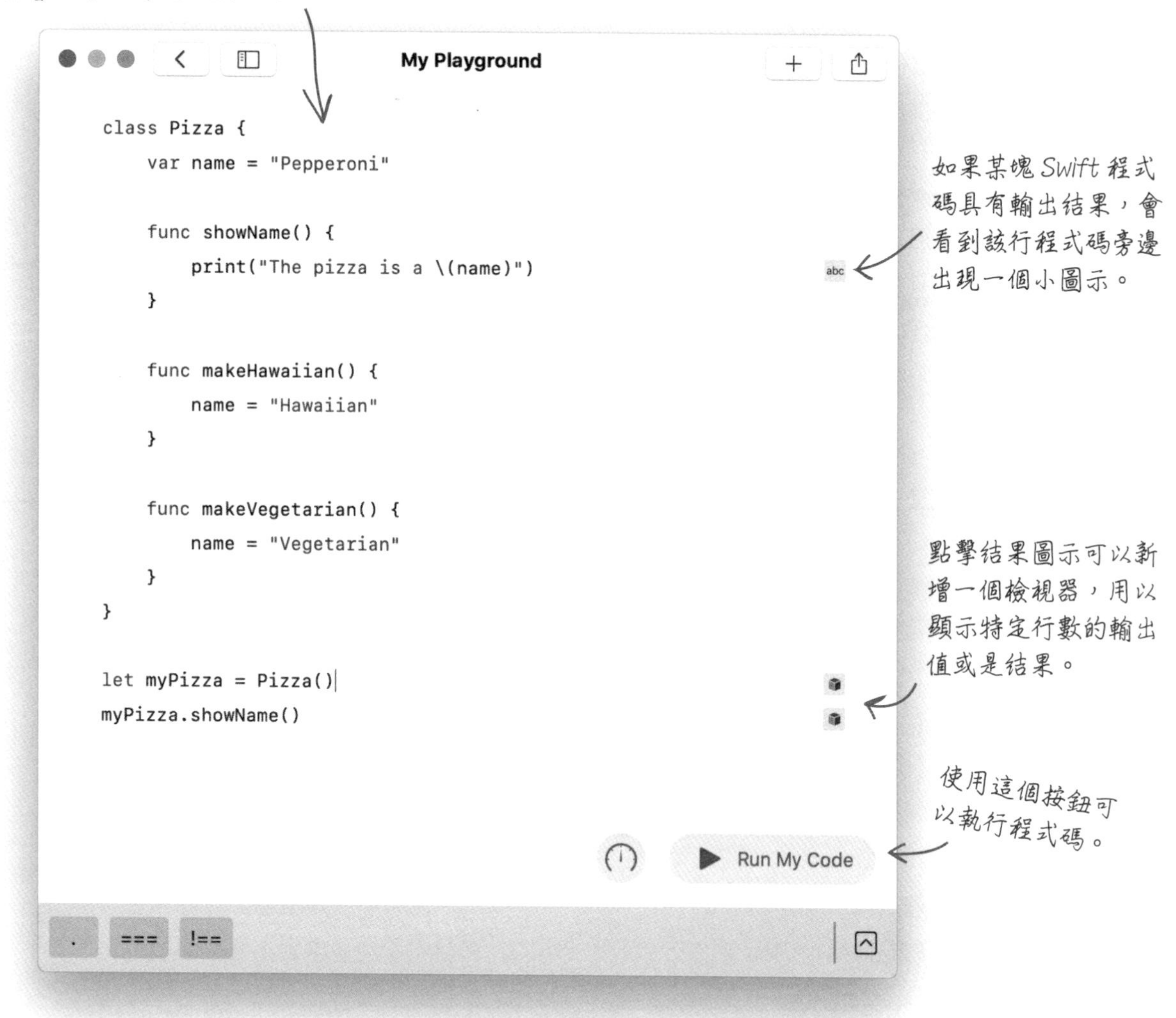

新車試駕

來吧，開始動手囉。請自行建立一個全新的 Swift Playground 專案，並且輸入 Playground 的內容。

然後執行。看看會顯示什麼？使用結果圖示新增檢視器，檢視執行的結果。

建立程式碼的基本組件

本書的 Swift 之旅還會持續一段時間，但我們想先讓你快速掌握基礎知識。我們將快速帶過 Swift 的基礎知識，讓你體驗這項程式語言的許多範疇，之後再回過頭來，以逐章介紹的方式，一一解開 Swift 每項功能的神秘面紗。

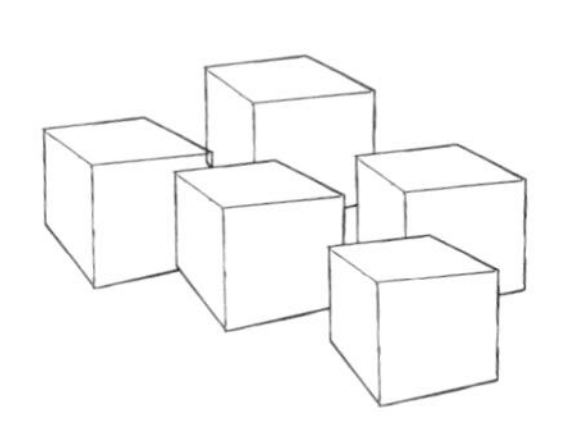

在這個地球上，幾乎所有的程式語言都是由某些基本組件建構而成（搞不好連地球以外的任何一種程式語言也是如此，畢竟程式設計可是相當普遍）。

這些建立程式碼的基本組件是由**運算子**、**變數**、**常數**、**資料型態**、**集合**、**控制流**、**函式**、**程式協定**、**列舉**、**結構**和**類別**所組成。

連連看？

雖然本書尚未介紹每一種基本組件，但你可能已經猜到。請將下列每一種建立程式碼的基本組件與其正確的作用進行配對，解答請參見第 27 頁（我們已經先完成一題，讓你有個好的開始）。

運算子（operator）	命名的重複程式碼片段
變數（variable）與常數（constant）	符號或片語，用於檢查、修改或組合資料值
資料型態（type）	以名稱儲存資料的方式
集合（collection）	程式採用的功能藍圖
控制流（control flow）	某種用於儲存或表示資料的類型
函式（function）	儲存群組資料
列舉（enumeration）	將有關聯的資料值和功能性分組
結構（structure）	對有關聯的資料值和功能性進行分組，也能從其他群組繼承這些內容
程式協定（protocol）	多次或在特定條件下執行任務的方式
類別（class）	將有關聯的資料值分組

（已完成範例：變數（variable）與常數（constant）→ 以名稱儲存資料的方式）

解答請見第27頁。

放輕鬆

本書不會期望你像專家那樣閱讀 Swift 程式碼、記住 Swift 的發展史，甚至大放厥詞，好像你曾經參與過 Swift 的研發工作。

然而，既然你把辛苦賺來的血汗錢花在這本書上，在你沒有將我們輕鬆分解成一塊塊的 Swift 知識塞進你的腦袋前，我們是不會放你離開。現階段你或許還無法全盤了解這些知識，但隨著時間增長（你或許會説很快地），你就會認知到這些基本的建構組件如何相輔相成。

還記得前幾頁的程式碼嗎？接下來我們要帶你看看這段程式碼，了解它想要做什麼。

```
class Pizza {
    var name = "Pepperoni"

    func showName() {
        print("The pizza is a \(name)")
    }

    func makeHawaiian() {
        name = "Hawaiian"
    }

    func makeVegetarian() {
        name = "Vegetarian"
    }
}

var myPizza = Pizza()
myPizza.showName()
```

建立一個類別，名稱為 Pizza。把 Pizza 的各個相關面向放在同一個群組裡，之後就能建立 Pizza 這個類別的實體（instance），操作這些面向。

建立一個變數，名稱為 name，並且指定變數值為「Pepperoni」。

建立一個函式，名稱為 showName，負責印出名稱，也就是變數 name 的內容。

「print」負責通知 Swift 將某些內容顯示給使用者看，我們很快就會對此有更多介紹。

建立一個函式，名稱為 makeHawaiian，用於將字串「Hawaiian」指定給變數 name。

一樣是建立一個函式，不過是用於將字串「Vegetarian」指定給變數 name。

這個括號前的所有內容都屬於類別 Pizza。

建立一個變數，名稱為 myPizza，包含類別 Pizza 的實體。

以類別 Pizza 所建立的實體（myPizza）來呼叫函式 showName。

不好意思…但是，在我使用過的其他程式語言裡，許多程式語言都必須將所有程式碼包在一個方法裡，例如，main 或是類似的方法？Swift 怎麼處理這個部分？

至少，你不需要寫main方法，程式碼只會在Playgrounds的環境中執行。

你不需要 main 方法或是任何其他符號（例如，分號）。

你可以依照自己喜歡的方法開始寫 Swift 程式碼，在 Playgrounds 的環境裡，目前的做法是從檔案的上方開始執行，然後由上到下依序進行處理。

某些基本的建構組件（例如，類別），不會立刻讓你看見它們的執行方式，因為這類基本組件需要依靠實體，而實體會在程式碼的其他地方建立。一般來說，在 Playgrounds 的環境裡，你不需要 main 方法或是任何特定的起點。

之後從 Playgrounds 轉為使用 Swift 建立應用程式時，本書會再介紹應用程式裡可能會有的各種程式碼起點。不過，現在你只需要將這件事從你腦海中抹去。

你也不需要在每一行程式碼的結尾加上分號，空白字元對任何內容完全沒有作用。

如果你是從其他程式語言轉學過來的，可能已經習慣用分號（;）作為程式碼的結尾，或是使用對程式碼邏輯具有某些實質意義的空白字元。在 Swift 程式語言裡，這些做法並不重要，也不適用於此處。

糟糕的是，如果你想念這些來自其他程式語言的分號，還是可以在陳述式的結尾使用，但本書不建議你這麼做。這種做法不會更快，也不會讓你手上正在寫的 Swift 程式碼更穩固。

雖然你才剛開始學習 Swift，但我們覺得你是個聰明人，或許對某些 Swift 的程式碼有相當的理解，能猜到這些程式碼會發生什麼作用。請檢視以下這份 Swift 程式的程式碼，看看你是不是能搞清楚每一行程式碼在做什麼。在右側的空白行處寫下你的答案，本書已經先幫你完成一行，讓你有個好的開始！如果你想檢查答案或是毫無頭緒，可以在第 19 頁找到完整版本的答案。

```
class Message {
    var message = "Message is: 'Hello from Swift!'"
    var timesDisplayed = 0

    func display() {
        print(message)
        timesDisplayed += 1
    }

    func setMessage(to newMessage: String) {
        message = "Message is: '\(newMessage)'"
        timesDisplayed = 0
    }

    func reset() {
        timesDisplayed = 0
    }
}

let msg = Message()
msg.display()
msg.timesDisplayed
msg.display()
msg.timesDisplayed
msg.setMessage(to: "Swift is the future!")
msg.display()
msg.timesDisplayed
```

宣告一個變數，變數名稱為 *message*，
並且指定一個字串值給這個變數。

解答請見第 19 頁。

Swift 是程式語言數十年來開發與研究的頂點。

之所以稱其為現代程式語言，是因為 Swift 結合了其他程式語言的知識，並且完善使用者（也就是程式設計人員）體驗，切中他們的需求，讓程式碼更容易閱讀與維護。和許多程式語言相比，Swift 需要**輸入的程式碼更少**，其特性使程式碼**更簡潔，更不容易發生錯誤**，所以，Swift 是很安全的程式語言。

Swift 還有支援其他程式語言通常沒有的功能，例如，**國際語言環境**、**emoji 符號（顏文字）**、**Unicode** 和 **UTF-8 文字編碼**，而且不需要特別注意記憶體管理，這是 Swift 的魔法。

Swift 很安全是因為它會自動處理很多事情，而這些在其他程式語言裡是需要寫程式碼才能處理，或者根本就是挑戰。

Swift 常被人說很安全的理由很多，例如，變數在使用前一定會進行初始化，陣列一定會檢查溢位，還有自動管理程式使用的記憶體。

此外，Swift 相當依賴資料值的型態，採取複製資料型態而非引用，所以當你將資料值挪作他用時，值本身的內容完全不會被任何地方改掉。

Swift 物件永遠不可能出現 nil（空值），有助於避免程式在執行期間發生異常中斷的情況，不過，只要你的程式有需要，還是可以透過 **Optional 型態**使用 nil。

nil 是指空值，你可能已經在其他程式語言裡看過它，或者你看過的是 null。不管是哪種程式語言，程式設計過程中引發異常中斷的一大原因，就是程式試圖存取一個不存在的值；這些值通常就是 nil。

削尖你的鉛筆 解答

題目請見第17頁。

你不需要擔心自己現在還無法全盤了解以下這些程式碼！本書會非常詳盡地解釋所有的程式碼，大部分的內容會落在前 40 頁內。如果 Swift 跟你過去使用的程式語言相似，其中一些程式碼對你來說應該很簡單；如果不相似，你也不需要擔心，我們會一起走向成功。

```
class Message {
    var message = "Message is: 'Hello from Swift!'"
    var timesDisplayed = 0

    func display() {
        print(message)
        timesDisplayed += 1
    }

    func setMessage(to newMessage: String) {
        message = "Message is: '\(newMessage)'"
        timesDisplayed = 0
    }

    func reset() {
        timesDisplayed = 0
    }
}

let msg = Message()
msg.display()
msg.timesDisplayed
msg.display()
msg.timesDisplayed
msg.setMessage(to: "Swift is the future!")
msg.display()
msg.timesDisplayed
```

- class Message {：建立一個類別（大括號內的所有內容），名稱為 Message。
- var message = ...：宣告一個變數，名稱為 message，並且指定一個字串值給這個變數。
- var timesDisplayed = 0：宣告一個變數，名稱為 timesDisplayed，並且指定一個整數值給這個變數。
- func display() {：宣告一個函式，名稱為 display。函式會印出變數 message 的值，變數 timesDisplayed 的值會加 1。
- func setMessage(...)：宣告一個函式，名稱為 setMessage，接受一個字串參數 newMessage。函式會更新變數message 的字串值，包含參數 newMessage 傳進來的內容，還有將變數 timesDisplayed 的值設為 0。
- func reset() {：宣告一個函式，名稱為 reset，函式會將變數 timesDisplayed 的值設為 0。
- }：Message 類別宣告內容的結尾。
- let msg = Message()：建立 Message 類別的實體，並且將其儲存在常數 msg。
- msg.display() ... msg.timesDisplayed：這四行程式碼分別是以 Message 類別的實體 msg 呼叫 display 函式，存取變數 timesDisplayed，然後再次呼叫 display 函式和存取變數 timesDisplayed。
- msg.setMessage(...)：以 Message 類別的實體 msg 呼叫 setMessage 函式，傳入一個字串作為函式的參數。
- msg.display()：以 Message 類別的實體 msg 呼叫 display 函式。
- msg.timesDisplayed：這個表達式是以 Message 類別的實體 msg 存取變數 timesDisplayed。

Swift 範例程式

學習 Swift 的一切是很硬的工作，所以我們需要披薩！正巧當地的披薩店聽說你正在學 Swift，於是他們希望你將新技能學以致用。

以下是你需要建立的內容

你會快速建立一個小型 Swift Playground，列出主廚可用的所有比薩材料，然後使用其中四種材料，隨機產生一個比薩。懂嗎？

為了達成這個目的，你需要做三件事：

❶ 取得材料清單

你需要一份材料清單，主廚可以幫忙提供這份資料，但你必須以某種方式儲存清單的內容，字串陣列可能是最適合的解決方案。

❷ 隨機選出一種材料

你還需要一個方法，用以從這份清單中隨機選出一種材料，需要執行四次以上，因為我們的比薩需要四種材料。

如果使用陣列儲存這份材料清單，就能利用陣列的 `randomElement` 函式，隨機取出一種材料。

❸ 顯示隨機產生的披薩

最後，你需要顯示前一步中隨機產生的披薩，格式為「材料 1, 材料 2, 材料 3, 和材料 4」。

---

print 函式

你或許已經注意到了，本書的程式碼有時會包含類似以下這行程式碼：

```
print("Some text to get printed!")
```

這是 Swift 內建的 **print 函式**，通知 Swift 將指定的項目顯示為文字。

有時也會看到類似以下的寫法：

```
print("The pizza is a \(name)")
```

像這樣的用法，print 函式會將印出的內容替換為包在 **\(** and **)** 裡面的變數值。很方便，對吧？後續談到**字串插值（string interpolation）**時，本書會針對這個部分做進一步的介紹。

❶ 建立材料清單

第一步是將主廚提供的材料清單儲存成一個有用的資料結構。

我們會使用 Swift 提供的集合型態：具體做法是建立字串**陣列**，儲存在陣列裡的每一個字串都是一種材料。

此處會建立像以下這樣的材料陣列：

```
let ingredients = [
        "Pepperoni", "Mozzarella",
        "Bacon", "Sausage",
        "Basil", "Garlic", "Onion", "Oregano",
        "Mushroom", "Tomato",
        "Red Pepper",
        "Ham", "Chicken",
        "Red Onion",
        "Black Olives",
        "Bell Pepper",
        "Pineapple",
        "Canadian Bacon", "Salami",
        "Jalapeño",
        "Spinach",
        "Italian Sausage", "Provolone",
        "Pesto", "Sun-Dried Tomato",
        "Feta",
        "Meatballs",
        "Prosciutto",
        "Cherry Tomato",
        "Pulled Pork", "Chorizo",
        "Anchovy", "Capers"
]
```

定義清單內容時，開頭為[。

這是項目 0。

這個字串陣列具有 33 個項目，用於儲存材料。由於 Swift 陣列的第一個項目編號是 0，表示你存取陣列項目是從 0 到 32，下一章會進一步介紹陣列的使用方法。

某些項目分在同一行並沒有特殊意義，只是為了方便呈現程式碼。

定義清單內容時，结尾是]。

這是項目 32。

習題

新增一個 Swift Playground，在程式碼裡撰寫你的材料清單。

請利用 print 函式印出其中的某些材料，以及利用這個語法取得某一個材料：ingredients[7]，會取出什麼材料呢？

解答請見第 27 頁。

❷ 隨機選出四種材料

第二步是從我們剛剛放入陣列的清單裡，隨機選取一種材料，執行四次。

Swift 的**陣列**集合型態具有一個十分方便的 `randomElement` 函式，其功能是先從函式呼叫的陣列裡隨機選出一個元素，然後回傳。

為了從材料陣列中隨機取得一個元素，做法如下：

```
ingredients.randomElement()!
```

此處的程式碼結尾一定要放 !，因為這個函式會回傳 **Optional 型態**。本書稍後會對此有詳盡的討論，但目前的結論是：可能會有回傳值（如果陣列裡有資料存在），也可能沒有（因為陣列內容為空，但仍然是完全有效的情況）。

因此，為了安全起見，Swift 的概念裡有支援 Optional 型態，可以有、也可以沒有值。! 的作用是強制忽略 Optional 型態的可能性，如果有值存在，就回傳那個值給我們。**等你學到背後的運作原理，就會知道其實你不應該這麼做**，本書後續會對此進行更多討論。

如果陣列的內容可能會改變（這個範例中的陣列永遠不會改變，因為是以關鍵字 `let` 宣告為一個常數），這種程式設計並不安全（這個範例是呼叫 `randomElement()`，並且忽略 Optional 型態的可能性，如果陣列不是常數，有可能會是空的）。

`randomElement` 是十分方便的屬性，可以用在陣列和其他 Swift 的集合型態上。陣列還具有其他方便的屬性：`first` 和 `last` 分別是回傳陣列裡的第一個和最後一個元素，以及 `append` 是將某個元素新增到陣列末尾。

習題

請開啟已經包含材料清單的 Swift Playground。

使用以下這行程式碼，再次利用 print 函式印出隨機選出的材料 `ingredients.randomElement()!`。

試試看以 `last` 屬性印出陣列裡的最後一個元素，最後一個元素是什麼？

請使用語法：`ingredients.append("Banana")`，將一個新材料擴增到陣列末尾，然後再次印出陣列裡的最後一個元素，確認看看是否如你所預期地會出現新材料。

→ 解答請見第 27 頁。

❸ 顯示隨機披薩

最後，我們需要使用材料陣列和 `randomElement` 函式，產生和顯示我們製作的隨機披薩。

由於我們希望披薩有四種隨機材料，因此需要呼叫這個函式四次，我們還可以在 print 函式裡呼叫這個函式，寫法如下所示：

```
print("\(ingredients.randomElement()!), \(ingredients.randomElement()!),
\(ingredients.randomElement()!), and \(ingredients.randomElement()!)")
```

沒錯，你有可能會多次獲得相同的隨機材料。

每次或是多次呼叫 `randomElement()`，我們都無法得知函式回傳元素的背後原理。所以，是這樣沒錯，你有可能會產生一個材料只有 Pineapple 的披薩。

```
Red Pepper, Ham, Onion, and Pulled Pork
Pineapple, Mozzarella, Bacon, and Capers
Salami, Tomato, Prosciutto, and Meatballs
Pineapple, Pineapple, Pineapple, and Anchovy
```

腦力激盪

請將 Swift Playground 中的所有內容註解掉，只留下材料陣列。

如上所述，請實作程式碼，印出具有四種隨機材料的披薩。

試試看，程式運作正常嗎？

主廚似乎認為一份披薩如果多次獲得相同的材料會很惱人。

你能找出方法讓程式碼不要發生這種情況嗎？請試著寫寫看。

恭喜你邁出 Swift 程式設計的第一步！

你已經在本章做了**很多事**。當你在 Playground 環境中熟悉 Swift 程式設計的同時，其實你已經深陷其中，而且被要求破解一些真正的 Swift 程式碼。

你還開發出一個小工具，幫助披薩主廚為他們製作的披薩隨機產生名字。這非常實用！

在下一章的內容裡，我們要開始寫一些更長的 Swift 程式碼，一些實際上可以認真拿來用的程式碼（某種程度來說啦）。學習所有用來建構 Swift 程式的基本組件：**運算子（operator）**、**變數（variable）**與**常數（constant）**、**資料型態（type）**、**集合（collection）**、**控制流（control flow）**、**函式（function）**、**列舉（enumeration）**、**結構（structure）**和**類別（class）**。

在進入下一章之前，我們要先回答幾個你可能會遇到的問題、填字遊戲的答案和稍微漂亮的評論。還有，別忘了來杯好咖啡或者是睡上一覺。

只要你堅持下去，主廚會提供你更多想法，讓你撰寫成 Swift 程式碼。依照這個學習速度，你或許可以找個新職務——擔任披薩店的首席 Swift 工程師。

問：**分號在哪裡？我以為程式設計意味著充滿分號！**

答：雖然其他多數的程式語言會要求你在程式碼行數的結果使用分號（;），但 Swift 不需要。如果使用分號能讓你覺得安心，你可以想用就用。在 Swift 裡，使用分號依舊合法，只是不需要！

問：**請問我要如何在 iPhone 或 iPad 上執行程式碼？我買這本書的目的就是要學習開發 iOS 應用程式，然後變成超級有錢人。**

答：本書稍後會一步步解釋，使用 Swift 知識開發 iOS 應用程式所需了解的一切。我們無法保證你會變得有錢，但可以保證你最後會知道如何開發 iOS 應用程式。

問：**我以前學過 Python，請問空白字元在 Swift 程式裡有任何意義嗎？**

答：不，與 Python 不一樣，空白字元在 Swift 程式設計裡沒有任何意義。請勿擔心這一點！

問：**我其實只想開發 iPhone 應用程式，這樣我還必須在 Playgrounds 環境中學習所有知識嗎？我希望能直接跳到應用程式的部分！**

答：如同先前提過的，開始建立應用程式之前，你需要先逐步熟悉 Swift 程式碼本身。身為程式設計人員，在你投身創作應用程式前，如果能先從 Swift 的基礎知識開始學起，對你來說會是相當好的體驗，而且是好很多。

「Swift」填字遊戲

測試你的大腦對 Swift 術語的了解程度，想不出答案的話，請重新確認這一章的內容！

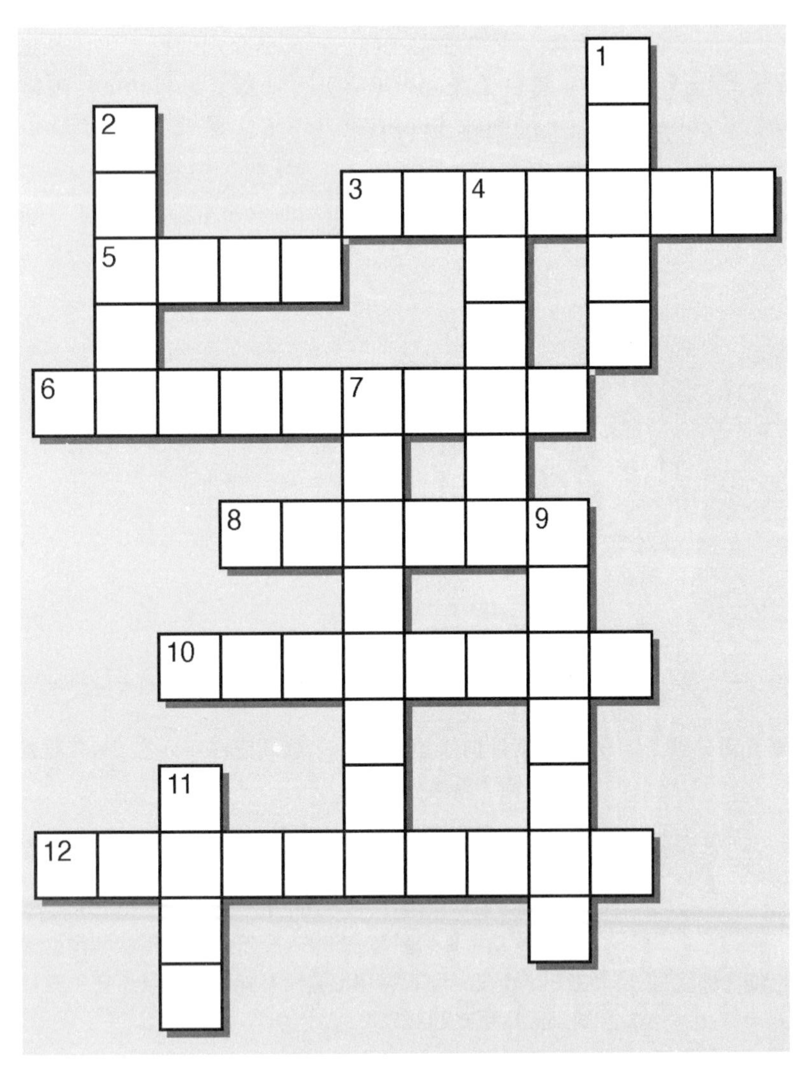

中文提示（橫向）

3. 在 Playground 環境下，開發 Swift 程式的第一階段。

5. Swift 是 ___ 原始碼專案，表示能公開取得原始碼和進行開發工作。

6. 其他程式語言用這個來表示一行程式已經結束，Swift 則不然。

8. Swift Playgrounds 的一項功能，讓你查看某一行程式碼的結果或輸出值。

10. 在 Playground 環境下，開發 Swift 程式的第三階段。

12. Swift ___ 是用於執行程式碼和探索 Swift 的環境。

中文提示（縱向）

1. Swift 利用這個函式輸出文字。

2. Apple 提供的大型且功能強大的整合開發環境（IDE）。

4. Apple 製造的熱門手機，你可以撰寫適用這種手機的應用程式。

7. 用於檢查、修改或組合資料值。

9. 在 Playground 環境下，開發 Swift 程式的第二階段。

11. 在其他程式語言裡，____ 方法是許多程式的起點，但 Swift 不需要。

→ **解答請見第 28 頁。**

習題解答

題目請見第 22 頁。

陣列索引值是從 0 開始，表示如欲取得陣列索引值 7 的內容，實際上是存取陣列裡的第 8 個項目。

因此，`ingredients[7]` 取得的陣列值是 `"Oregano"`。

連連看解答

題目請見第 14 頁。

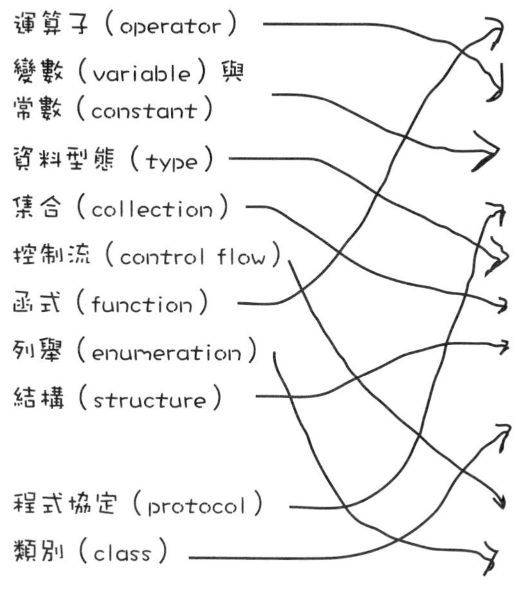

命名的重複程式碼片段

符號或片語，用於檢查、修改或組合資料值

以名稱儲存資料的方式

程式採用的功能藍圖

某種用於儲存或表示資料的類型

儲存群組資料

將有關聯的資料值和功能性分組

對有關聯的資料值和功能性進行分組，也能從其他群組繼承這些內容

多次或在特定條件下執行任務的方式

將有關聯的資料值分組

習題解答

題目請見第 23 頁。

陣列 `ingredients` 的最後一個元素是 `"Capers"`。

在陣列裡擴增一個新的材料（`"Banana"`）後，最後一項材料就會更新為 `"Banana"`，因為 `append` 是將陣列值新增到陣列末尾。

提示請見第 26 頁。

「Swift」填字遊戲解答

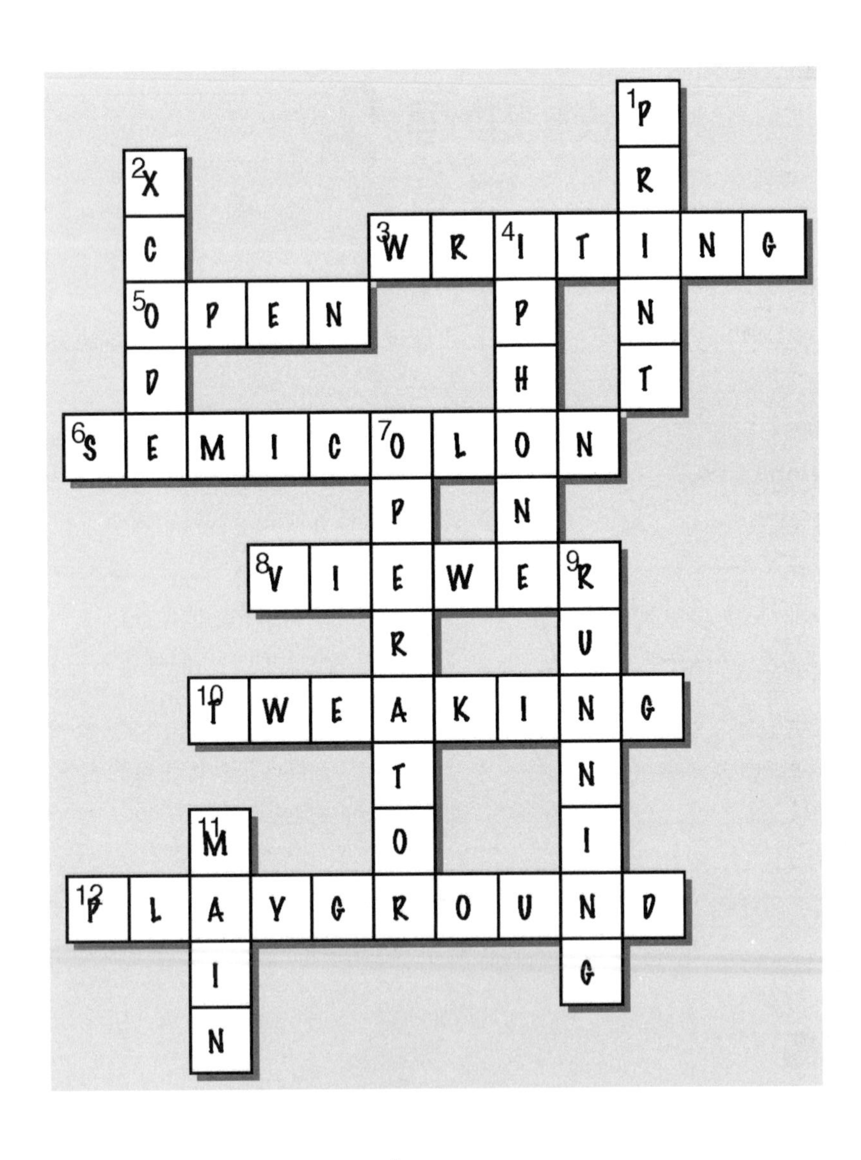

2　請叫我神速語言

Swift 程式語言的基本特性

我們在前一章已經帶你認識 Swift 的主軸，接下來這一章會進一步深入 Swift 程式的建立組件。既然你已經相當清楚 Swift 的殺傷力有多強，現在就該來付諸實踐。本章會帶你使用 Playgrounds 來撰寫一些程式碼，教你如何使用**陳述式**、**表達式**、**變數**和**常數**等這些構成 Swift 程式的基本組件，為你將來的 Swift 程式設計生涯打下基礎。你還會學到如何掌握 **Swift 的型態系統**，以及**利用字串表達文字**的基礎知識。那我們就開始囉…你將親眼見識到自己以疾如風的速度寫出 Swift 程式碼。

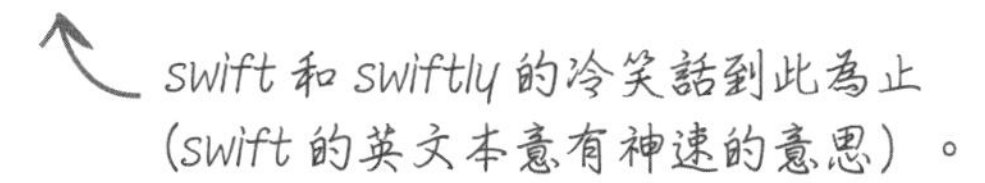

以基本組件建立程式碼

所有以 Swift 程式語言撰寫而成的程式都是由不同的元素組成，透過本書的各個章節，你會一一學到這些元素的用法，以及如何將這些元素結合在一起，達成你希望 Swift 幫你實現的目的。

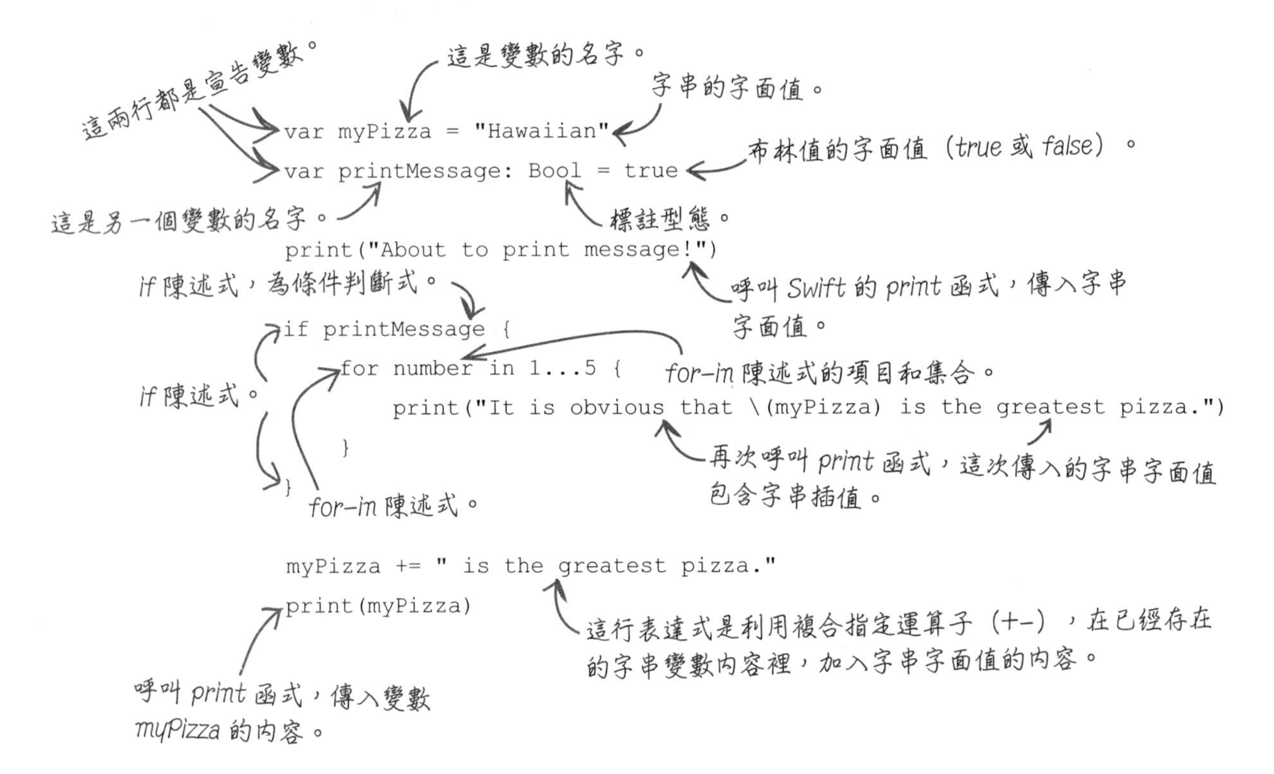

重點提示

- Swift 程式有很多種組成元素，這些是建構程式碼的組件。
- 最基本的建構組件是表達式、陳述式和宣告。
- 陳述式（statement）負責定義 Swift 程式準備採取的動作。
- 表達式（expression）負責回傳結果，也就是某種值。
- 宣告（declaration）負責將一個新的名字導入 Swift 程式裡，例如，變數。
- 變數負責儲存某種型態的資料，而且可以為這個資料命名。
- 型態負責定義儲存資料的類型。
- 字面值（literal）表示具有字面意義的值，例如，5、true 或 "Hello"。

基本運算子

我們第一個要看的建構組件是**運算子（operator）**，是一個符號或片語，讓你可以檢查、修改或組合程式所使用的資料值。

運算子可以用來運算數學、執行邏輯運算、指定值等等，多數程式語言通用的建構組件裡的所有運算子，Swift 不僅全都支援，本身還另外具備一套完整而且認為是相當獨特的運算子…至少在 Swift 中使用算很獨特。深入閱讀本書更多的內容，你會跟著學到更多和運算子有關的知識。

運算子分為一元（*unary*）、二元（*binary*）和三元（*ternary*）：

這不過是以一種很炫的方式來說運算目標有一個（一元）、二個（二元）和三個（三元）。

「–」是一元運算子，用於運算一個值，在這個例子裡是 *1*。

```
-1
```

「+」是二元運算子，用於運算二個值，在這個例子裡是 *11* 和 *2*。

```
11 + 2
```

```
a ? b : c
```

? 和 : 組成三元運算子，用於運算三個值，在這個例子裡是 *a*、*b* 和 *c*。後續你會進一步了解這些知識。

喂？喂？請給我一位電話接線人員！（operator 的英文也有接線人員的意思）

運算子是一個符號或片語，讓你可以檢查、修改或組合資料值。

放輕鬆

如果你不了解或不認識所有可能會出現的運算子與其表示的符號，很容易對此感到卻步。

隨著你對 Swift 的知識和經驗越來越多，許多運算子就會成為你的第二天性，其中許多運算子甚至早就是了，像是那些數學運算符號，但仍舊有許許多多的運算子無法牢記在腦海裡。

對程式設計人員來說，需要查詢運算子、關鍵字和語法完全是很正常的事，就算他們已經以那個程式語言寫了數年或數十年的程式，還是必須查詢這些知識，以確保他們沒有記錯。

神速算數學

程式設計過程中經常會運算數學。說到運算數學，Swift 的表現不會讓你失望，所有經典的運算都有支援，包括**加法**、**減法**、**除法**、**乘法**和 **Mod 運算**（取餘數）。

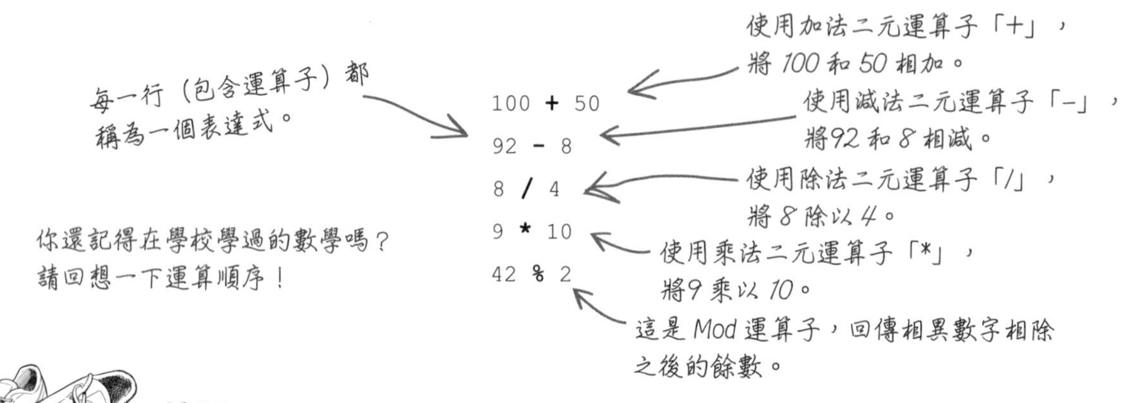

習題

請新增一個 Playground 來做一些數學運算！組合運算子，就與高中學到的數學一樣。

請試試看將某個值乘以 42，然後除以 3 再減 4。

試試看：4 + 5 * 5

利用 Mod 運算子檢查某個數字是否為偶數（如果一個數字除以 2 沒有得到餘數，就是偶數），你認為會得到什麼結果？

解答請見第 37 頁。

表達自我

將資料值和運算子組合在一起之後所產生的值，就稱為表達式。

```
917 - 17 + 4
```

這是一個表達式，因為它組合了資料值（917、17 和 4）和運算子（- 和 +），並且產生一個結果值（904）。

事實上，任何程式碼回傳的值都稱為表達式，即使表達式產生的值和本身相同，仍舊是表達式。

表達自我

如果在 Playground 裡輸入以下這些**表達式**，然後執行，你會看到每一個表達式計算出來的值：

```
100 + 50
92 - 8
8 / 4
9 * 10
```

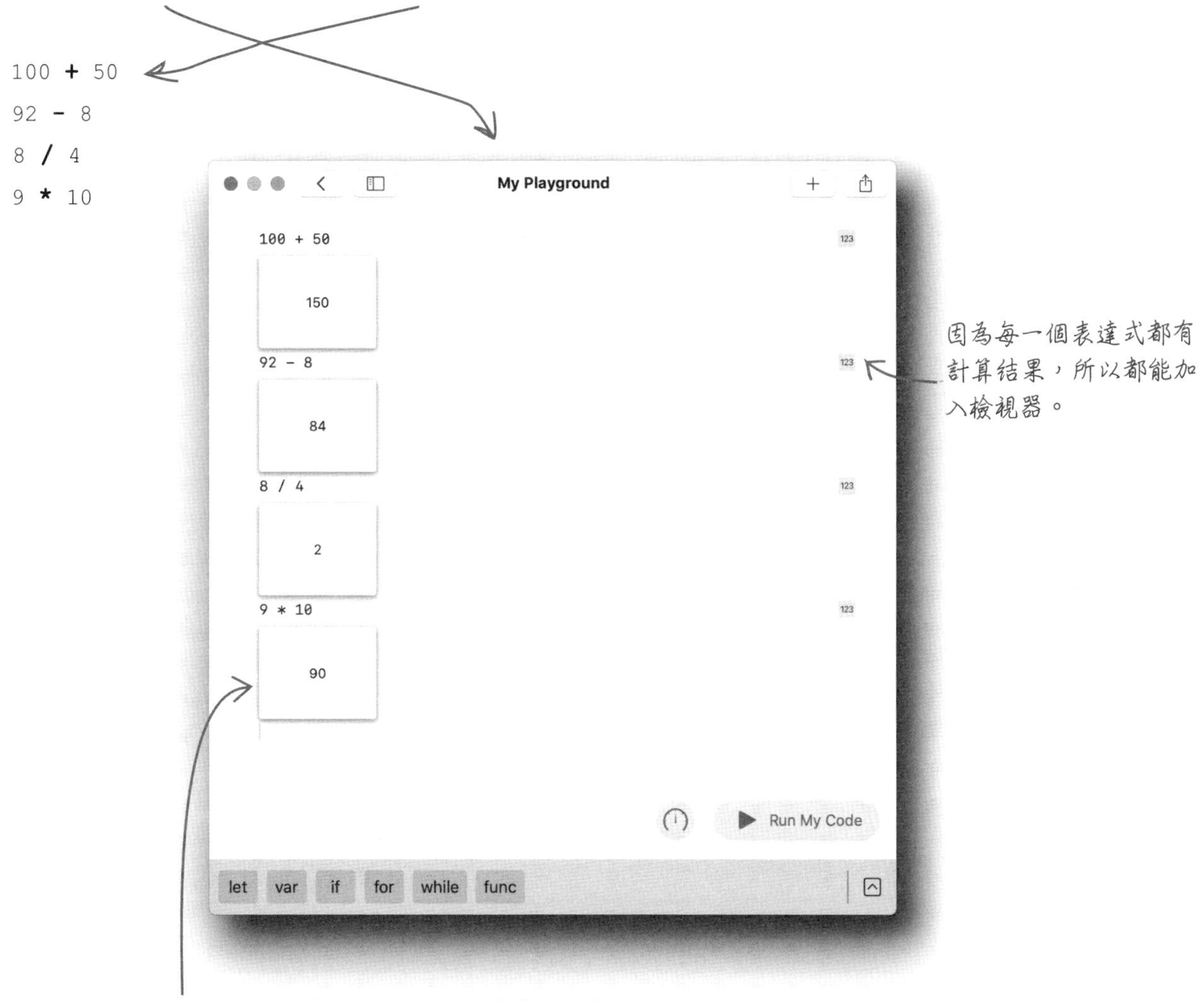

空白字元風格不能混搭…

…表達式和運算子搭配使用時要寫成 8/4 或 8 / 4，不能寫成像 8 /4 或 8/ 4，你只能挑選其中一種風格使用，並且從一而終。

重點提示

- Swift 程式是由陳述式建構而成。
- 簡單的陳述式是由表達式和宣告建構而成。
- 表達式是計算結果的程式碼。
- 陳述式不會回傳結果。
- 宣告是用於導入變數、常數、函式、結構、類別或列舉。
- 運算子是符號或片語，用於修改、檢查或組合 Swift 裡的資料值。
- 某些最常用的運算子是讓你執行數學運算。
- 其他運算子則是讓你指定內容、比較內容或檢查結果。

連連看？

為了讓你對用於 Swift 表達式中的基本運算子知識更加穩固，請將下列左側的每一個表達式與右側正確的結果進行配對。

7 + 3	2
9 - 1	10
10 / 5	20
5 * 4	8
9 % 3	0
-11	-11

→ 解答請見第 37 頁。

如果你的表達式只用到整數，計算出來的結果也會是整數。

如果表達式中有任何部分用到小數，則結果也會是具有小數的數字。

所以，假設你想計算 10 除以 6，如果使用下列寫法，你預期的計算結果會是 1.6666666666666667：

```
10 / 6
```

但實際上最後得到的結果是 1，因為結果只能是整數，經過四捨五入後，最接近的值是 1。

然而，如果你要求 Swift 採用小數，像是以下這種寫法：

```
10.0 / 6.0
```

最後就能得到更精確的答案 1.6666666666666667，因為在這個情況裡，Swift 只會以小數處理。

Swift 還有另外一個數學運算子：**Mod 運算子**（**modulo**），用於計算另一個數字內可以容納某個數字的幾倍。

例如，假設你想知道 2 能在 9 裡面放幾次，可以用以下的寫法：

```
9 % 2
```

計算出來的答案是 1。只剩下 1 —— 剩下部分不足以再製作出另一個單位的 2，表示可以在 9 裡面放入 4 個單位的 2。

更正確一點來說，在 Swift 程式語言裡，整數稱為「integer」，小數稱為「double」或「float」，integer、double 和 float 都是所謂的資料型態。

你可能還聽過其他型態，包含字串和布林值也都是。

名字和型態：簡直一模一樣

就與寵物和季節性飲料一樣，具有名字的資料相對容易處理。**常數**和**變數**就是用於儲存某個資料，並且透過名字指向這個資料。指定資料給常數和變數時，需要使用**指定運算子「=」**。

變數是一塊經過命名的資料，可以修改變數值；**常數**資料的值則永遠不能改變。以下舉幾個例子：

關鍵字 let 用於定義常數，關鍵字 var 則用於定義變數。

「=」是另一種運算子，稱為指定運算子。

```
let favNumber = 8.7
```

這個陳述式是宣告一個名字為 *favNumber* 的常數，並且指定常數值為 *8.7*（*double* 型態）。

```
var coffeesConsumed = 17
coffeesConsumed = 25
```

這個陳述式宣告一個名字為 *coffeesConsumed* 的變數，並且將整數值 *17* 指定給這個變數。

變數後續還可以更新，因為它是可變的值，了解嗎？

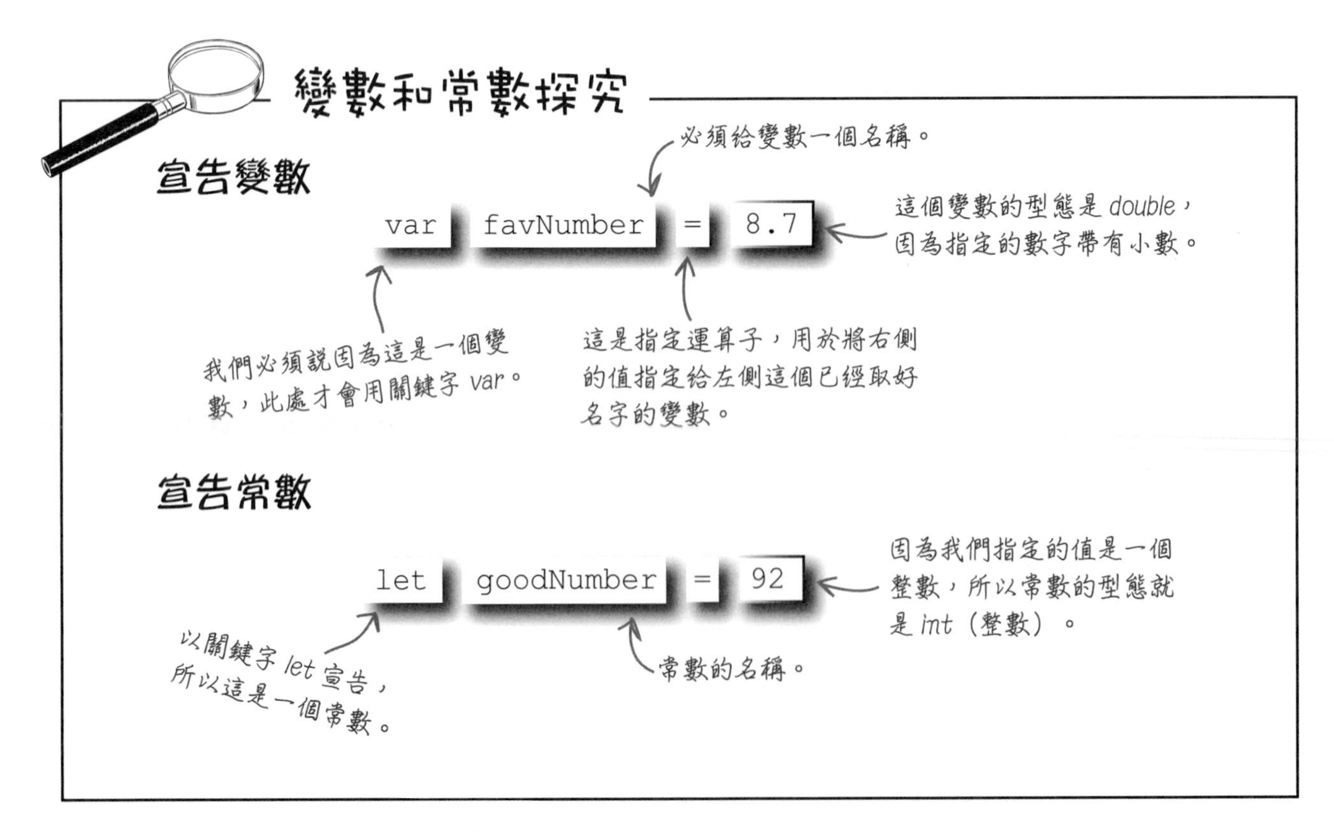

習題解答

題目請見第 32 頁。

10*42/3-4	4+5*5	10%2	11%2
136	29	0	1

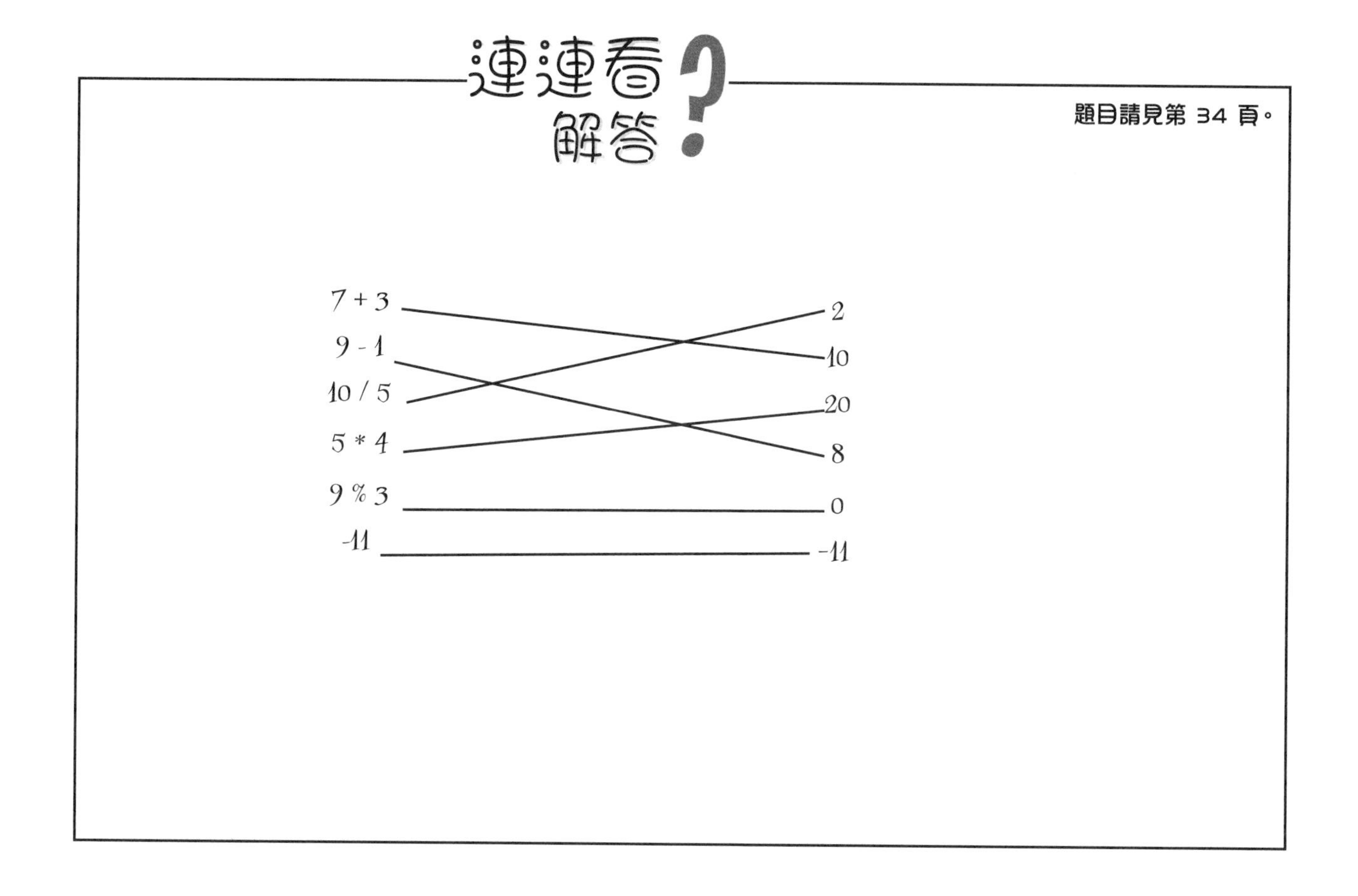

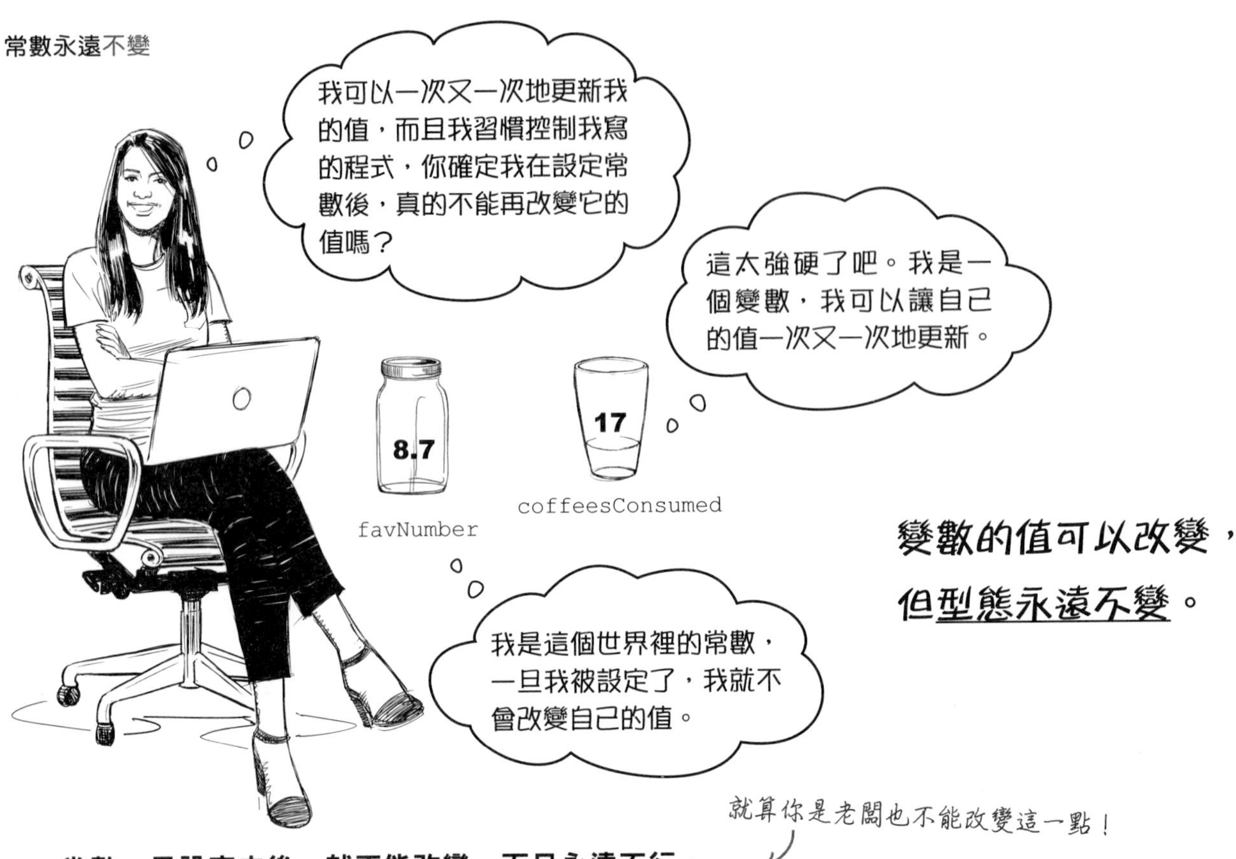

變數的值可以改變，但型態永遠不變。

就算你是老闆也不能改變這一點！

常數一旦設定之後，就不能改變，而且永遠不行。

只要你有需要，你可以多次修改**變數**的值，但**常數**的值一旦指定後，就不能改變。 讓我們更仔細一點看看變數和常數的宣告方式：

```
let myNumber = 10
```

定義一個名字為 *myNumber* 的常數，指定常數值為 *10*。Swift 發現常數是一個整數，型態為 *integer*，因為我們指定的值是 *10*。

```
let myDouble = 10.5
```

這個表達式建立一個名字為 *myDouble* 的常數，指定常數值為 *10.5*（*double*）。

```
var number = 55
number = 9.7
number = 10
```

這個表達式宣告一個名字為 *number* 的變數，指定變數值為 *55*，型態是 *integer*。

由於 *number* 的型態是 *integer*，所以不能指定 *double* 型態的值，即使是變數也不行，這樣程式會出錯。

然而，我們可以將 *number* 更新為整數，因為它是變數。

```
let myConstant = 5
myConstant = 7
```

建立一個名字為 *myConstant* 的常數，指定常數值為整數 *5*，使其成為型態是 *integer* 的常數。

myConstant 一旦有值，就不能改變，所以程式碼不能這樣寫，這會出錯。

削尖你的鉛筆

請新增一個 Swift Playground，然後撰寫一些程式碼來執行以下的操作：

- ☐ 建立一個變數，將其命名為 pizzaSlicesRemaining，設定變數值為 8。
- ☐ 建立一個常數，將其命名為 totalSlices，設定常數值為 8。
- ☐ 將 totalSlices 除以 pizzaSlicesRemaining。
- ☐ 將 PizzaSlicesRemaining 的值更新為 4。
- ☐ 再將 totalSlices 除以 pizzaSlicesRemaining。

解答請見第 43 頁。

習題

請新增一個 Playground，宣告一個整數型態的變數，指定某個資料值（當然會是整數）給這個變數，然後試試看在下一行程式碼中指定一個字串給這個變數，看看會發生什麼情況。

Swift 會給出什麼錯誤訊息？

解答請見第 43 頁。

放輕鬆

確實有很多知識等你吸收。

即使你的 Swift 旅程才剛啟程，這裡就有非常多元素需要你思考。跟著我們持續學習，你會建立自己的知識，而且越學越自在。

並非所有資料都是數字

當你需要以數字形式儲存某個資料，先不管這個數字是否包含小數點，現在你應該已經知道要怎樣建立**常數**和**變數**，來儲存資料並且為資料命名！**然而，並非所有資料值都是數字**，所以我們現在要介紹 Swift 世界裡最大咖的明星：**型態系統**。

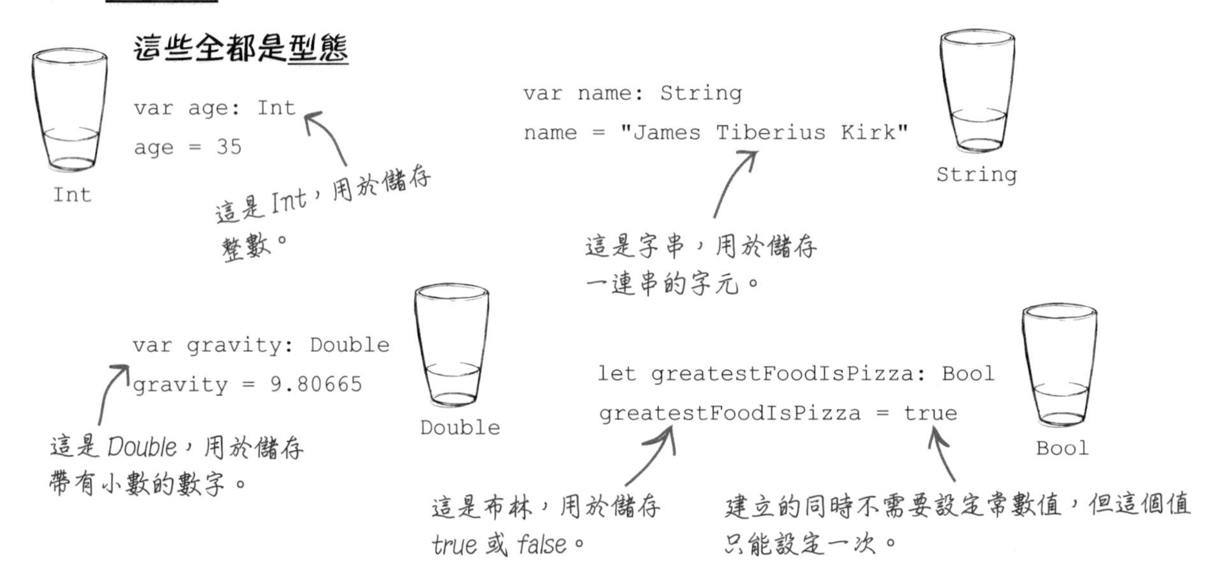

有時你想要的是數字，有時是字串，有些時候又會需要完全不同的某個東西。Swift 的**型態系統**讓你能利用**型態標註**或**型態推論**，告訴 Swift 程式你希望的資料類型是什麼。

剛剛你已經看過一些資料型態（整數、浮點數 double 和 float 以及字串），其實我們一直都在使用**型態推論**來設定變數和常數的型態；指定資料值的時候，讓 Swift 清楚知道資料是什麼類型。

不過，你還需要學習更多型態，本書會包含這部分的所有知識。了解型態很重要，因為變數型態一旦設定之後就不能改變，而且也不能指定錯誤型態的資料值。

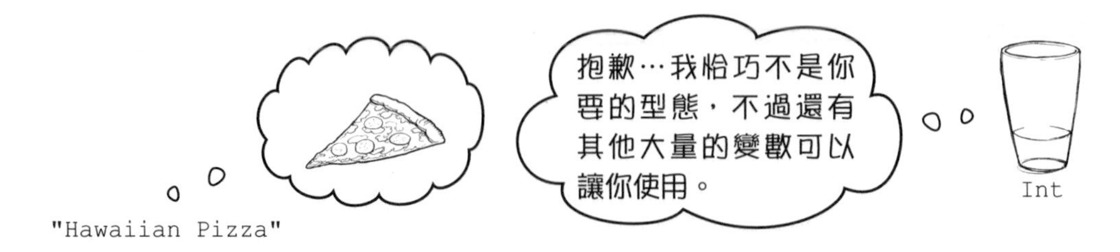

型態推論表示 Swift 清楚知道資料是什麼，而且會幫你指定資料型態。你也可以利用型態標註的寫法來指定資料型態。

可變異性

雖然從概念上來看或許很明顯，變數的設計就是可以改變值，常數不行，但還是值得我們實際操作看看。請建立一個 Swift Playground，宣告以下變數，表示披薩店的名稱：

```
var pizzaShopName = "Big Mike’s Pizzeria"
```

假設披薩店現在要被收購，新老闆（當然不再是 Big Mike）想將店名改為「Swift Pizza」。由於 PizzaShopName 是變數，所以你可以在 Playground 裡加入以下這行程式碼，絕對沒有問題：

```
pizzaShopName = "Swift Pizza"
```

但是，如果將 Playground 中的第一行程式碼改成以下的寫法：

```
let pizzaShopName = "Big Mike’s Pizzeria"
```

你會看到之前嘗試改變店名的第二行程式碼，現在出現錯誤了；第一行程式碼也出現錯誤，建議你改為變數，讓店名可以改變。

這是 Swift 最簡單的安全特性之一：

如果某個資料註定不能改變，Swift 會告訴你。

利用型態串聯變數內容

先前我們提過，程式設計過程中經常會做數學運算，但也經常需要處理文字，程式語言用於表示文字的型態稱為字串。如同你在前一頁所看到的，你可以建立像以下這樣的字串：

```
var greeting = "Hi folks, I'm a String! I'm very excited to be here."
```

或是像這樣的字串：

```
var message: String = "I'm also a String. I'm also excited to be here."
```

如同剛剛的範例，當程式碼事先定義的值恰巧是字串的情況，就稱為**字串字面值（string literal）**。從字面意義來看，字串字面值就是包圍在雙引號 "" 內的一串字元。

你也可以建立一個儲存空字串的變數，就像以下這樣的寫法：

```
var positiveMessage = ""
```

在這個情況下，此處的 *positiveMessage* 會視為字串，這是因為資料 "" 是字串（不管字串長度多短都算），所以型態推論變數為字串。

或是像以下這樣的寫法：

```
var negativeMessage: String
```

這裡的變數 *negativeMessage* 也是字串，因為標註了字串型態。

然後將值指定給字串：

```
positiveMessage = "Live long and prosper"
negativeMessage = "You bring dishonor to your house."
```

型態是很強硬的設計。

所以你不能用以下的寫法：

```
var pizzaTopping
            pizzaTopping = "Oregano"
```

這是因為宣告變數 `pizzaTopping` 的時候，我們沒有提供任何資料給 Swift 去執行型態推論，也沒有提供型態標註，以明確告訴 Swift 變數的型態是什麼。

雖然宣告變數之後，後續再指定某個資料值給變數（或改變資料），正常來說完全沒有問題，畢竟這就是變數設計的意義，但在此處的例子裡，宣告變數 `pizzaTopping` 的時候，不僅沒有型態也沒有任何資料可以推論型態，所以這不是安全的寫法，無法完成程式。

如果想先宣告變數但不提供資料值，就必須提供型態標註，如下所示：

```
var pizzaTopping: String
```

削尖你的鉛筆 解答

題目請見第 39 頁。

```
var pizzaSlicesRemaining = 8
```
8

```
let totalSlices = 8
```
8

```
totalSlices/pizzaSlicesRemaining
```
1

```
pizzaSlicesRemaining = 4
```
4

```
totalSlices/pizzaSlicesRemaining
```
2

Run My Code

習題 解答

題目請見第 39 頁。

```
var myInteger = 42
myInteger = "forty two"
```

Cannot assign value of type 'String' to type 'Int'

由於 myInteger 原先建立時是宣告為整數，所以永遠不能指定成字串。

以型態推論決定型態 String

pizzaShopName 是變數的名字。

```
var pizzaShopName = "Swift Pizza"
```

這是一個變數，所以儲存的值可以改變。

這是指定運算子，將右側的值指定給左側這個已經取好名字的變數。

這個一連串的字元就是值。

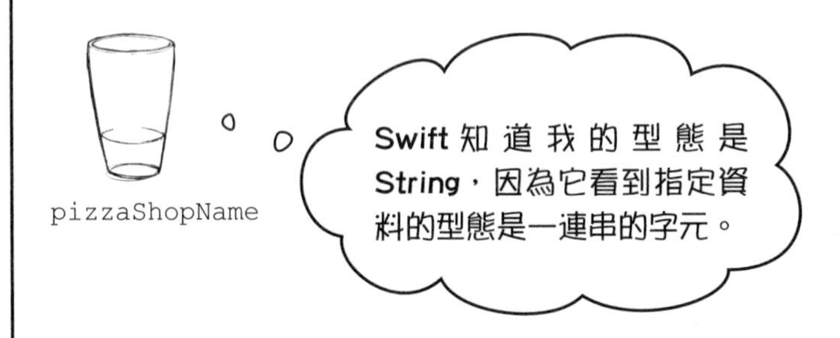

讓 Swift 根據指定的資料來決定型態的做法，就是型態推論；明確指定型態的做法，就是型態標註。

以型態標註指定型態 String

標註型態，告訴 Swift 這個變數是一個字串，型態為 String。

```
var pizzaName: String = "Swift Pizza"
```

在變數名字之後、型態標註之前加上冒號。

Swift 知道我的型態是 String，因為型態標註宣告我是 String。

重點提示

- 型態 **String** 儲存一連串的字元，字串可以由任意數量的字元數組成，包含零。
- 型態 **Int** 儲存整數，沒有小數點，但可以是負數。
- 型態 **Double** 儲存有小數點的數字，也可以是負數。
- 型態 **Bool** 只能儲存 `true` 或 `false`，除此之外就沒了。

如果使用型態標註宣告變數或常數的時候沒有資料，可以稍後再指定，但資料內容必須符合你所標註的型態。

常數和變數都需要標註型態，或是在宣告時指定一個值，或同時採用兩種做法。

宣告變數或常數時，可以**標註型態或是立刻指定一個值**。

如果你採用指定值的做法，你需要做的就只有這一步，型態系統會使用型態推論，你的工作完成了。

如果你不想在宣告時指定值，沒關係，但你必須先標註型態，日後你指定值的時候，Swift 才知道你希望用哪種資料型態。

例如以下這個寫法就很好，因為我們在宣告常數的同時，指定某個資料：

```
let bestPizzaInTheWorld = "Hawaiian"
```

因為我們在宣告時使用了關鍵字 let，所以這是一個常數，一旦將字串字面值 "Hawaiian" 指定給這個常數，型態就會是 String（這要感謝型態推論）。

但如果在宣告常數或變數時沒有指定任何資料，就會出錯：

```
let bestPizzaInTheWorld
bestPizzaInTheWorld = "Hawaiian"
```

如果要這樣做，就必須標註型態，如下所示：

```
let bestPizzaInTheWorld: String
bestPizzaInTheWorld = "Hawaiian"
```

這個宣告沒有問題，因為我們有標註型態。

最後會根據型態標註，將字串放進常數。因為是常數，一旦指定資料，就不能再改變。

一群盛裝打扮的 Swift **型態**正在參加一場派對遊戲「猜猜我是誰？」。每個人都會提供一個線索，你必須根據它們對自己的看法，猜出它們的名字。

假設它們對自己的看法一定是真的，請從每一個線索畫一個箭頭，指向正確的出席來賓，此處已經先幫你猜出其中一位。

如果你覺得這很有挑戰性，想先翻到本章結尾偷看一下答案，完全沒有問題！

今晚的出席來賓：

我只關心事物的真假，其他都不在乎。	String
我只愛字元，偏愛一次只關心一個字元。	Bool
我傾向於一次盡可能處理越多的字元。	Int
我愛整數，正數和負數都愛，只是不處理小數。	Double
我愛上小數部分的元素，我是小數數字的超級粉絲。我喜歡這一切，真的。	Character

解答請見第 54 頁。

如果我在建立字串變數之後想要修改，該怎麼辦？我能這麼做嗎？我希望為字串新增一些內容…

建立字串變數之後，很容易就能修改內容，幾乎與之前處理數字的做法一樣。

你可以對字串新增某些內容，假設你正在儲存一段非常勵志的演講內容：

```
var speech = "Our mission is to seek out new
                life and new civilizations."
```

後來你想加入更多內容：

```
speech +=
    " To boldly go where no one has gone before!"
```

「+=」是運算子，稱為複合指定運算子。這段程式碼的意思是，「取得原本變數 speech 的內容，再加上以下這段內容，然後一起儲存在變數 speech 裡。」

變數 speech 的內容現在包含：

```
"Our mission is to seek out new life and new
civilizations. To boldly go where no one has gone
before!"
```

只能用「+=」運算子來新增字串內容，沒有用「-=」來移除字串內容的用法。

習題

請新增一個 Swift Playground，根據以下提示寫出程式碼：

- 建立一個字串變數，並且命名為 favoriteQuote。
- 將你喜愛的一段名言指定給這個變數。
- 將字串 "by" 和引言的作者名字加進變數 favoriteQuote 的內容裡。
- 印出變數 favoriteQuote 的內容。

解答請見第 52 頁。

字串插值

如果你本來以為字串插值是來自科幻小說的東西，那我們原諒你，但它不是，而且還非常有用。**字串插值**是讓你混合不同的資料值（常數、變數、字串字面意義和表達式），然後加進新的字串字面值裡，從而創造出新的字串。

假設你以一個數字代表太空船的飛行速度，以曲速係數作為速度的衡量單位（就像某個以熱門科幻小說為題材的電視劇一樣）：

```
var warpSpeed = 9.9
```

你還為這艘假設的太空船取了名字，並且將名字儲存為字串常數：

```
let shipName = "USS Enterprise"
```

你的太空船正在飛往某個遙遠星球的途中，所以你將飛行目的地儲存為一個變數：

```
var destination = "Ceti Alpha V"
```

利用字串插值，你能將這些有用的資訊全部結合在一起，創造出一個全新的字串：

```
var status = "Ship \(shipName) en route to \(destination),
traveling at a speed of warp factor \(warpSpeed)."
```

Ship shipName
en route to
destination
traveling at a speed of warp factor
warpSpeed .

然後印出這個具有新狀態的字串變數，結果會是：

```
Ship USS Enterprise en route to Ceti Alpha V, traveling
at a speed of warp factor 9.9.
```

佔位符號（placeholder）的內容會被替換成已經命名的常數、變數、字串字面值或表達式的實際值。

你可能已經注意到了，之前我們呼叫 Swift 的 print 函式時，就有用到字串插值，將變數和常數值顯示為列印結果的一部份。

習題

請新增一個 Swift Playground，然後加入以下程式碼：

```
var name = "Head First Reader"
var timeLearning = "3 days"
var goal = "make an app for my kids"
var platform = "iPad"
```

利用字串插值印出這個字串：「Hello, I'm Head First Reader, and I've been learning Swift for 3 days. My goal is to make an app for my kids. I'm particularly interested in the iPad platform.」。使用變數和字串插值，自訂先前印出的字串內容，改為你個人的詳細資訊。

解答請見第 52 頁。

所有直接出現在程式碼裡的值,都是字面值。

例如,假設你定義了一個名為 `peopleComingToEatPizza` 的變數,指定變數值為 `8`(這是來店裡吃披薩的人數),這個直接出現在原始程式碼裡的 `8`,就是整數字面值:

```
var peopleComingToEatPizza = 8
```

如果定義一個變數來表示美味披薩還剩下多少百分比,並且指定變數值為 `3.14159`,就是將浮點數字面值指定給變數:

```
var pieRemaining = 3.14159
```

還有,如果你以單字詞彙來描述披薩,將描述的內容儲存在變數裡,幸好有型態推論,這時你已經建立 String 型態的變數,因為你指定了一個字串字面值:

```
var pizzaDescription =
        "A delicious mix of
            pineapple and ham."
```

沒有蠢問題

問：我以為 Swift 有某種稱為「程式協定」的東西，我何時會學到這些知識？還有類別呢？

答：Swift 確實有個稱為「程式協定」的東西，我們保證本書很快就會談到這個部分，類別也是。Swift 建立程式結構的方法不只一種，類別和程式協定都為往後的程式發展提供了有用的途徑。

問：我為何需要使用常數？萬一我發生需要修改變數值的情況，我只要將所有內容都宣告成變數，這樣不就好了？

答：相較於其他程式語言的做法，Swift 確實更強調常數的使用。如果只將你希望改變的值宣告為變數，能幫助你的程式更加安全和穩定。此外，如果 Swift 知道你宣告的值是常數，編譯器會執行某種程式最佳化的動作，加快程式執行的速度。

問：指定一個資料值後，為何不能改變資料型態？其他程式語言就可以。

答：Swift 是非常堅持型態的程式語言，強調型態系統的運作方式，鼓勵使用者學習這項系統。變數建立之後，就不能改變型態。如果需要修改變數型態，請另外建立一個新的變數來轉換型態。

問：變數和常數也是型態嗎？

答：不是，變數和常數是經過命名的位置，用於儲存資料；儲存在變數或常數裡的資料才具有型態，因此，變數或常數具有型態，但其本身不是一種型態。

問：如果我需要儲存某個資料，Swift 卻沒有這個資料可用的型態，該如何處理？

答：這是個好問題，本書後續會介紹自訂型態的方法。

重點提示

- 運算子是一個符號或片語，讓你可以檢查、修改或組合程式所使用的資料值。
- 常數和變數就是用於儲存某個資料，並且透過名字指向這個資料。
- 變數和常數具有型態，例如，Int 或 String。Swift 會根據變數或常數建立時所儲存的資料內容來指定資料的型態，你也可以直接指定型態。
- 變數的值隨時可以修改，但不能變更型態。
- 常數的值和型態永遠不能改變。
- Swift 程式是由表達式、陳述式和宣告組成。

「Swift」填字遊戲

該來測試一下你的大腦了。

這是個普通的填字遊戲，但所有解答都涵蓋在本章介紹的觀念裡。來看看你學了多少？

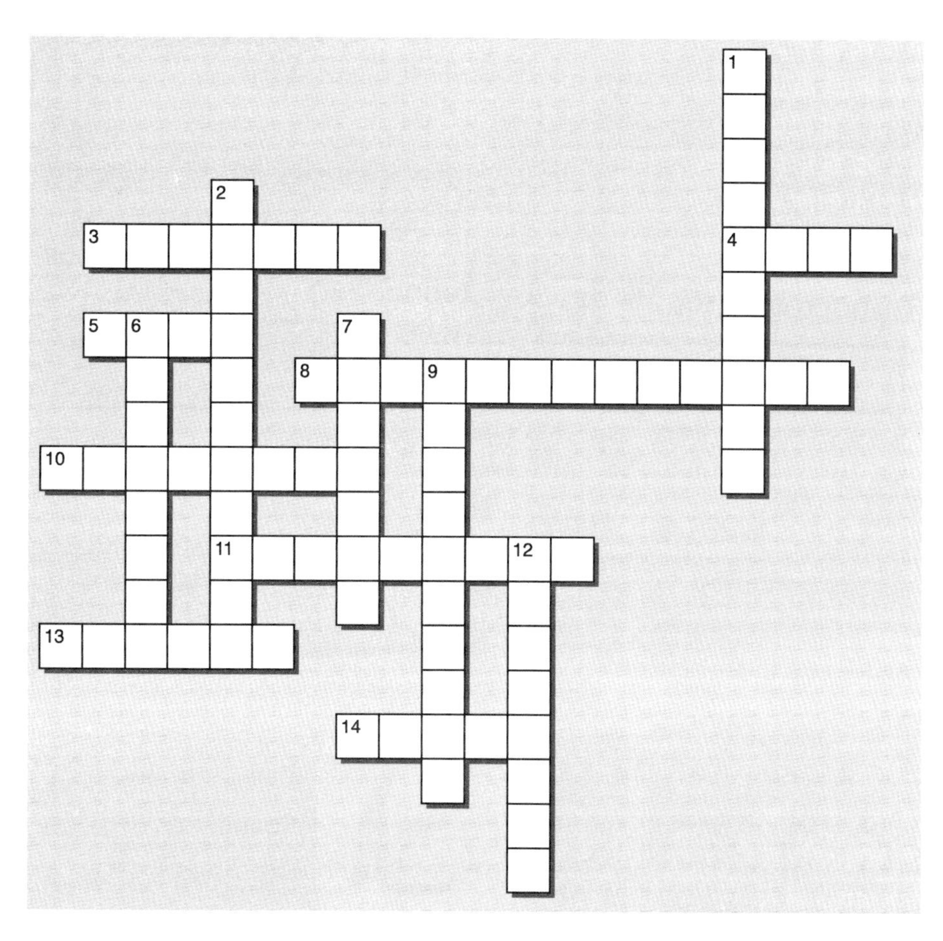

中文提示（橫向）

3. 直接出現在程式碼裡的值。
4. 儲存資料的類型。
5. 我是真還是假。
8. 把某個字串放進另一個字串裡。
10. 可以改變而且有名字的資料。
11. Swift 根據資料內容來判斷資料型態，稱為 Type ______。
13. 用於儲存單字、字元或句子的型態。
14. 數字具有小數位數的型態。

中文提示（縱向）

1. 用於標記變數型態的方法，稱為 type ______。
2. 一行程式碼，將新的命名資料導入程式。
6. 一個符號或片語，用於檢查、修改或組合資料值。
7. 整數資料的型態。
9. 產生值的陳述式。
12. 具有名字的資料，但建立之後就不能修改。

解答請見第 53 頁。

題目請見第 47 頁。

```
var favoriteQuote: String
favoriteQuote = "I love it when a plan comes together!"
favoriteQuote += " by John 'Hannibal' Smith"
print(favoriteQuote)
```

```
I love it when a plan comes together! by John 'Hannibal' Smith
```

題目請見第 48 頁。

```
var name = "Head First Reader"
var timeLearning = "3 days"
var goal = "make an app for my kids"
var platform = "iPad"
print("Hello, I'm \(name), and I've been learning Swift for
 \(timeLearning). My goal is to \(goal). I'm particularly
 interested in the \(platform) platform.")
```

```
Hello, I'm Head First Reader, and I've been learning Swift for 3
 days. My goal is to make an app for my kids. I'm particularly
 interested in the iPad platform.
```

「Swift」填字遊戲解答

提示請見第 51 頁。

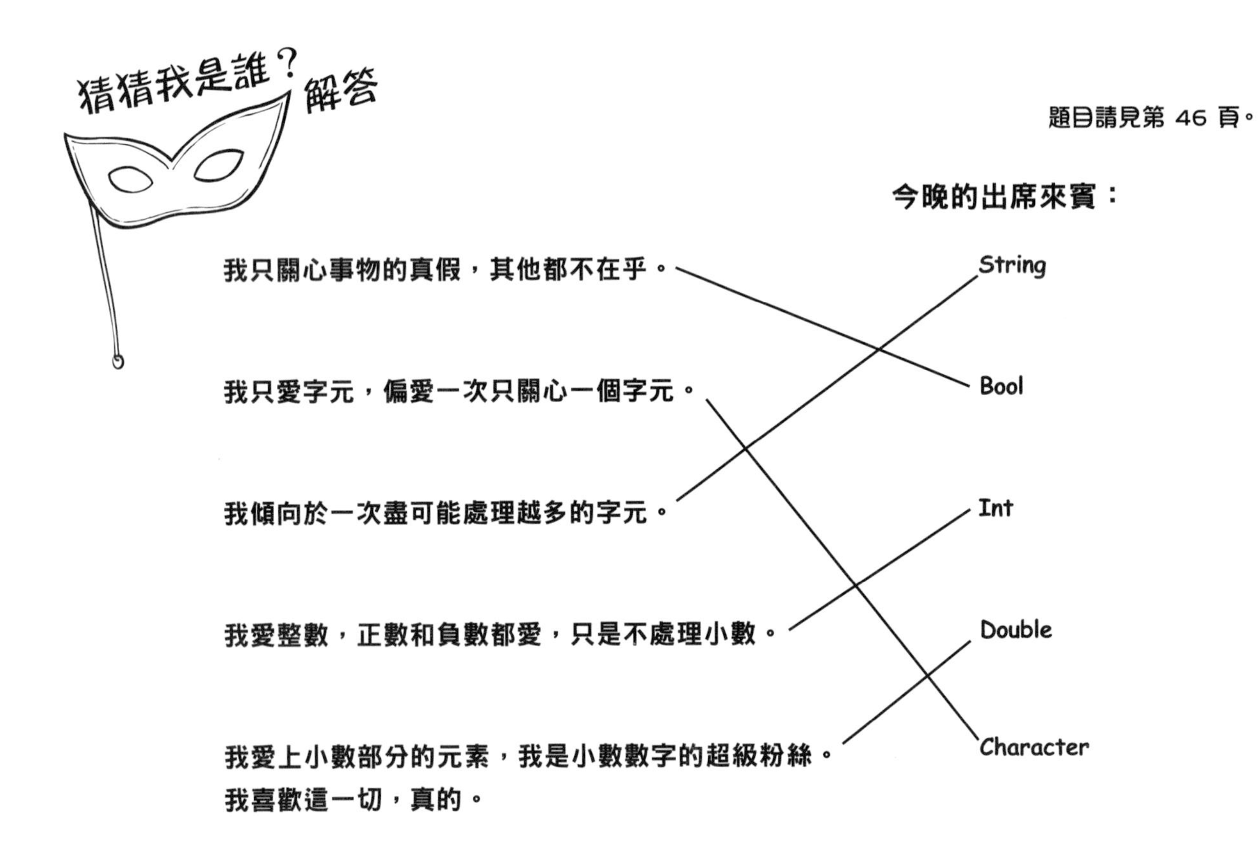
猜猜我是誰？解答
題目請見第 46 頁。
今晚的出席來賓：
我只關心事物的真假，其他都不在乎。
我只愛字元，偏愛一次只關心一個字元。
我傾向於一次盡可能處理越多的字元。
我愛整數，正數和負數都愛，只是不處理小數。
我愛上小數部分的元素，我是小數數字的超級粉絲。
我喜歡這一切，真的。
String
Bool
Int
Double
Character

3 收集與控制

令人著迷的資料迴圈

你已經認識 Swift 的表達式、運算子、變數、常數和型態，接著該來強化這部分的知識，並且探索一些 Swift 的進階資料結構和運算子：**集合**與**控制流**。本章會探討如何將資料集合放進變數和常數，以及如何**利用控制流陳述式來建立資料結構**、**處理資料**和**操作資料**。本書後續還會討論其他收集與建立資料結構的方法，但現在就讓我們先從**陣列**、**Set** 和 **Dictionary** 看起。

幫忙將披薩排序

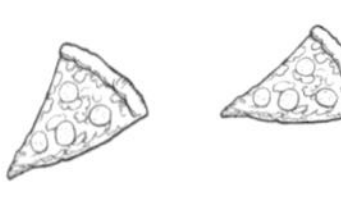

懂嗎？好笑吧。

快來全鎮最快速的披薩店「*Swift Pizzeria*」。

平常狀況很好的**主廚**此刻卻十分暴躁，因為她想利用 Swift，將餐廳賣的披薩按照字母排序。

然而，主廚正面臨一些問題，你能幫忙他們將披薩**排序**嗎？

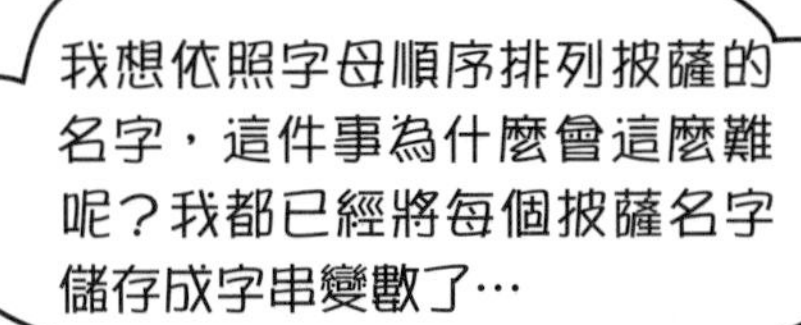

```
var pizzaHawaiian = "Hawaiian"
var pizzaCheese = "Cheese"
var pizzaMargherita = "Margherita"
var pizzaMeatlovers = "Meatlovers"
var pizzaVegetarian = "Vegetarian"
var pizzaProsciutto = "Prosciutto"
var pizzaVegan = "Vegan"
```

Swift 有一系列用於儲存集合內容的特殊型態，不出所料，這些型態統稱為集合型態。

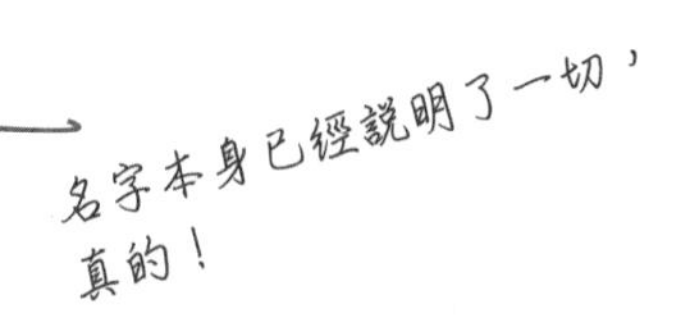

Swift 用於儲存集合內容的主要三種集合型態是：**陣列（Array）**、**Set** 和 **Dictionary**，三種型態各有不同之處，知道每一個集合型態的使用時機是 Swift 程式設計的基本技巧。

要將披薩清單儲存在集合裡，然後按照字母順序進行排序，最快的方法是陣列，但我們稍後才會回來討論這個部分。為了決定出幫助主廚的最佳做法，你必須先了解每種集合型態及其個別的用法。

Swift 集合型態

截至目前為止，你用過的 Swift 型態都是讓你儲存不同型態的單一資料（在多數情況下是如此）。例如，String 是讓你儲存字串，Int 是儲存整數，Bool 則是儲存布林值等等。

Swift 的**集合型態**是讓你能同時儲存**多個**資料。

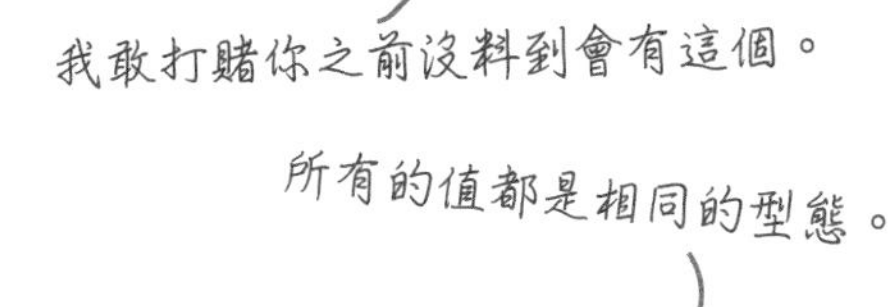

集合型態簡化儲存集合內容的工作。

陣列具有順序性，每個元素值具有相同的型態，並且以索引值自動編號，索引值從 0 開始算起。這表示你可以利用索引值來存取陣列中的單一值。

這個程式碼建立這個陣列。

```
let numbers = [7, 14, 6,1, 8]
```

Set 集合沒有順序性，但每個元素值具有相同的型態。Set 集合沒有索引值，必須利用集合本身的功能，或是循環讀取整個集合，才能取出集合裡的元素。Set 集合裡的每個值只能儲存一次。

每個值都只能有一個元素。

這幾段程式碼建立出這個 Set 集合。

```
var numbers = Set([1, 7, 9, 13, 3])
var numbers: Set = [1, 7, 9, 13, 3]
```

Dictionary 集合沒有順序性，具有鍵值和資料值，每個鍵值的型態相同，資料值也是一樣，具有相同的型態。利用鍵值可以取出集合裡的值，與陣列的索引值一樣。鍵值的型態可以和資料值的型態不同。

所有鍵值都是相同的型態，每個鍵值會映射到一個資料值。

這個程式碼建立這個 Dictionary 集合。

```
var  scores = ["Tom": 5, "Bob": 10, "Tim": 9, "Mars": 14, "Tony": 3]
```

陣列集合值

第一個介紹的**集合型態**是**陣列**（**array**），集合相同類型的資料內容，具有特定順序。你可以建立像以下這種簡單的字串陣列，表示幾個貓咪可能會取的名字：

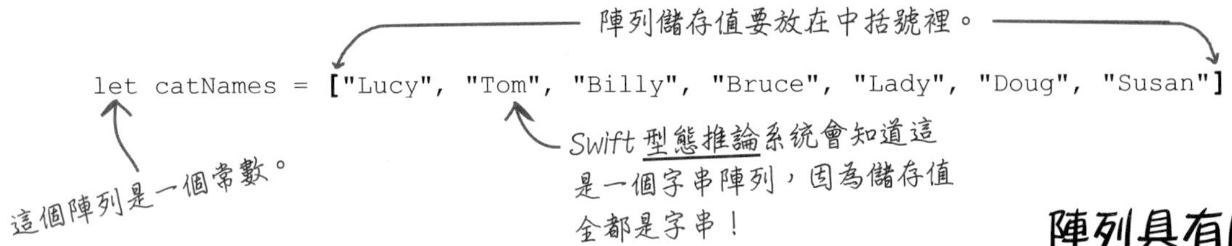

陣列具有順序性，而且所有集合值的型態相同。

或是建立像以下這種整數型態的變數陣列，標註陣列的型態：

```
var numbers: [Int] = [7, 14, 6, 1, 8]
```

此處將型態標註放在中括號裡，指定陣列型態。

陣列對集合裡的值進行編號，索引值從 0 開始算起。我們剛剛建立的陣列，其索引值如下所示：

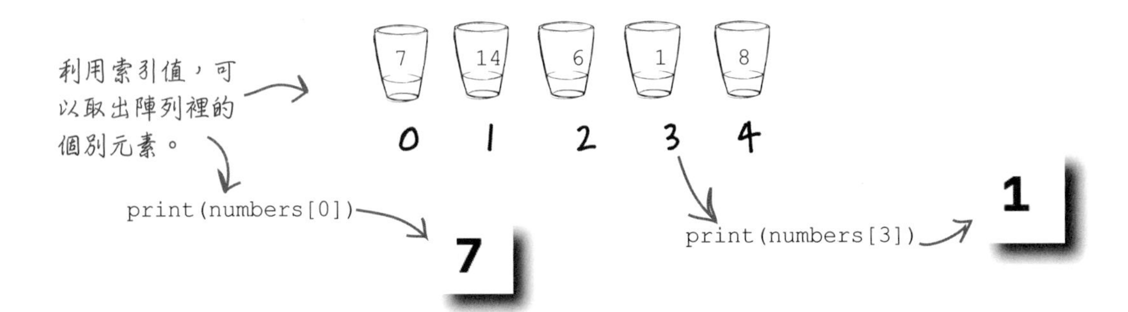

有各種方法可以將內容新增到變數陣列裡，包括擴增：

```
numbers.append(42)
```

還可以刪除元素：

```
numbers.remove(at: 3)
```

插入：

```
numbers.insert(11, at: 2)
```

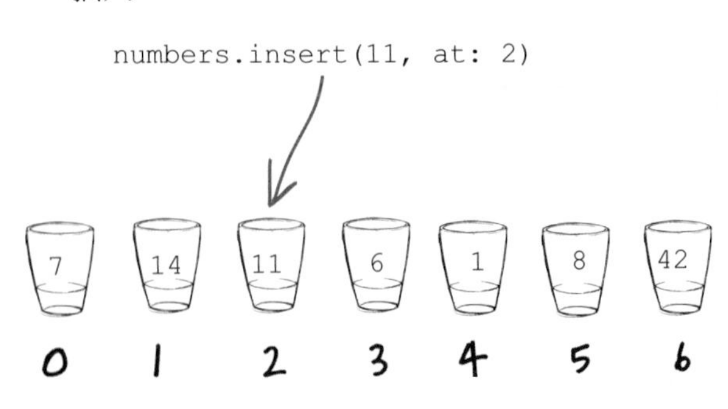

更改特定元素的值：

```
numbers[2] = 307
```

請思考以下陣列，其中集合了我們最喜歡的披薩：

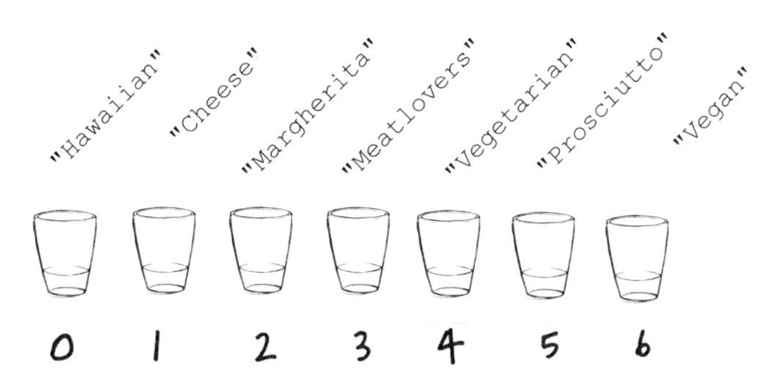

請新增一個 Playground，然後撰寫一些程式碼來執行以下的操作：

- [ ] 建立陣列變數，將披薩的名字儲存在陣列裡。
- [ ] 列印陣列裡的元素 "Vegetarian"。
- [ ] 將 "Pepperoni" 披薩新增到陣列裡，而且不能改動陣列其餘的內容。
- [ ] 將新披薩 "Ham, Pineapple, and Pesto" 插入索引值 2 的位置，其後的所有元素都往後移動一個索引值。
- [ ] 從陣列裡完全移除 "Cheese" 披薩，其餘部分不動。
- [ ] 將 "Prosciutto" 披薩換成 "Pumpkin and Feta" 披薩，陣列其餘部分不變。
- [ ] 印出整個陣列的內容。

等你完成以上這些所有步驟後，陣列看起來應該會像以下這樣的內容。

```
["Hawaiian", "Ham, Pineapple, and Pesto", "Margherita", "Meatlovers", "Vegetarian", "Pumpkin and Feta", "Vegan", "Pepperoni"]
```

解答請見第 62 頁。

陣列實際上究竟有多大？會是空的嗎？

到目前為止我們處理過的陣列，你都確實知道陣列的大小（因為是你自己建立的），但如果你需要處理一個事先不知道長度的陣列，該怎麼辦？

請想像一下，你被要求處理一個名為 ingredients 的陣列內容，這個陣列包含特定披薩需要的材料。這個陣列是在其他地方建立，所以你不知道其中包含多少元素。

就讓我們一起來揭開陣列背後的祕密。以下是一個已經建立的陣列：

```
var ingredients =
        ["Oregano", "Ham", "Tomato", "Olives", "Cheese"]
```

這是一個簡單的字串陣列。

每個 Swift 集合型態都具有 count 屬性，用於取得集合元素的數量，用法如下：

```
print("There are \(ingredients.count)
                    ingredients in this pizza.")
```

There are 5 ingredients in this pizza.

你還可以執行其他像以下這種有用的操作，例如，檢查陣列內容是否為空：

```
print(ingredients.isEmpty)
```

false

陣列還支援一些方便的方法，讓你取得陣列中最小和最大的元素：

```
print(ingredients.max())
print(ingredients.min())
```

重點提示

- 陣列收集相同型態的元素。如果建立整數型態的陣列，就只能儲存整數。
- 陣列元素的索引值從 0 開始，而且陣列可以儲存任意數量、相同型態的元素。
- 如果從陣列移除一個元素，則陣列會重新排序，而且沒有空白。
- 陣列可以透過索引值來刪除集合裡的特定元素。
- 可以在陣列末尾擴增新元素。
- 可以將元素插入兩個元素之間，陣列會重新排序。
- 陣列支援許多有用的屬性（例如，count）和便利的方法（例如，max 和 min）。
- Swift 陣列看起來比較像其他程式語言裡的 list，基本上是這樣，但本質還是陣列。

Set 集合值

第二種我們會用到的集合型態是 **Set**。Set 與陣列類似，都只能包含一種類型的內容，只不過 **Set 的內容沒有順序，而且每個不同的值同時只能存在一個**。

你可以建立像以下這樣的 Set 集合：

```
var evenNumbers = Set([2, 4, 6, 8])
```

或者像這樣：

```
var oddNumbers: Set = [1,3,5,7]
```

還有其他方法可以建立 Set 集合，本書後續會介紹這些方法。

當你需要確保集合裡的每個項目都只會出現一次時，Set 就是很好用的集合型態。

與陣列的用法一樣，你可以將項目內容插入 Set 集合裡：

```
oddNumbers.insert(3)

oddNumbers.insert(9)
```

這項操作不會失敗，也不會丟出任何類型的錯誤，就只是什麼事都不做，因為 3 已經在 Set 集合裡，而 Set 集合只允許每個值出現一次。這是 Set 集合的特性，不能算是一種程式錯誤。

這個插入操作的結果是將 9 新增到 Set 集合裡。

同樣地，你也可以輕鬆移除 Set 集合裡的元素（即使 Set 集合裡不存在這些元素，依舊可以要求刪除）：

```
oddNumbers.remove(3)
```

如果 3 從一開始就存在 Set 集合裡，這項操作的結果是從 Set 集合裡移除 3，但如果不存在也不會發生錯誤。

削尖你的鉛筆

請思考以下幾個和集合型態 Set 有關的問題，看看你是否能找出答案。你可以在 Playground 裡執行這些程式碼來找出答案，或是偷瞄一眼下一頁的答案。

```
var pizzas = Set(["Hawaiian", "Vegan", "Meatlovers", "Hawaiian"])
print(pizzas)
```

這段程式碼會列印出什麼內容？ ______________________________

```
let favPizzas = ["Hawaiian", "Meatlovers"]
```

這個 Set 的內容是什麼？ ______________________________

```
let customerOrder = Set("Hawaiian", "Vegan", "Vegetarian", "Supreme")
```

這個 Set 的內容是什麼？ ______________________________

削尖你的鉛筆 解答

題目請見第 59 頁。

```
var favoritePizzas = ["Hawaiian", "Cheese", "Margherita",
 "Meatlovers", "Vegetarian", "Prosciutto", "Vegan"]
print(favoritePizzas[4])
favoritePizzas.append("Pepperoni")
favoritePizzas.insert("Ham, Pineapple, and Pesto", at: 2)
favoritePizzas.remove(at: 1)
favoritePizzas[5] = "Pumpkin and Feta"
print(favoritePizzas)
```

```
Vegetarian
["Hawaiian", "Ham, Pineapple, and Pesto", "Margherita", "Meatlovers",
 "Vegetarian", "Pumpkin and Feta", "Vegan", "Pepperoni"]
```

削尖你的鉛筆 解答

在 Set 裡，每個項目只能包含一個實體，所以列印內容時 "Hawaiian" 只會出現一次。

```
var pizzas = Set(["Hawaiian", "Vegan", "Meatlovers", "Hawaiian"])
print(pizzas)
```

這段程式碼會列印出什麼內容？ ["Meatlovers", "Hawaiian", "Vegan"]

```
let favPizzas = ["Hawaiian", "Meatlovers"]
```

這個 Set 的內容是什麼？ ["Hawaiian", "Meatlovers"]

想不到吧！這個常數還是一個陣列而非 Set。

```
let customerOrder = Set("Hawaiian", "Vegan", "Vegetarian", "Supreme")
```

這個 Set 的內容是什麼？ **什麼都沒有，因為語法不正確，Set 的項目清單必須包在成對的中括號 [ ] 裡。**

Dictionary 集合值

現在我們要使用的最後一個集合型態是 **Dictionary**。從 Dictionary（字典）這個名字，你可能會直覺想到 Dictionary 集合收集內容的做法是，藉由一個內容映射到另一個內容…就與現實世界的字典一樣，一個單字會對應到一個定義。**Swift 的 Dictionary 集合**與 Set 集合一樣，都是**沒有順序**。

Dictionary 集合裡資料項目的映射轉換是參照**鍵值**（**key**）和**資料值**（**value**）。

假設你想建立一個 Dictionary 集合，用以表示幾位參加桌遊比賽的玩家及其獲得的分數，可以採取以下的寫法：

這些是桌遊玩家的名字。

```
var  scores = ["Paris": 5, "Marina": 10, "Tim": 9, "Jon": 14]
```

在這個例子裡，Swift 的型態推論會推斷鍵值的型態是字串。

這些是每個玩家獲得的遊戲積分。

Swift 的型態推論會推斷這些資料值的型態是整數。

或像這樣，直接告訴 Swift 編譯器，你想讓鍵值和資料值設定為哪種型態：

```
var  scores: [String: Int] = ["Paris": 5, "Marina": 10, "Tim": 9, "Jon": 14]
```

透過型態標註對 Dictionary 集合表示，我們希望左側的鍵值型態是字串，右側的資料值型態是整數。

也可以像以下這樣的寫法，建立一個空的 Dictionary 集合，但必須提前指定型態，因為在沒有任何資料值的情況下，編譯器顯然無從得知要設定成什麼型態：

```
var  scores: [String: Int] = [:]
```

那麼，我該如何取出 Dictionary 集合裡的內容？甚至我更需要知道的是，該如何將資料內容放進 Dictionary 集合裡？

和截至目前為止的做法相比，從 Dictionary 集合讀取資料值的用法，看起來可能會有點奇怪。

從 Dictionary 集合讀取資料值，簡單的方法是使用鍵值：

```
print(scores["Paris"]!)
```

後面的驚嘆號是用於直接取出該鍵值的資料值，稱為強制解開（*force unwrapping*）一個 Optional 型態的值。本書後續使用到 Optional 型態時，會再回頭來介紹一下這個語法。然而，等你學到強制解開這個觀念後，你就會知道其實永遠不該使用。

還可以在 Dictionary 集合裡新增資料值或是修改現有的資料值，如下所示：

```
scores.updateValue(17, forKey: "Bob")
```

或者像這樣：

```
scores["Josh"] = 4
```

習題

現在該好好發揮你新學到的 Swift 技能 —— 集合型態。我們需要存取幾個集合資料的元素，並且對其進行修改，看看你是否能完成這些練習題，還有別擔心你是否需要檢查答案。

請思考以下這個 Set 集合，表示一組永遠禁止訂購的披薩品名：

```
var forbiddenPizzas: Set =
        ["Lemon and Pumpkin",
                "Hawaiian with a Fried Egg", "Schnitzel and Granola"]
forbiddenPizzas.insert("Chicken and Boston Beans")
forbiddenPizzas.remove("Lemon and Pumpkin")
```

`forbiddenPizzas` 現在包含的集合內容是什麼？

請思考以下這個 Dictionary 集合，表示一堆甜食口味披薩的品名及其訂購數量：

```
var dessertPizzaOrders = ["Rocky Road": 2, "Nutella": 3, "Caramel Swirl": 1]
```

請印出 Rocky Road 披薩和 Caramel Swirl 披薩的訂購數量，然後新增一筆訂單：17 份 Banana Split 披薩。

→ **解答請見第 67 頁。**

重點提示

- 除了一般型態之外，Swift 的功能還支援集合型態，讓你儲存一群收集在一起的資料內容。
- 陣列是集合型態的一種，用於儲存具有順序性而且型態相同的集合資料值，以整數索引值取出集合裡的資料值。
- Set 集合用於儲存不具順序性（沒有排序）但型態相同的集合資料值，其中每個元素都是唯一，不能重複。
- Dictionary 集合用於儲存不具順序性但型態相同的集合資料值。集合裡所有鍵值的型態相同，資料值也是一樣，具有相同的型態。利用鍵值可以取出集合裡的值。

是的，Swift 的主要集合型態就這三個：陣列、Set 集合和 Dictionary 集合。

不過，Swift 其實還偷藏了幾招，本書後續會再介紹一種通用型的集合型態，讓你能自訂集合型態，但此處先介紹一個比較不受到矚目的 **Tuple 集合**。

Tuple 集合是讓你將多個值儲存在單一變數或常數裡，但不會有像陣列之類的負擔。

當你的資料值需要一個非常特定的集合，其中每個項目都要有確實的位置或名稱時，Tuple 集合就完全符合你的需求。

Tuple 集合

Tuple 集合可以儲存任意數量的值，只要你能事先定義集合內容的數量和型態。例如，你可以使用 Tuple 集合來表示 x 和 y 坐標，將其儲存在一個變數裡：

```
var point = (x: 10, y: 15)
print(point.x)
```

根據型態推論，Tuple 集合裡這兩個組成元素的型態都是 Int。

會列印出 10。

Tuple 集合裡的每個組成元素有沒有名字都沒關係，只要資料值的型態符合，不使用組成元素的名稱，也能更新或修改 Tuple 集合的內容：

```
point = (50, 10)
```

x 值會更新為 50，y 值更新為 10。

你也可以每次都使用整數（從 0 開始）來存取 Tuple 集合的內容：

```
print(point.0)
```

會列印出 50。

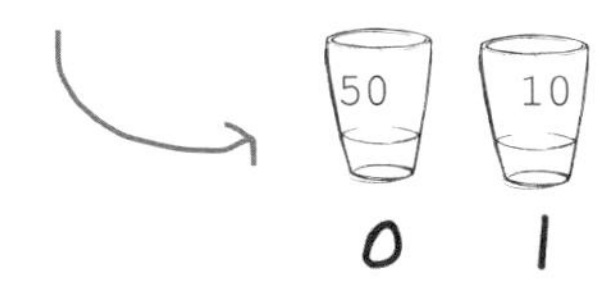

每個人都需一個好別名

在 Swift 裡處理各種資料型態時，讓程式碼更容易閱讀的做法之一是使用**型態別名**（**type alias**）：為現有的型態指定一個新的別名。

讓我們舉個簡單的例子：這是一個簡單、單向的溫度轉換程式，將溫度從攝氏轉換成華氏，以下寫法先不使用任何別名。

```
var temp: Int = 35
var result: Int

result = (temp*9/5)+32
print("\(temp) °C is \(result) °F")
```

攝氏溫度值儲存在一個名字為 temp 的整數變數裡。

轉換之後的華氏溫度儲存在名字為 result 的整數變數裡。

將 temp 的攝氏溫度值轉換成華氏溫度，計算出 result 的值，並且儲存在變數 result 裡。

列印所有內容，顯示轉換的結果。

這段程式碼雖然很小而且簡單，但使用型態別名後，甚至能使其更容易理解：

```
typealias Celsius = Int
typealias Fahrenheit = Int

var temp: Celsius = 35
var result: Fahrenheit

result = (temp*9/5)+32
print("\(temp) °C is \(result) °F")
```

為 Int 定義型態別名，以程式碼處理的兩種溫度系統命名。

溫度值現在的型態是根據自身代表的意思。

型態別名不會對型態造成任何改變，只是改以新的名字來叫那個型態。

要讓程式碼更具可讀性，型態別名是很棒的一招，但必須小心使用。

如果所有變數使用的型態都取了別名，很容易失去控制，讓程式碼難以管理，搞不清楚實際上使用的型態是什麼。在這個例子裡，攝氏和華氏都還只是整數，沒有其他干擾可以阻礙你將攝氏溫度值指定給華氏變數，因為兩者都只是整數。

習題解答

題目請見第 64 頁。

```
var forbiddenPizzas: Set = ["Lemon and Pumpkin", "Hawaiian
 with a Fried Egg", "Schnitzel and Granola"]
forbiddenPizzas.insert("Chicken and Boston Beans")
forbiddenPizzas.remove("Lemon and Pumpkin")
print(forbiddenPizzas)

var dessertPizzaOrders = ["Rocky Road": 2, "Nutella": 3,
 "Caramel Swirl": 1]
print(dessertPizzaOrders["Rocky Road"]!)
print(dessertPizzaOrders["Caramel Swirl"]!)
dessertPizzaOrders["Banana Split"] = 17
```

```
["Chicken and Boston Beans", "Hawaiian with a Fried Egg",
 "Schnitzel and Granola"]
2
1
```

控制流陳述式

使用 Swift 進行程式設計時，如果能**重複進行某個操作**，或是**在某些條件下執行某個動作**，通常會是很有用的設計，當然，對其他程式語言來說也是如此，這兩個觀念通常稱為**控制流**（**control flow**）。

這個控制流工具箱裡有非常多的工具，各自有不同的功能和自己擅長的地方。

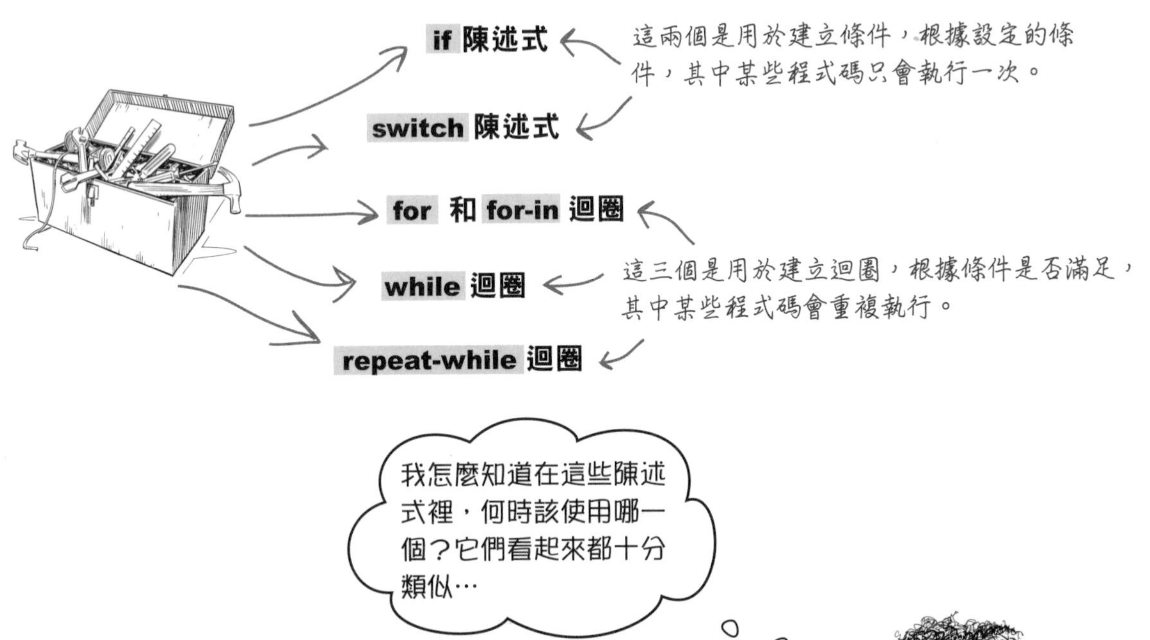

這些陳述式沒有硬性規定用法。

你可以在各種情況下使用所有控制流陳述式，雖然**沒有任何一個規則可以告訴你使用時機，但通常很明顯就能判斷出來。**

只有當某個條件為 true 才能執行某些程式碼，使用 `if` **陳述式**是最佳做法。

在相同的背景下，但根據條件可能會出現許多不同的情況，此時 `switch` **陳述式**就很好用。

`for`、`for-in`、`while` 和 `repeat-while` **迴圈**允許你根據特定條件，重複執行某些程式碼。

程式越寫越多之後，你就會發現所有控制流陳述式的用途。

if 陳述式

if 陳述式允許你在特定條件下做某些事，只要滿足某些條件就執行某個特定的程式碼。廣義而言，if 陳述式這組觀念稱為**條件式**。

假設你建立了一個 Bool 型態的變數 userLovesPizza，想利用這個變數來判斷使用者是否喜歡披薩，藉此決定是否應該給使用者披薩，此時就可以用 if 陳述式。

```
var userLovesPizza: Bool = true
```

```
if(userLovesPizza) {
    print("Enjoy! 🍕")
}
```

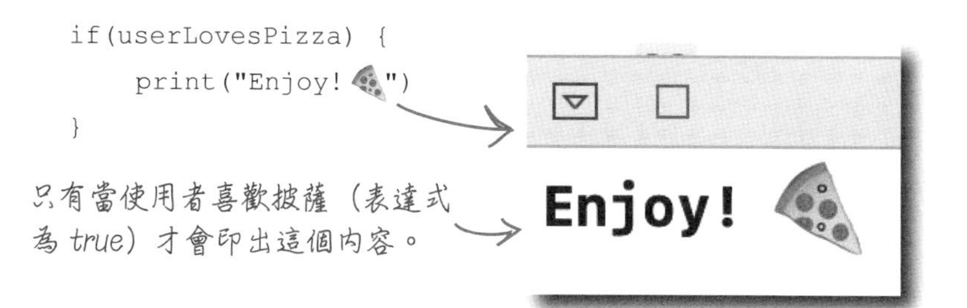

if 陳述式的條件必須是布林表達式，意味著表達式必須判斷是 true 或 false。如果表達式判斷結果是 true，就執行 if 陳述式下方放在兩個大括號 { } 之間的程式碼。

if 陳述式可以結合 else 和 else if，提供程式更多選擇：

```
if(userLovesPizza) {
    print("Enjoy! 🍕")
} else {
    print("Sorry!")
}
```

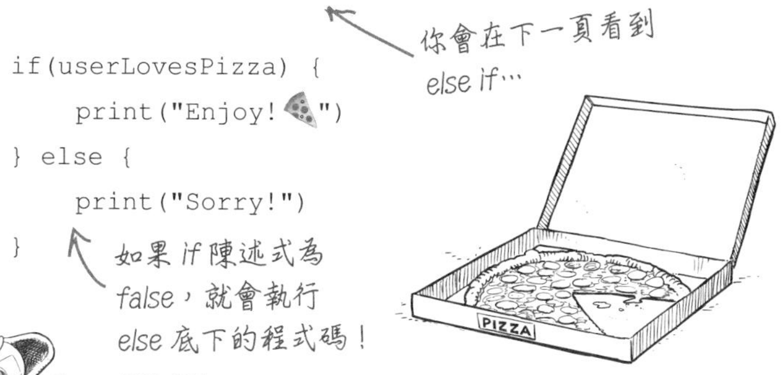

習題

請思考看看以下這幾個 Bool 型態的變數，每個變數表示是否訂購了某種披薩，如果有訂購就應該要外送：

```
var hawaiianPizzaOrdered = true
var veganPizzaOrdered = true
var pepperoniPizzaOrdered = false
```

在 Swift Playground 裡建立幾個 if 陳述式，用以檢查這些披薩是否需要外送。如果需要外送，就印出訊息給外送人員，然後將 Bool 型態的變數設定為 false，這樣才不會送出太多披薩。

完成這個程式碼後，請改用 Dictionary 集合儲存披薩訂單，思考看看如何轉換這個程式碼，然後在列印外送訊息之前，先使用 if 陳述式檢查每一種披薩的訂購數量，所以現在我們的外送訊息裡會包含披薩數量。

→ **解答請見第 72 頁。**

switch 陳述式

以 if 陳述式建立條件時，經常需要考慮各種可能性。請回到披薩店的訂購範例，想像一下，如果我們希望針對每種類型的披薩額外發送特定訊息，我們的程式碼會變得多麼笨重⋯讓我們來看看使用 if 陳述式時會怎麼做。

我們先檢查一個字串變數是否包含某個類型的型態，再根據披薩類型來顯示訊息。 此處需要使用一個新的**相等運算子**來檢查，相等運算子的符號是將兩個等號寫在一起：**==**。

```
var pizzaOrdered = "Hawaiian"

if(pizzaOrdered == "Hawaiian") {
    print("Hawaiian is my favorite. Great choice!")
} else if(pizzaOrdered == "Four Cheese") {
    print("The only thing better than cheese is four cheeses.")
} else if(pizzaOrdered == "BBQ Chicken") {
    print("Chicken and BBQ sauce! What could be better?")
} else if(pizzaOrdered == "Margherita") {
    print("It's a classic for a reason!")
}
```

設定已經訂購的披薩名字。

這是相等運算子，用於檢查兩邊的內容是否相同，如果相同就回傳 *true*。

然後利用大量的 *if* 和 *else if* 陳述式來檢查是哪個披薩被訂購了，如此才能顯示正確的訊息。

削尖你的鉛筆

以下 if 陳述式的目的是印出某些星球的事實情況，請拿這段程式碼，再另外加上 Neptune（海王星）、Mars（火星）和 Earth（地球）這三個星球的情況：

```
var planet = "Jupiter"
if planet == "Jupiter" {
    print("Jupiter is named after the Roman king of the gods.")
} else {
    print("All the planets are pretty cool.")
}
```

解答請見第 75 頁。

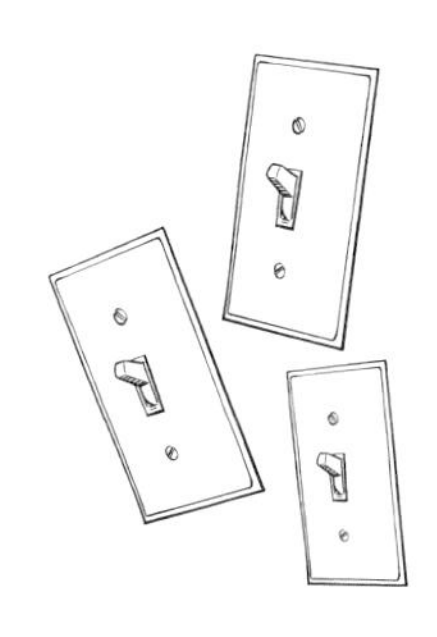

我只要看一眼就知道是不是很優雅！像這個蛋糕就很優雅！可是那些 if 陳述式全都不優雅！一定有更好的方法，對嗎？

如果你需要根據變數值或常數值來執行不同的程式碼，switch 陳述式通常會提供更好的做法。

包含大量 `if` 陳述式的程式碼很難閱讀，而且很快就會變得非常不優雅。`switch` 陳述式能讓你根據切換的變數值或常數值，**切換**你要執行哪一段程式碼。

`switch` 陳述式可以寫很多個子句，而且不限於測試相等性或比較，後續會再討論這個部分。

現在我們先回到披薩店，將一大串的 `if` 陳述式改寫成漂亮又簡潔的 `switch` 陳述式：

```
var pizzaOrdered = "Hawaiian"

switch(pizzaOrdered) {
case "Hawaiian":
    print("Hawaiian is my favorite. Great choice!")
case "Four Cheese":
    print("The only thing better than cheese is four cheeses.")
case "BBQ Chicken":
    print("Chicken and BBQ sauce! What could be better?")
case "Margherita":
    print("It's a classic for a reason!")
default:
    break
}
```

設定已經訂購的披薩名字。

切換 pizzaOrdered 變數值。

針對每種情況…

顯示正確的訊息。

如果其他情況全都不符合，則執行預設情況。

關鍵字 break 會讓 switch 陳述式立刻結束，並且立即執行 switch 陳述式之後的程式碼。

習題解答

題目請見第 69 頁。

```
var hawaiianPizzaOrdered = true
var veganPizzaOrdered = true
var pepperoniPizzaOrdered = false

if(hawaiianPizzaOrdered) {
    print("Please deliver a Hawaiian pizza.")
    hawaiianPizzaOrdered = false
}
if (veganPizzaOrdered) {
    print("Please deliver a Vegan pizza.")
    veganPizzaOrdered = false
}
if (pepperoniPizzaOrdered) {
    print("Please deliver a Pepperoni pizza.")
    pepperoniPizzaOrdered = false
}

var pizzaOrder = ["Hawaiian": 2, "Vegan": 1, "Pepperoni": 9]

if (pizzaOrder["Hawaiian"]! > 0) {
    print("Please deliver \(pizzaOrder["Hawaiian"]!)x Hawaiian pizza.")
}
if (pizzaOrder["Pepperoni"]! > 0) {
    print("Please deliver \(pizzaOrder["Pepperoni"]!)x Pepperoni pizza.")
}
if (pizzaOrder["Vegan"]! > 0) {
    print("Please deliver \(pizzaOrder["Vegan"]!)x Vegan pizza.")
}
```

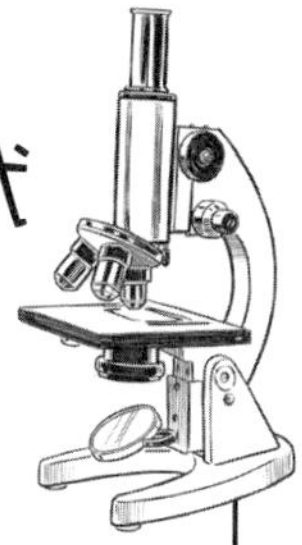

剖析 switch 陳述式

❶ 從關鍵字「switch」開始

switch 陳述式從關鍵字 switch 開始。

```
switch  value  {

case  a value  :

    // code to be executed

case  another value  :

    // code to be executed

default:

    // code to be executed

}
```

❷ 然後是你要檢查的值

這個資料值可以是變數或常數，就是 switch 陳述式會在每個情況下檢查這個值。

❸ 再來是你預想的情況

每種情況都會與你想要檢查的值進行比對，但你也可以利用更複雜的比對模式，本書後續會回頭來看這個部分，甚至可以在一種情況下檢查多個值。

❹ 針對每種情況提供程式碼

如果符合這個情況就執行程式碼。

❺ 最後是預設情況及其要執行的程式碼

如果 switch 陳述式沒有比對到符合的情況，就會執行預設情況。
在無法詳細列出希望切換的情況下，預設情況有其存在的必要。

習題

請建立 switch 陳述式來測試一個數字是否幸運。請為各種不同的幸運數字提供一些列印內容，每個數字代表不同種類的運氣。如果切換的數字一點都不幸運，或是程式碼已經完成列印工作，請列印這行訊息「I've told you everything I know about lucky numbers.」（關於幸運數字的一切，我已經知無不言，言無不盡。）。

解答請見第 75 頁。

建構 switch 陳述式

所以，如果你出於某個原因，想檢查一個數字是 9、42、47 或 317，就可以使用 switch 陳述式。

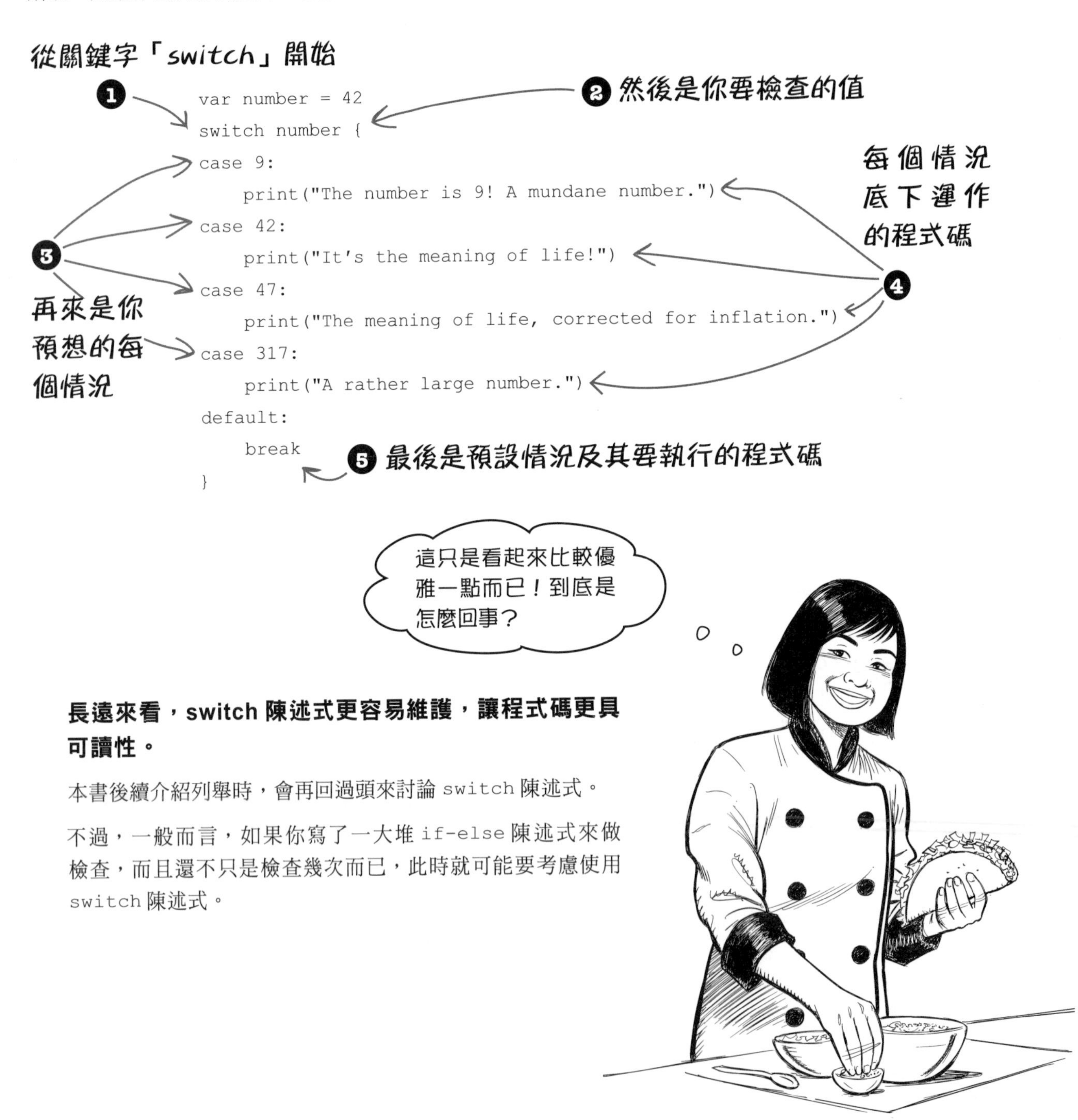

長遠來看，switch 陳述式更容易維護，讓程式碼更具可讀性。

本書後續介紹列舉時，會再回過頭來討論 switch 陳述式。

不過，一般而言，如果你寫了一大堆 if-else 陳述式來做檢查，而且還不只是檢查幾次而已，此時就可能要考慮使用 switch 陳述式。

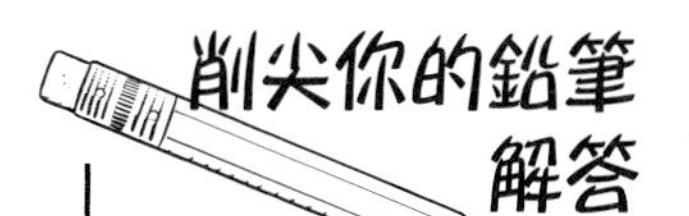

削尖你的鉛筆 解答

題目請見第 70 頁。

```
var planet = "Jupiter"
if(planet == "Jupiter") {
    print("Jupiter is named after the Roman king of the gods.")
} else if(planet == "Neptune") {
    print("Neptune is inhospitable to life as we know it.")
} else if(planet == "Mars") {
    print("Mars has a lot of Earth-made rovers on it.")
} else if(planet == "Earth") {
    print("Earth is infested with something called 'humans'.")
} else {
    print("All the planets are pretty cool.")
}
```

習題 解答

題目請見第 73 頁。

```
var number = 6

switch(number) {
case 6:
    print("6 means easy and smooth, all the way!")
case 8:
    print("8 means sudden fortune!")
case 99:
    print("99 means eternal!")
default:
    print("I've told you everything I know about lucky numbers.")
}
```

範圍運算子

除了先前已經看過的數學運算子和指定運算子，Swift 還有其他幾個好用的運算子，其中也包含了一系列的範圍運算子；**範圍運算子是用於表達一個範圍內的值的捷徑。**

以下兩個寫法所表示的範圍都是 1、2、3、4：

對於迴圈和其他控制流陳述式，範圍運算子特別好用。

封閉範圍運算子定義的範圍是，從運算子左側的值到右側的值。

半開放範圍運算子定義的範圍是，從運算子左側的值到右側值的前一個值為止。

還有一種只設定**單邊範圍的運算子**，讓你在思考範圍時，可以讓另一側的邊界值無限延伸。例如，下列常數分別定義一個從 5 開始、右側則無限延伸的範圍，和一個左側從負無限大的數字開始延伸到 100 的範圍：

```
let myRange = 5...
let myOtherRange = ...100
```

單邊範圍運算子。

然後，檢查以上兩個常數是否包含某個值：

```
myRange.contains(1)
myRange.contains(70)

myOtherRange.contains(50)
myOtherRange.contains(-10)
```

回傳 false，因為 5 到無限大的範圍內不包含 1。

回傳 true，因為 70 是落在設定的範圍內。

回傳 true，因為負無限大到 100 的範圍內有包含 50。

回傳 true，因為 -10 也有落在設定的範圍內。

習題

請新增一個 Swift Playground，以下列範圍建立範圍運算子：

- 72 到 96
- -100 給 100
- 9 到無限大
- 負無限大到 37,000

解答請見第 81 頁。

更複雜的 switch 陳述式

假設你需要幫學校寫一些程式碼，列印一份文件來表示學生最終的成績。學校系統的評分等級分別是不及格（0 到 49 分）、及格（50 到 59 分）、佳（60 到 69 分）、優（70 到 79 分）和特優（80 到 99 分）。你當然可以寫一堆 if 陳述式，但是程式碼看起來不是很好。

反而應該考慮用 switch 陳述式寫寫看：

```
let studentScore = 88
var result = "TBD"

switch studentScore {
case 0...49:
    result = "Fail"
case 50...59:
    result = "Pass"
case 60...69:
    result = "Credit"
case 70...79:
    result = "Distinction"
case 80...99:
    result = "High Distinction"
case 100:
    result = "Perfect"
default:
    result = "Unknown"
}
```

提供學生的分數。

為結果建立佔位符號字串。

開啟學生的分數。

每一個情況都會使用範圍運算子來檢查分數。由於這個學生獲得的分數是 88 分，所以是介於 80 到 99 分之間，獲得特優的成績！

本書後續會再介紹這類進階運算子，但此處的範圍運算子充其量只能說是二元運算子。

不過，switch 陳述式還偷留了幾招。本書後續會回頭來看這個部分，此處就再介紹最後一個技巧。

請想像一下，你想檢查某個數字是奇數還是偶數，可以使用以下的寫法：

```
var num = 5
switch num {
case _ where num % 2 == 0:
  print("This number is an Even number!")
default:
  print("This number is an Odd number!")
}
```

利用 Mod 運算子，可以檢查一個數字是奇數還是偶數。

如果你還不是很熟悉這個語法，別擔心，之後還會再回來看這個部分！

跟著迴圈一起重複

Swift 有兩個主要的迴圈陳述式。for（和 for-in）**迴圈**是對某些程式碼執行一定的次數，或是循環執行集合型態裡的每個項目；while（和 repeat-while）**迴圈**則是一次又一次地執行某些程式碼，直到符合 true 或 false 的條件為止。

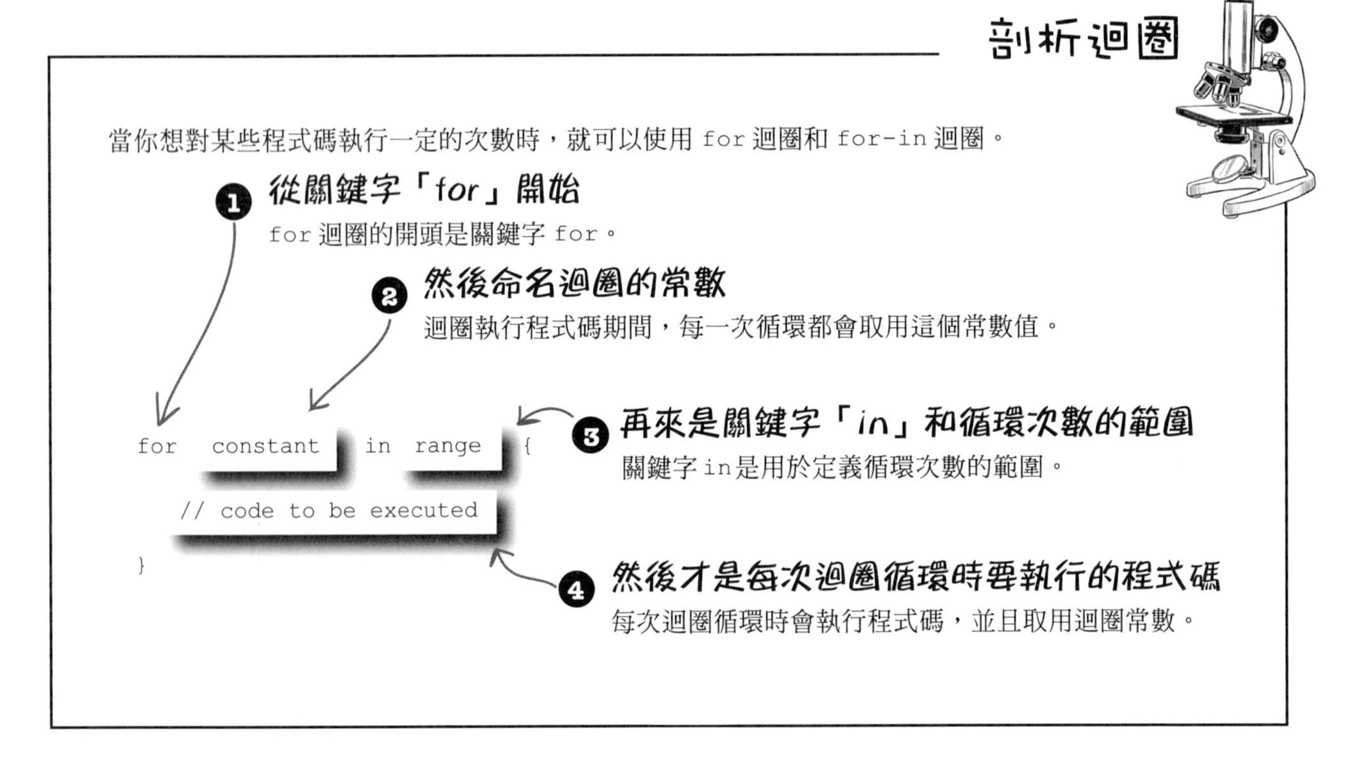

重點提示

- for 迴圈可以重複執行程式碼，重複次數通常是根據某種數字範圍。
- for-in 迴圈是依照順序循環，最常用於集合裡的項目，但也可以使用數字範圍。
- while 迴圈會執行某些程式碼，直到條件變成 true 或 false 為止。
- 你可以在其他迴圈內放置任意數量的迴圈，一直循環下去。

建構 for 迴圈

讓我們一步一步來寫些程式碼，利用 for 迴圈顯示數字 1 到 10。

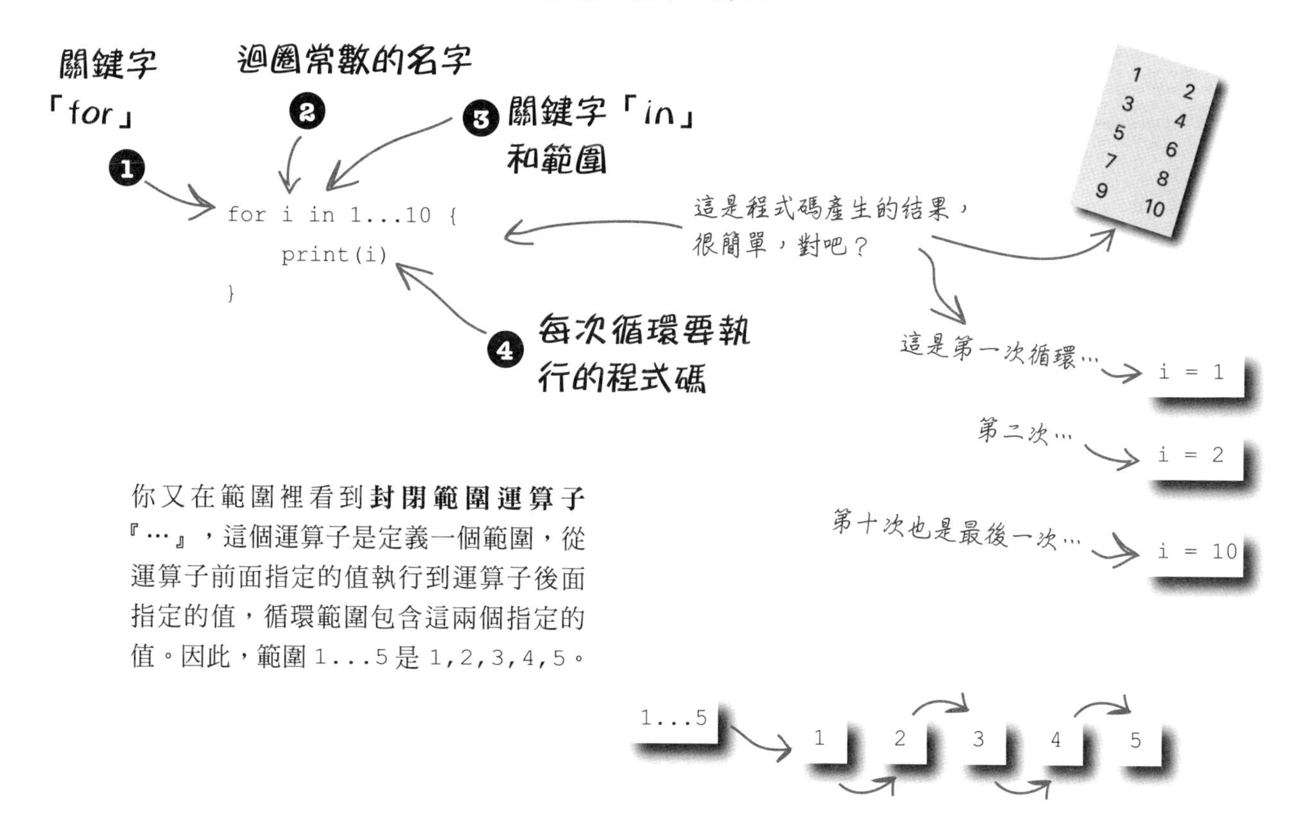

你又在範圍裡看到**封閉範圍運算子**『…』，這個運算子是定義一個範圍，從運算子前面指定的值執行到運算子後面指定的值，循環範圍包含這兩個指定的值。因此，範圍 1...5 是 1,2,3,4,5。

習題

請結合你學到的 Swift 數學運算子和 for 迴圈語法，撰寫一個 for 迴圈，印出 1 到 20 之間的奇數。以下提供幾個提示，但你可能會想為此開一個新的 Swift Playground 來寫：

- 請回想我們先前提過的 Mod 運算子，可以取得除法運算的餘數。
- 封閉範圍運算子很容易從 1 算到 20。
- 利用 print 函式印出奇數。有各種方法可以檢查奇數：思考中介變數或 if 陳述式，或兩者並用，亦或者是想想其他完全不同的做法！

解答請見第 81 頁。

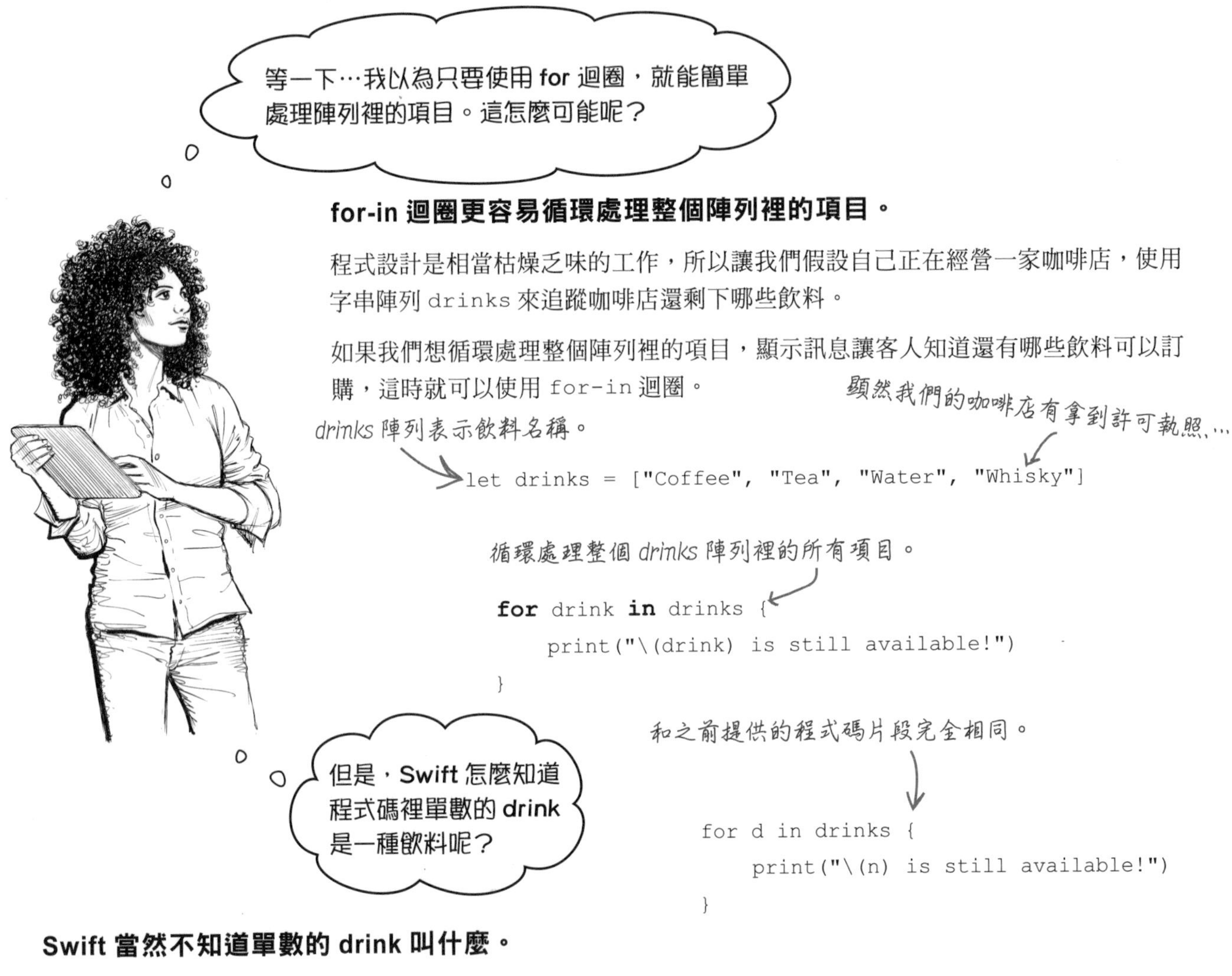

for-in 迴圈更容易循環處理整個陣列裡的項目。

程式設計是相當枯燥乏味的工作，所以讓我們假設自己正在經營一家咖啡店，使用字串陣列 `drinks` 來追蹤咖啡店還剩下哪些飲料。

如果我們想循環處理整個陣列裡的項目，顯示訊息讓客人知道還有哪些飲料可以訂購，這時就可以使用 `for-in` 迴圈。

```
let drinks = ["Coffee", "Tea", "Water", "Whisky"]
```

```
for drink in drinks {
    print("\(drink) is still available!")
}
```

```
for d in drinks {
    print("\(n) is still available!")
}
```

Swift 當然不知道單數的 drink 叫什麼。

我們可以使用一個單字，讓人更容易了解正在發生的事。

如果你使用迴圈的唯一目的是循環處理某種資料結構，或許可以改用 `forEach`：

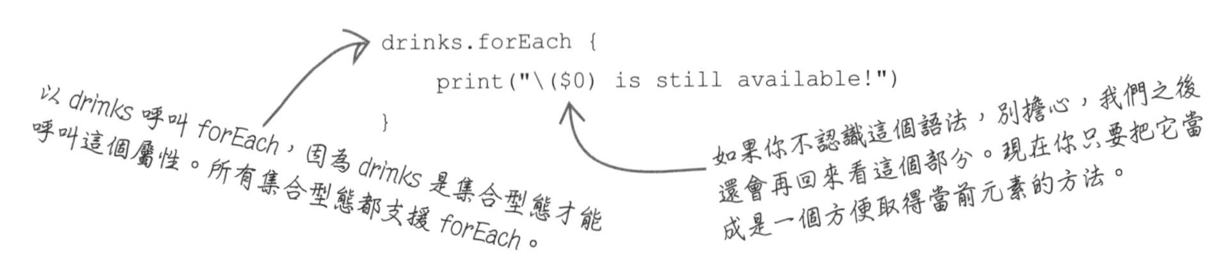


```
drinks.forEach {
    print("\($0) is still available!")
}
```

習題解答

題目請見第 76 頁。

- 72 到 96
- −100 給 100
- 9 到無限大
- 負無限大到 37,000

```
72...96
-100...100
9...
...37000
```

習題解答

題目請見第 79 頁。

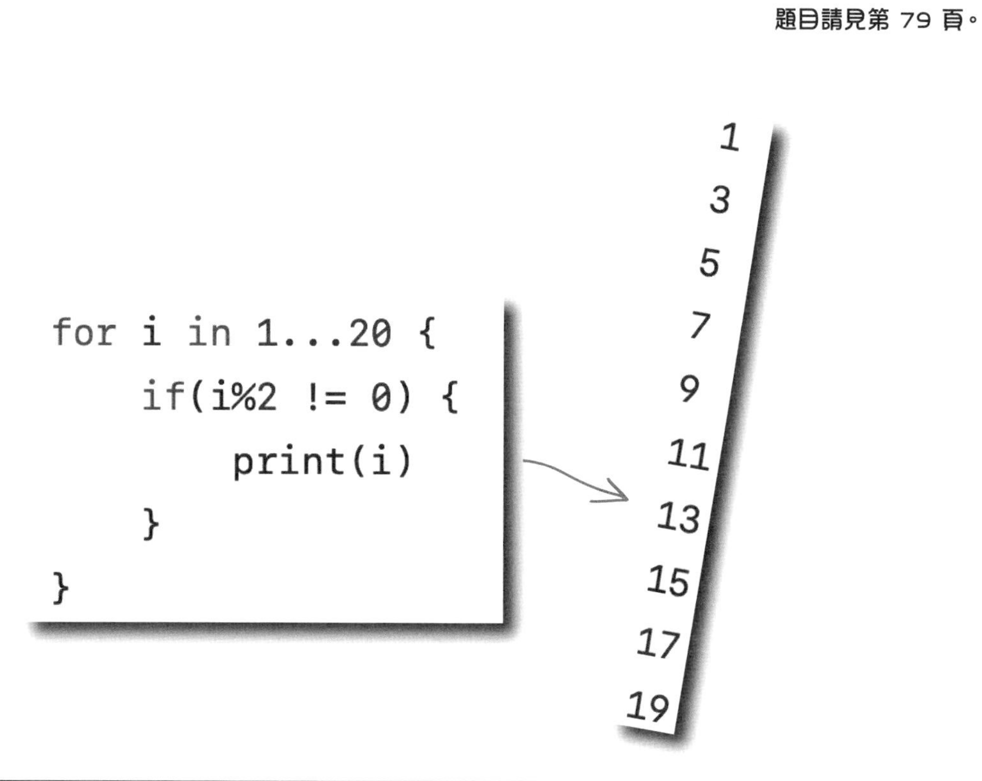

當你想一次又一次地執行某些程式碼，直到某個條件變成 false 為止，就可以使用 while 迴圈。

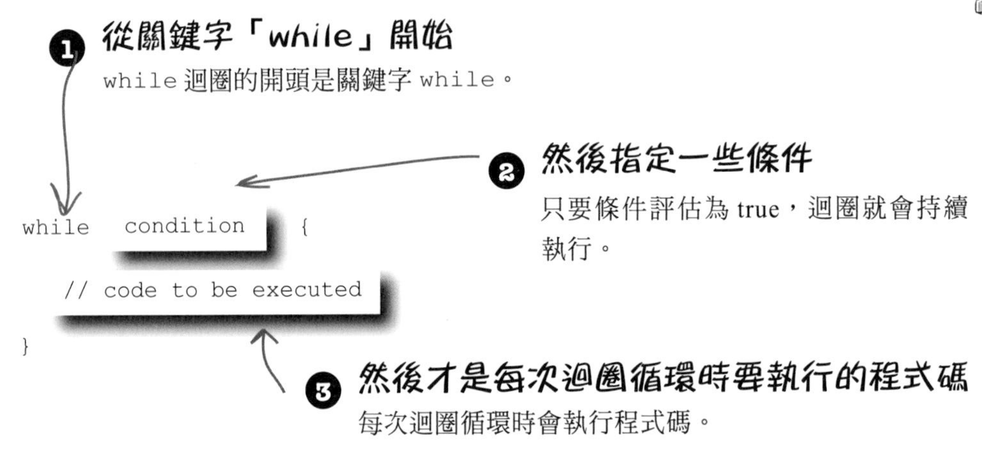

建構 while 迴圈

讓我們一步一步來寫 while 迴圈，當一個數字小於 100 時，將這個數字乘以 2：

當你不確定迴圈完成之前需要循環幾次時，while 迴圈就特別好用。

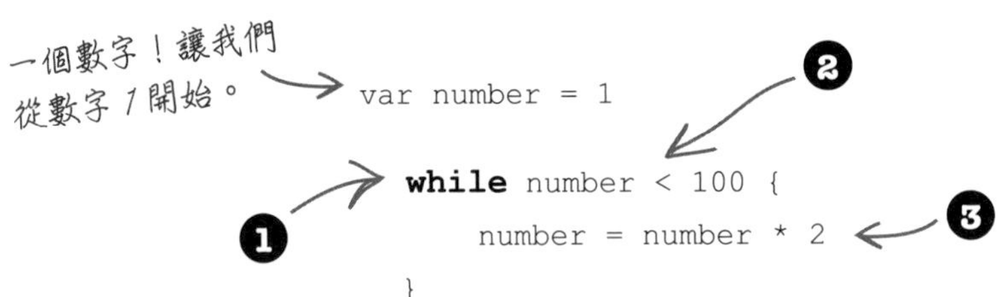

如果點擊 Playground 裡的結果按鈕，可以將許多操作結果視覺化或是顯示操作結果，包含迴圈。

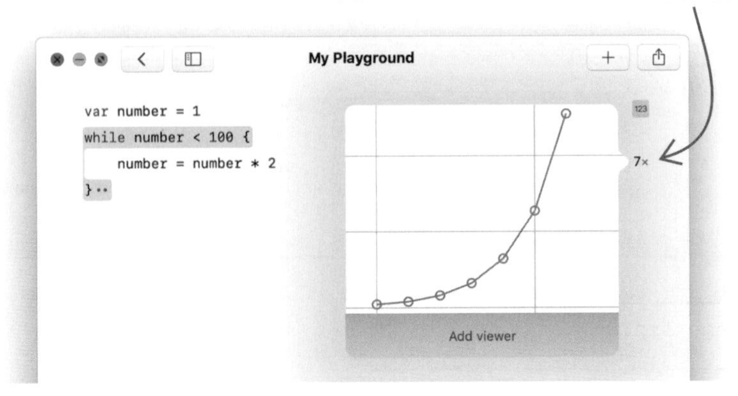

repeat-while 迴圈類似 while 迴圈，差異之處在於 repeat-while 迴圈是每次循環結束時才評估結束條件，而不是像 while 迴圈是在循環開始處檢查。因此，repeat-while 迴圈至少會執行一次循環。

建構 repeat-while 迴圈

讓我們改用 repeat-while 迴圈，重寫先前 while 迴圈的程式碼：

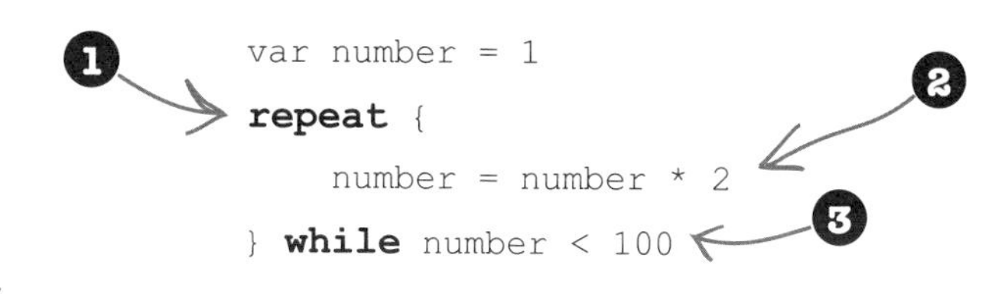

習題

請思考以下這個簡單的遊戲，遊戲從等級 1 開始，在等級 10 結束。我們已經為這個執行遊戲的 repeat-while 迴圈，寫了一部份的程式碼，請在以下兩個空白處填入程式碼。

```
var currentLevel = 1
var winningLevel = 10

repeat {
    print("We're at level \(currentLevel) of \(winningLevel)!")
    currentLevel = ______________
} while (__________________)
print("Game finished!"):
```

解答請見第 95 頁。

解決披薩排序問題

```
var pizzaHawaiian = "Hawaiian"
var pizzaCheese = "Cheese"
var pizzaMargherita = "Margherita"
var pizzaMeatlovers = "Meatlovers"
var pizzaVegetarian = "Vegetarian"
var pizzaProsciutto = "Prosciutto"
var pizzaVegan = "Vegan"
```

習題

請思考主廚的披薩清單，將清單裡的項目儲存為單獨建立的 String 變數，然後提出：

☐ 一個更好的方法來表示披薩清單，使用你學到的其中一種集合型態。

☐ 一個方法來操作新的披薩集合，按照字母順序排列披薩名稱，並且列印出來。

→ **解答請見第 95 頁。**

問：**我能自訂集合型態嗎？**

答：本書會在第 9 章討論這個部分，因為需要一些 Swift 的進階功能。但答案是，可以，你可以自訂集合型態，而且與 Swift 本身提供的三種集合型態（陣列、Set 集合和 Dictionary 集合）一樣強大。

問：**如果我需要建立一個變數，但我不知道要先設定成什麼型態時，該怎麼辦？**

答：這是個好問題。你或許已經注意到了，到目前為止，本書用到的程式碼在建立變數時，有時會在表達式裡指定型態，有時則不會。Swift 的型態系統能推斷出型態，或是利用程式碼提供的型態標註來判斷型態。

問：**我在其他程式語言裡看過 switch 陳述式，感覺功能似乎不是很強大，所以我從來沒有用過。Swift 的 switch 陳述式似乎功能更加強大，這是怎麼回事？**

答：你答對了，Swift 的 `switch` 陳述式確實比其他程式語言所支援的來得更加強大。Swift 確實非常完善地實現 `switch` 陳述式的功能，讓它超級好用。

問：**請問你如何決定各個不同控制流陳述式的使用時機？**

答：不幸的是，這種感覺就像是你看到情況的當下，就會知道你該使用哪個控制流陳述式。程式寫得越多，你就越容易在他們之間做出選擇。

問：**循環處理一個陣列裡的項目時，我必須使用 for-in 語法嗎？**

答：不一定，你也可以手動處理，就像你在其他年代比較久遠的程式語言裡發現的做法一樣，但你為什麼要自找麻煩呢？

問：**使用 for-in 迴圈時，迭代變數一定要命名為 i 嗎？**

答：不需要，你可以隨便用你喜歡的名字。

如果你對集合型態的興趣更高，可以前往 Apple 的 GitHub 專案，進一步了解其下的 Swift Collections 專案。這個專案並不是 Swift 的一部分，但是由 Apple 和開放原始碼社群共同維護，貢獻了一堆更有用的集合型態！

https://github.com/apple/swift-collections

腦力激盪

寫出你自己的 `for-in`、`while` 和 `repeat-while` 迴圈。發揮你的創造力，看看你是否能製造出一個永遠無法逃脫的無限迴圈。你的無限迴圈條件是什麼？思考看看，有什麼方法可以防止程式碼出現無限迴圈。

程式碼建構組件

表達式

常數

具有許多功能

運算子

變數

型態

哇

像這樣的 Swift

呼，Swift 還真是豐富！

集合

陣列

真不可思議，你的 Swift 之旅不過才剛走過三**個章節**，就已經學了這麼多！你已經學到 Swift 程式的建構組件，以及如何建立 Swift Playground，還有從運算子、表達式、變數、常數、型態和控制流建立出程式，呼。

set 集合

dictionarie 集合

接下來幾頁包含一些練習題，測試你對本章涵蓋觀念的了解程度；還有一些重點提示，摘要說明關鍵資訊，以及一個填字遊戲，涵蓋了過去三個章節的觀念。

複習 Swift 知識有助於穩固你所學到的資訊，所以請不要跳過這幾頁的內容！完成這些練習題時，請先休息一下，稍作休息才能重新振作精神，繼續快步前行。

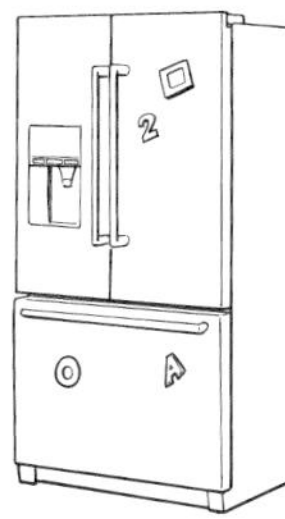

程式碼重組磁貼

有個 Swift 程式被打散後貼在冰箱上，你能重組這些程式碼片段嗎？請在下一頁完成一個可以運作而且能產生結果的程式。這份程式碼使用了我們已經詳細介紹過的概念，和幾個我們尚未介紹的觀念。

```
var fido = Dog(name: "Fido", color: .brown, age: 7)
```

```
enum DogColor {
    case red
    case brown
    case black
}
```

```
listDogsInPack()
```

```
var pack: [Dog] = [fido, bruce]
```

```
var moose = Dog(name: "Moose", color: .red, age: 11)
```

```
addDogToPack(dog: moose)
```

```
var bruce = Dog(name: "Bruce", color: .black, age: 4)
```

```
class Dog {
    var name: String
    var color: DogColor
    var age: Int

    init(name: String, color: DogColor, age: Int) {
        self.name = name
        self.color = color
        self.age = age
    }
}
```

```
func listDogsInPack() {
    print("The pack is:")
    print("--")
    for dog in pack {
        print(dog.name)
    }
    print("--")
}
```

```
listDogsInPack()
```

```
func addDogToPack(dog: Dog) {
    pack.append(dog)
    print("\(dog.name) (aged \(dog.age)) has joined the pack.")
}
```

解答請見第 92 頁。

程式碼重組磁貼作答區

請在此處的作答區中，組合前一頁的程式碼磁貼。

這是那個亂成一團的程式的輸出結果。你能將這些程式碼片段排成正確的順序嗎？每個程式碼片段都要用到。

```
The pack is:
--
Fido
Bruce
--
Moose (aged 11) has joined the pack.
The pack is:
--
Fido
Bruce
Moose
--
```

池畔風光

你的**工作**是從游泳池中取出程式碼，然後放進右側 Playground 裡相對應的空白行數。同一行程式碼**不能**重複使用，而且不一定會用到所有的程式碼。**目標**是在已知的起始變數下，製作一份能產生以下結果的程式碼：

```
var todaysWeather = "Windy"
var temperature = 35
```

Strap your hat on. It's windy! And it's not really cold or hot!

```
var message = "Today's Weather"

____________
______
    message = "It's a lovely sunny day!"
______
    message = "Strap your hat on. It's windy!"
______
    message = "Pack your umbrella!"
______
    message = "Brr! There's snow in the air!"
default:
    message = "It's a day, you know?"
}

____________
    message += " And it's not cold out there."
______
    message += " And it's chilly out there."
} else {
    message += " And it's not cold or hot!"
}

______
```

請注意：游泳池中的每一行程式碼都只能用一次！

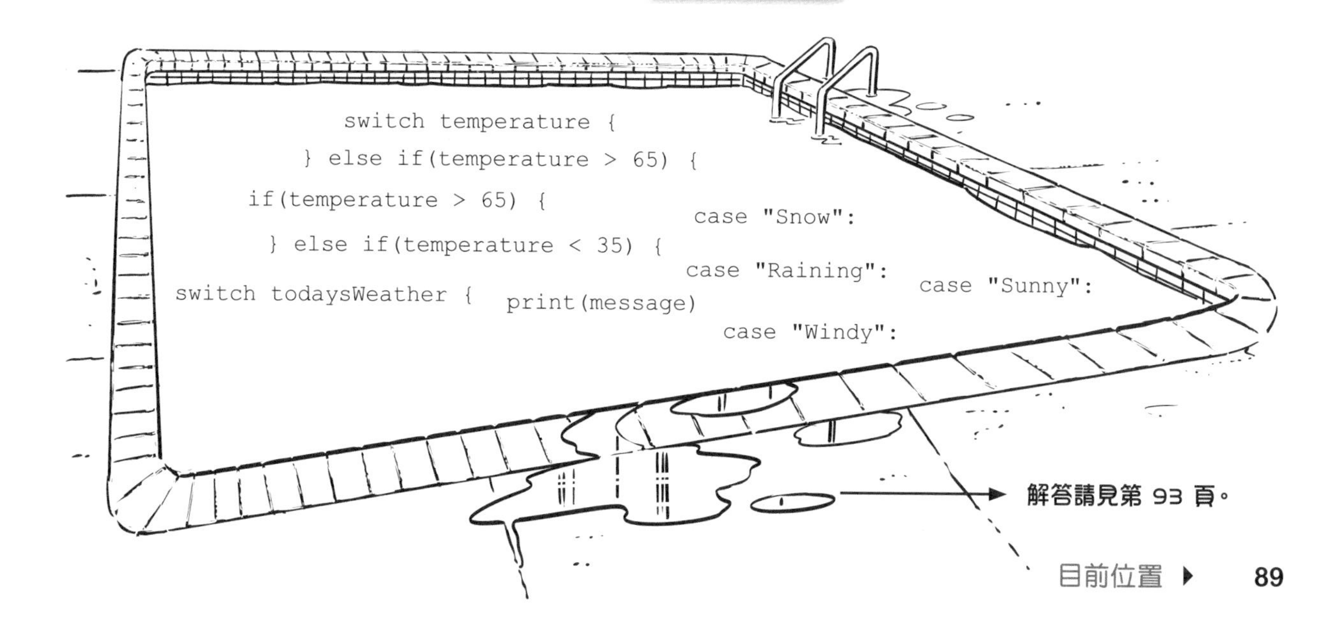

解答請見第 93 頁。

冥想時間 —— 我是 Swift 編譯器

本頁的每一段程式碼都代表一個完整的 Playground，你的工作是扮演 Swift 編譯器，判斷此處的每一段程式碼是否能執行。如果無法編譯，你會如何修復？

A

```
let dogsAge = 10
let dogsName = "Trevor"

print("My dog's name is \(dogsName) and
they are \(dogsAge) years old.")

dogsAge = dogsAge + 1
```

B

```
var number = 10

for i in 1...number {
    print(number*92.7)
}
```

C

```
var bestNumbers: Set = [7, 42, 109, 53, 12, 17]

bestNumbers.remove(7)
bestNumbers.remove(109)
bestNumbers.remove(242)

bestNumbers.insert(907)
bestNumbers.insert(1002)
bestNumbers.insert(42)
```

解答請見第 93 頁。

「Swift」填字遊戲

這個填字遊戲的所有解答都涵蓋在本章介紹的觀念裡。

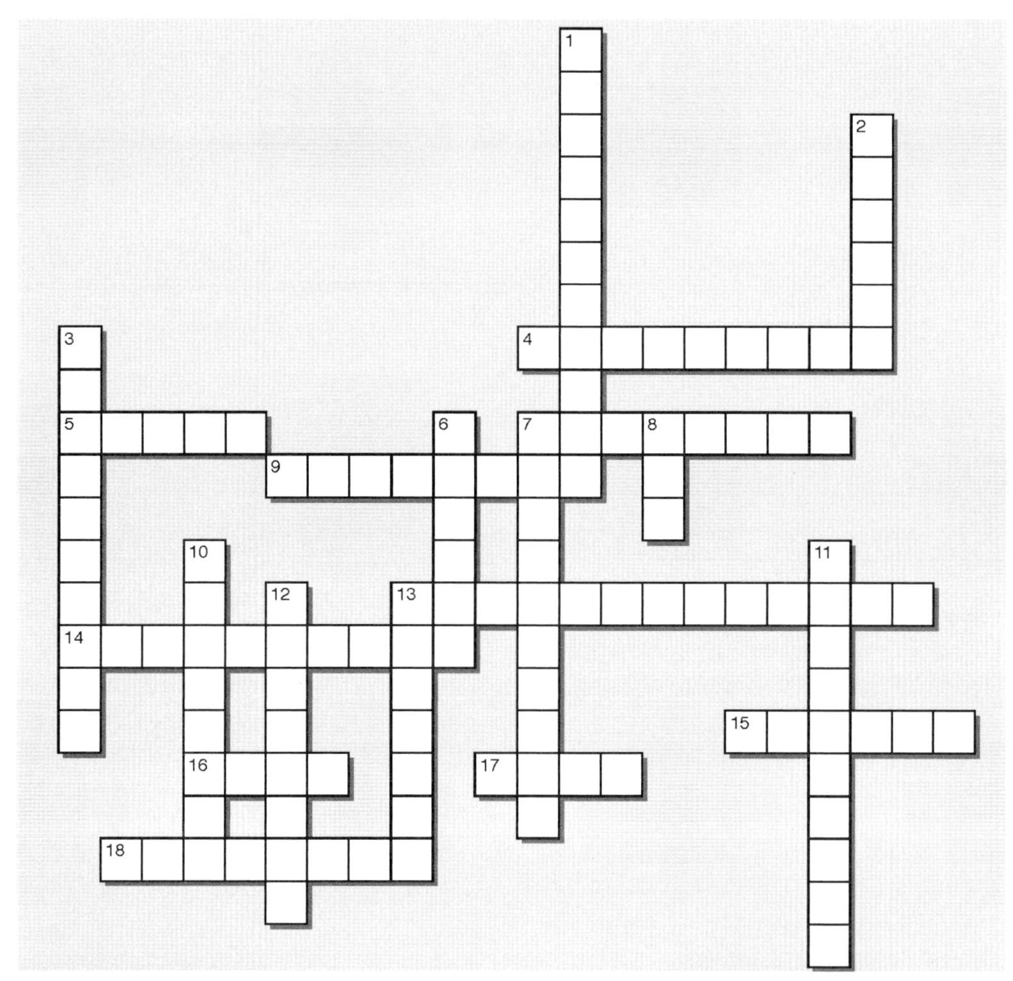

中文提示（橫向）

4. 相關的功能性和值。
5. 該集合裡的值具有順序性而且型態相同。
7. 具有名字的資料，而且資料值永遠不能改變。
9. 命名的重複程式碼片段。
13. 將值與字串混合。
14. 檢查 Optional 型態裡的內容。
15. 這個陳述式能幫助你根據不同的變數值（別的就先不提了），執行不同的程式碼。
16. 可以儲存肯定或否定的型態。
17. 一次又一次地執行某些程式碼的方法。
18. 某個用於檢查、組合或修改資料值的東西。

中文提示（縱向）

1. 一組相關值。
2. 具有小數數字的型態。
3. 撰寫 Swift 程式碼的地方，沒有雜亂的 IDE。
6. 用於儲存一些單字或是一個單字的型態。
7. 用於儲存一組值的方法。
8. 該集合裡的值沒有順序性但型態相同。
10. 具有名字的資料，之後可以改變資料值。
11. 該集合裡的值可以映射到其他值。
12. 表示一個值，而且可能會是空值。
13. 整數型態。

解答請見第 94 頁。

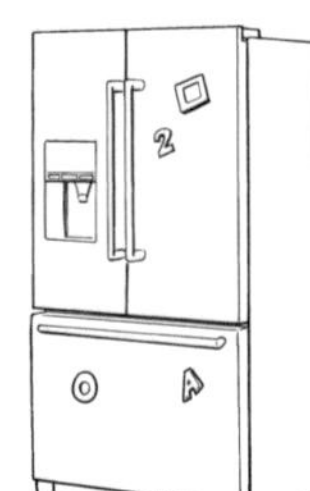

程式碼重組磁貼解答

題目請見第 87 頁。

```
class Dog {
    var name: String
    var color: DogColor
    var age: Int

    init(name: String, color: DogColor, age: Int) {
        self.name = name
        self.color = color
        self.age = age
    }
}
enum DogColor {
    case red
    case brown
    case black
}
var fido = Dog(name: "Fido", color: .brown, age: 7)
var bruce = Dog(name: "Bruce", color: .black, age: 4)
var moose = Dog(name: "Moose", color: .red, age: 11)
var pack: [Dog] = [fido, bruce]

func addDogToPack(dog: Dog) {
    pack.append(dog)
    print("\(dog.name) (aged \(dog.age)) has joined the pack.")
}
func listDogsInPack() {
    print("The pack is:")
    print("--")
    for dog in pack {
        print(dog.name)
    }
    print("--")
}
listDogsInPack()
addDogToPack(dog: moose)
listDogsInPack()
```

池畔風光解答

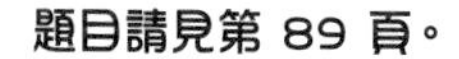

```
var todaysWeather = "Windy"
var temperature = 35
var message = "Today's Weather"

switch todaysWeather {
case "Sunny":
    message = "It's a lovely sunny day!"
case "Windy":
    message = "Strap your hat on. It's windy!"
case "Raining":
    message = "Pack your umbrella!"
case "Snow":
    message = "Brr! There's snow in the air!"
default:
    message = "Its a day, you know?"
}
if(temperature > 65) {
    message += " And it's not cold out there."
} else if(temperature < 35) {
    message += " And it's chilly out there."
} else {
    message += " And it's not cold or hot!"
}
print(message)
```

冥想時間——我是 Swift 編譯器解答

題目請見第 90 頁。

A 這段程式碼會發生錯誤，因為試圖修改常數值（dogsAge）。為了讓程式運作正常，必須將常數 dogsAge 改為變數。

B 這段程式碼會發生錯誤，因為試圖將 Double 型態的數字（92.7）乘上 Int 型態的數字（number）。此外，迴圈內進行計算時完全沒有用到 i。

C 程式運作完全正常。

「Swift」填字遊戲解答

提示請見第 90 頁。

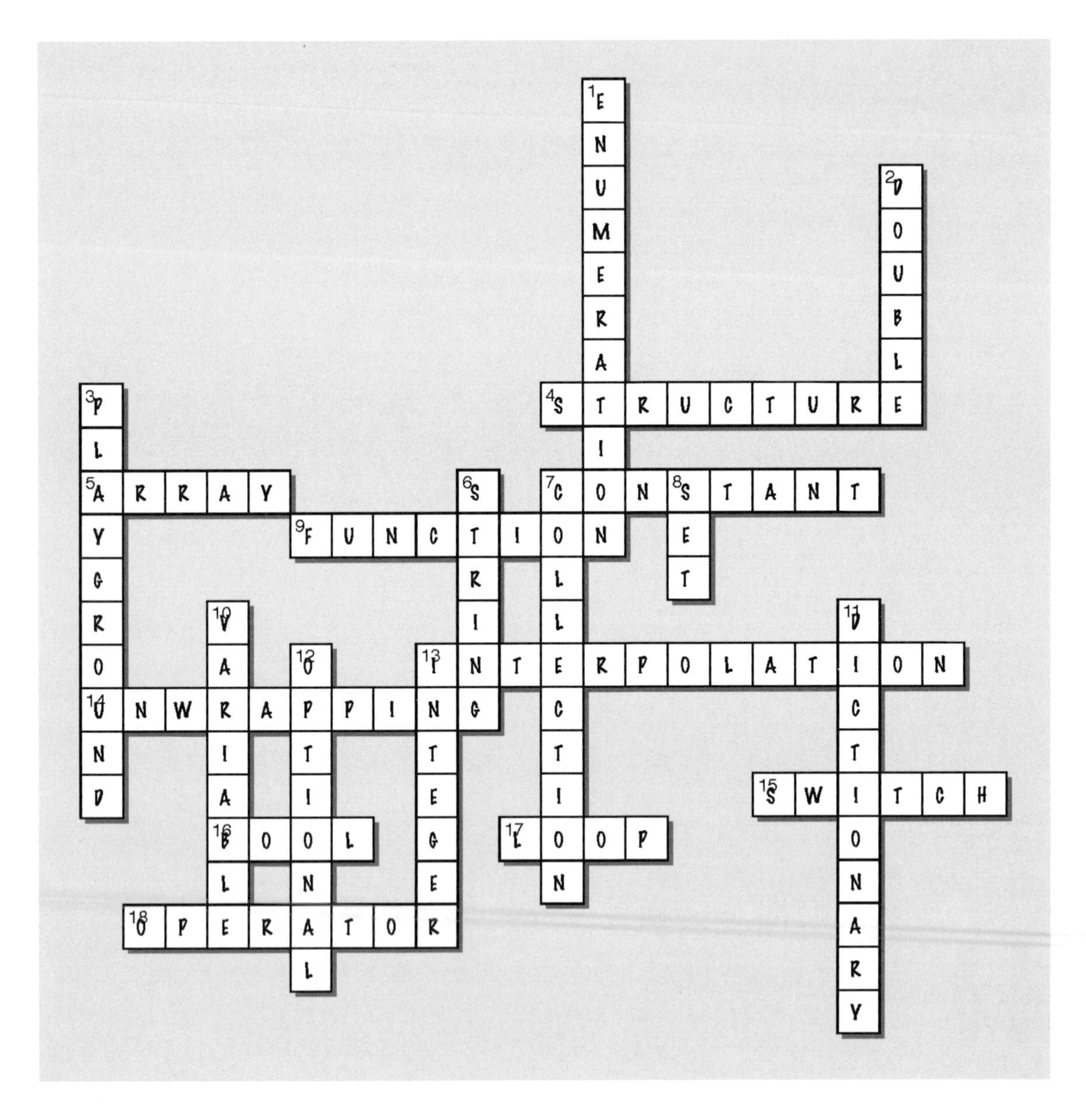

習題解答

題目請見第 83 頁。

```
var currentLevel = 1
var winningLevel = 10

repeat {
    print("We're at level \(currentLevel) of \(winningLevel)!")
    currentLevel = currentLevel + 1
} while (currentLevel <= winningLevel)
print("Game finished!"):
```

```
We're at level 1 of 10!
We're at level 2 of 10!
We're at level 3 of 10!
We're at level 4 of 10!
We're at level 5 of 10!
We're at level 6 of 10!
We're at level 7 of 10!
We're at level 8 of 10!
We're at level 9 of 10!
We're at level 10 of 10!
Game finished!
```

習題解答

題目請見第 84 頁。

```
var pizzas = ["Hawaiian", "Cheese", "Margherita", "Meatlovers", "Vegetarian",
"Prosciutto", "Vegan"]
pizzas = pizzas.sorted()
print(pizzas)
```

```
["Cheese", "Hawaiian", "Margherita",
 "Meatlovers", "Prosciutto", "Vegan",
 "Vegetarian"]
```

4 函式與列舉

依需求打造重複利用的程式碼

Swift 函式允許使用者將特定行為或工作單元獨立出來，包裝成單一程式碼區塊，讓使用者可以從程式的其他部分呼叫這個程式碼區塊。函式可以**獨立運作**，或是定義為**類別**、**結構**或**列舉**的一部分，這些都通稱為**方法**。函式的作用是讓你將複雜的任務拆解成更小、更好管理以及更容易測試的單元，是 Swift 建立程式結構的核心之一。

如果我們能分段建立可以重複利用、
又能執行特定任務的獨立程式碼，那
不是很夢幻嗎？要是能將這些程式碼
各別命名，甚至更棒。

Swift 函式能讓你重複利用程式碼

與許多程式語言一樣，Swift 也具有稱為**函式（function）**的功能，讓你**包裝某些程式碼，在你需要多次執行時可以重複利用這些程式碼。**

其實我們已經用過相當多的函式，例如，Swift 內建的函式 —— `print` 函式，讓我們印出程式要顯示的內容。Swift 還有其他大量的內建函式，後續你會有機會使用其中的某些函式。

你能拿函式來做什麼？

函式能做的事情各式各樣（以下沒有特定順序），包括：

函式實際上能做的事，不只有此處包含的這些功能！

- 函式可以定義成一個區塊的程式碼，而且只會做某件事，不一定會有輸入或輸出。
- 根據需求，函式可以輸入多個指定型態。
- 根據需求，函式可以輸出多個指定型態。
- 函式能輸入可變數量的參數。
- 傳給函式的變數原始值可以修改，還可以個別回傳值或是不回傳。

函式可以讓你打包一個區塊的程式碼，執行你指定的任務，為函式命名，就能隨意呼叫函式，重複利用程式碼。

經驗豐富的程式設計人員可能會將函式和方法兩者混為一談。

本書尚未進行到類別部分的內容，等之後談到這個主題，會再回頭來看方法。簡而言之，結合特定型態的函式就稱為方法：你可以在類別、結構或列舉底下創一個函式，將一些可以重複利用的程式碼封裝在函式裡，這些程式碼用於處理函式內部的型態實體。如果你現在還搞不清楚這些對你有什麼意義，別擔心，之後你會知道！

內建函式

在我們開始實作自己設計的函式之前，先讓我們花點時間看看幾個 Swift 內建函式，這些函式是 Swift 直接建置在程式語言裡。

首先要看的兩個函式是 **min** 和 **max**。從它們的名字，你可能已經猜到這兩個函式是分別將最小和最大的引數（argument）作為函式回傳的結果。

此處有一個真的非常簡單的範例，你可以在 Playground 裡測試看看這兩個函式：

```
print (min(9, -3, 12, 7))
print (max("zoo", "barn", "cinema"))
```

請實驗看看你自己的例子，假設改成輸入「Zoo」來取代原本的「zoo」，會發生什麼結果？

如同你所預期的，第一個範例會印出 "-3"，因為這是引數清單裡最小的值。

你可能會覺得第二個範例第一眼看起來有點怪，但它會印出 "zoo"，這是因為在引數全都是字串的情況下，比較清單裡的元素就是比較字串，而「zoo」是在「barn」和「cinema」之後，所以認定比其他兩者大。

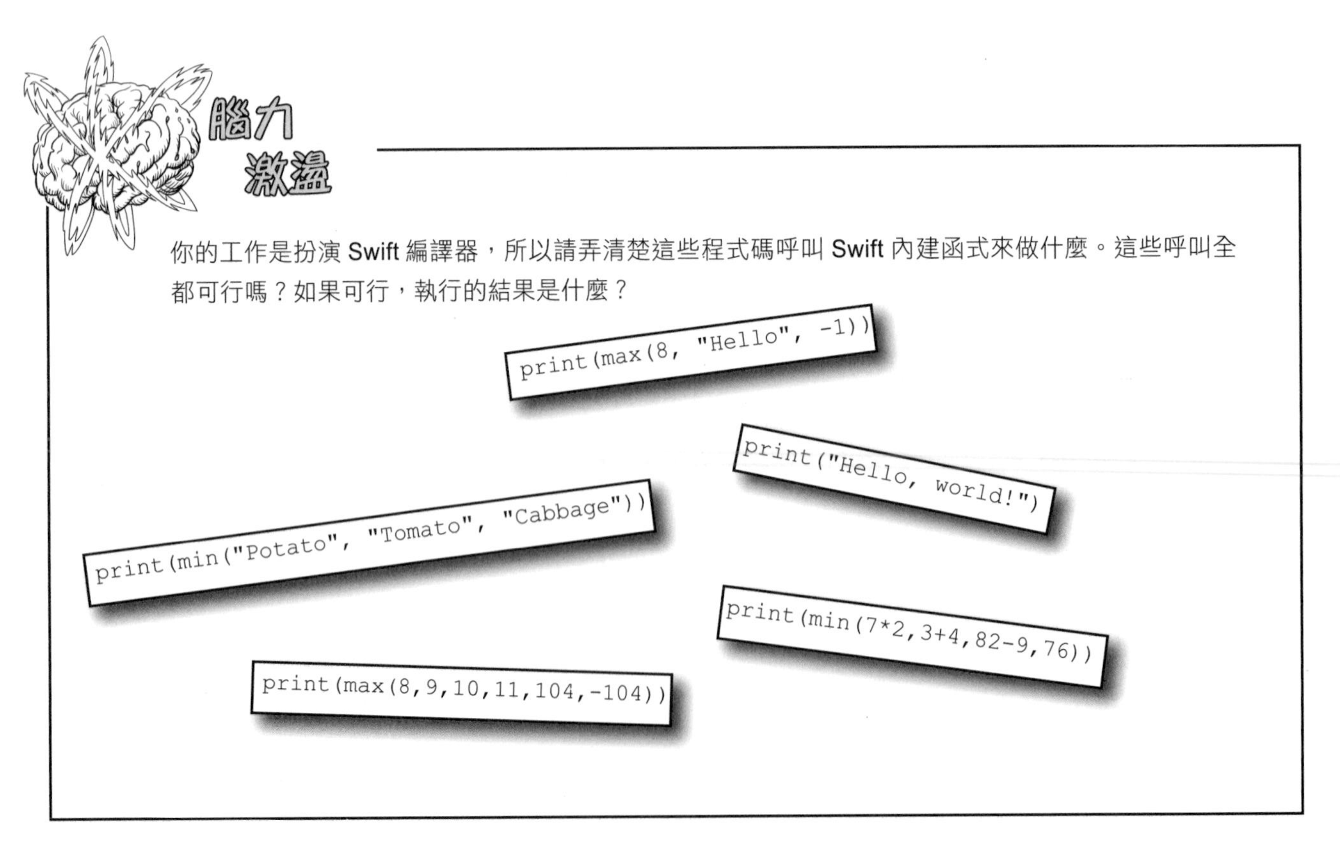

從內建函式可以學到什麼？

從前一頁的兩個函式裡，我們能一點一滴打探出幾個和 Swift 函式有關的重要資訊：

- 函式會接受輸入值（稱為函式引數），並且回傳結果。
- 某些函式支援可變數量的引數，例如，**min** 和 **max** 函式可接受任意數量的引數，只要兩個或兩個以上的引數型態全部相同。
- 某些函式支援不只一種型態的引數，例如，**min** 和 **max** 函式可以處理整數、浮點數和字串，只要所有引數型態相同。其背後的運作原理是，只要 Swift 知道如何比較某一個型態的兩個實體，**min** 和 **max** 函式就會採用那個型態。

本書稱這項特性為可變參數（variadic parameter），很快就會介紹到這個部分。

想要了解這個「通用」引數特性的運作原理，你必須先掌握更多 Swift 知識，我們保證會帶你到達這個階段！

從先前的章節內容裡，你或許已經記住 **print** 也是內建函式，不然至少從前一頁的範例中，你也可以推論出來。

print 函式可以接受可變數量的引數，而且這些引數可以是任何型態。Swift 知道怎麼印出像數字和字串這種簡單型態的內容，也知道怎麼印出像陣列和 Dictionary 集合這種複雜型態的內容。

對於使用者自行定義的型態（像是類別和結構），在預設情況下，**print** 函式會輸出型態名稱，不過，你可以為自訂型態增加特別的屬性，描述應該如何以字串形式來表示該型態的內容，如果描述存在，**print** 函式就會改輸出描述字串，而非型態名稱。

放輕鬆

函式非常繁瑣。

不論是回傳還是參數等等，函式有非常多的工作要做。你不需要將所有程式碼都變成函式，而且在你以某種方式實作和建構你想開發的內容之前，不一定能一眼看出某些程式碼應該變成函式。

剛開始寫 Swift 程式碼的時候，你不需要嘗試將一切內容都變成函式，等你遇到情況時，請相信自己的判斷，屆時你就會開始意識到個別獨立、可重複利用的程式碼在哪裡會很好用，所以不用試圖提前規劃太久以後的事。

削尖你的鉛筆

請先自行看看以下這份程式碼，然後想想其中的運作方式。你覺得合理嗎？看完之後，請寫一下你個人對這份程式碼的分析。當然，如果你願意，你可以建立一個 Playground 來執行這份程式碼。下一頁會開始說明本書對這份程式碼的看法，不過，在你參考之前，請先自己思考看看。

```
var pizzaOrdered = "Hawaiian"
var pizzaCount = 7

if (pizzaCount > 5) {
    print("Because more than 5 pizzas were ordered, a discount of 10% applies to the order.")
}

if (pizzaOrdered == "Prosciutto") {
    print("\(pizzaCount)x Prosciutto pizzas were ordered.")
}

if (pizzaOrdered == "Hawaiian") {
    print("\(pizzaCount)x Hawaiian pizzas were ordered.")
}

if (pizzaOrdered == "Vegan") {
    print("\(pizzaCount)x Vegan pizzas were ordered.")
}

if (pizzaOrdered == "BBQ Chicken") {
    print("\(pizzaCount)x BBQ Chicken pizzas were ordered.")
}

if (pizzaOrdered == "Meatlovers") {
    print("\(pizzaCount)x Meatlovers pizzas were ordered.")
}
```

上一頁的程式碼很好，就與吃剩下、冷掉的披薩一樣好（只不過披薩上大部分的配料都已經掉光），雖然可以運作，但在某些方面並不是很聰明的做法。

事實上，這份程式碼絕對不能說很好，其實一點都不好。

這份看似很好的程式碼其實只做了**兩件**關鍵的事：

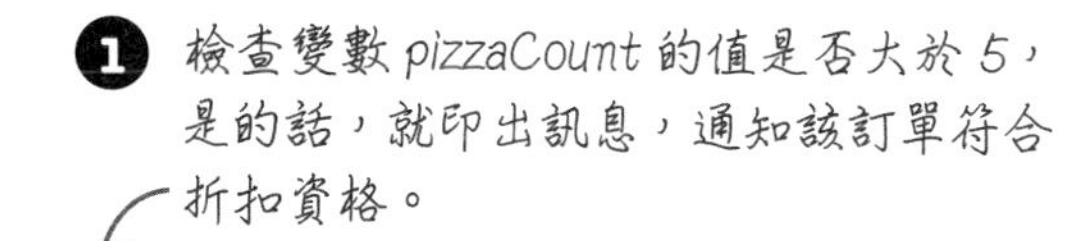


```
var pizzaOrdered = "Hawaiian"
var pizzaCount = 7

if (pizzaCount > 5) {
    print("Because more than 5 pizzas were ordered, a discount of 10%
        applies to the order.")
}

if (pizzaOrdered == "Prosciutto") {
    print("\(pizzaCount)x Prosciutto pizzas were ordered.")
}

if (pizzaOrdered == "Hawaiian") {
    print("\(pizzaCount)x Hawaiian pizzas were ordered.")
}
...<snip>
```

❷ 檢查每一個出現在訂單上的披薩，針對每種披薩印出自訂訊息。這些 *if* 陳述式中的每一個全都在做一樣的事。

針對每一個訂單上的披薩，一而再，再而三地寫相同的檢查是非常枯燥乏味的事，更不用說要增加其他披薩的檢查有多麻煩，萬一需求改變也很難修改檢查邏輯（因為必須針對每種披薩修改邏輯），所以很容易出錯。例如，你可能會忘記更新要列印的內容，明明修改邏輯檢查夏威夷的訂購數量，訊息卻印成素食披薩！

總之，可能發生的問題很多。

腦力激盪

要怎麼做才能修正這份程式碼？如果你對函式已經十分熟悉，請思考看看怎麼將這份程式碼拆解成幾個合理的部分。有幾種可能的答案，而且根據你寫程式碼的整體目標，全都或多或少是正確的。

利用函式改善情況

我們在前幾頁寫了一些雜亂的Swift程式碼，基本上都是在做相同的事：檢查顧客訂購的披薩份數是否有資格獲得特別折扣，然後印出顧客訂購的披薩種類和份數。

現在我們要來寫 pizzaOrdered 函式。

定義函式時會用關鍵字「`func`」，後面跟著你想取的函式名稱、函式用到的所有參數，然後是函式的回傳型態。

此處要寫的 `pizzaOrdered` 函式，不僅能處理前一頁的披薩訂購流程，還能降低程式碼出錯的機率。函式名稱我們已經知道，還要再加上兩個參數：一個是字串型態的披薩名字，另一個是整數型態的披薩份數。這個函式沒有回傳型態，因為它只負責印出資訊內容，不需要回傳任何東西。

以下是我們定義的新函式：

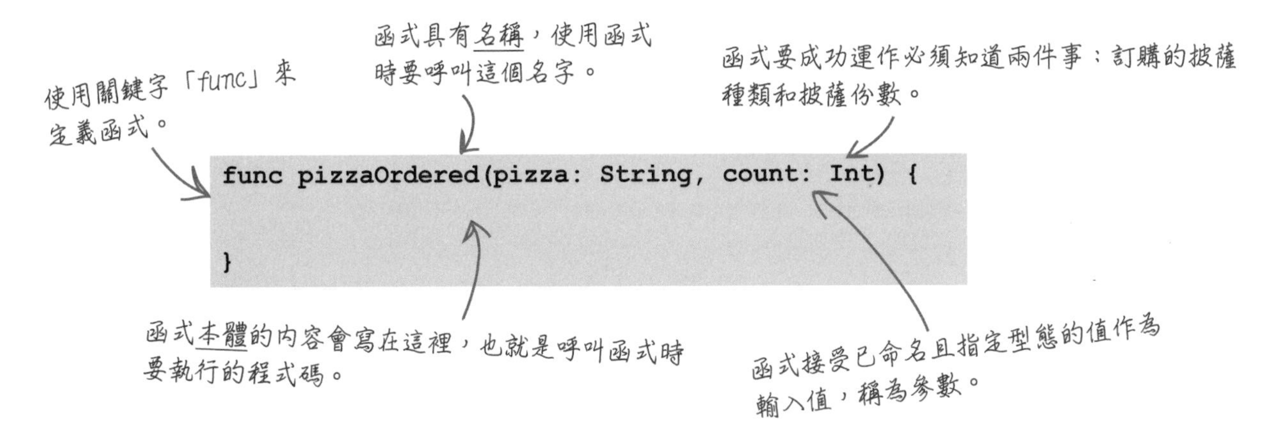

以下這些選項對上述定義 `pizzaOrdered` 函式來說，哪一個才是有效的呼叫？所有情況都是假設我們訂購的披薩種類是 Hawaiian（夏威夷披薩），訂購份數是 7。

A `pizzaOrdered("Hawaiian", 7)`

B `pizzaOrdered(pizza: "Hawaiian", count: 7)`

C `pizzaOrdered(Hawaiian, 7)`

D `pizzaOrdered(pizza: Hawaiian, count: 7)`

撰寫函式本體

函式**本體**是施展魔法的地方，此處或者該說是可以重複使用的邏輯區塊。在 **pizzaOrdered** 函式的範例中，我們需要做兩件事，這兩件事與先前程式碼做的事情一樣：

```
func pizzaOrdered(pizza: String, count: Int) {
    if(count > 5) {
        print("Because more than 5 pizzas were ordered, a
            discount of 10% applies to the order.")
    }

    print("\(count)x \(pizza) pizzas were ordered.")
}
```

❶ 折扣

首先檢查函式的其中一個參數 count 是否大於 5，如果是，就列印折扣訊息。

❷ 披薩

再來是印出訂購的 count（份數）和 pizza（披薩種類）。

指定型態的 count 和 pizza 值只能存在〔函式本體〕裡。

函式的作用是讓你將重複撰寫或需要重複利用而且差異不大的程式碼，儲存在可以重複使用的地方。

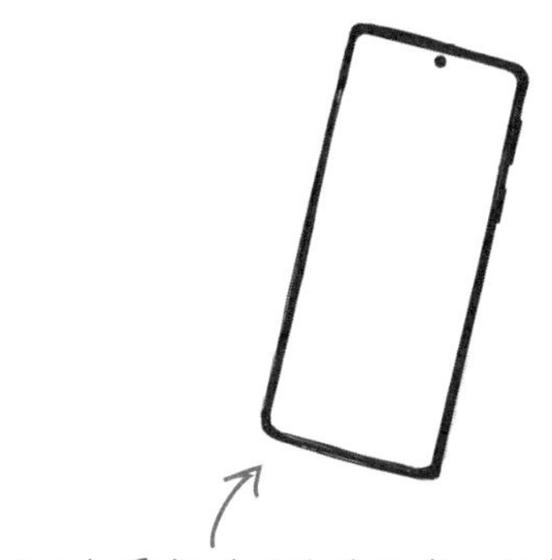

你可以打電話呼叫你的函式，就與手機一樣（本書只是想用一種比較酷炫的說法來形容利用函式的方法）。

削尖你的鉛筆 解答

對 pizzaOrdered 函式來說，有效的呼叫方法是 B，只有這個答案包含兩個參數（pizza 和 count），及其正確的引數（字串 "Hawaiian" 要以這種方式表示，選項 C 和 D 都沒有這樣做）。

下一頁就會學到呼叫函式的方法。

使用函式

因為我們已經寫好函式，現在要回到先前那個雜亂、繁複的披薩訂購程式碼，取代之前寫滿一整個頁面的程式碼：

```
var pizzaOrdered = "Hawaiian"
var pizzaCount = 7

func pizzaOrdered(pizza: String, count: Int) {
    if(pizzaCount > 5) {
        print("Because more than 5 pizzas were ordered,
                a discount of 10% applies to the order.")
    }

    print("\(count)x \(pizza) pizzas were ordered.")
}

pizzaOrdered(pizza: pizzaOrdered, count: pizzaCount)
```

這部分和原本的程式碼一樣，只是多定義幾個變數給披薩訂單使用。

函式宣告和函式本體都與之前展開的一樣。

呼叫函式。

將引數 *pizzaOrdered*（這是之前定義的字串變數）傳進參數 *pizza*（這會要求一個字串）。

將引數 *pizzaCount*（這是定義的整數變數）傳到參數 *count*（這會要求一個整數）。

也可以直接將引數值傳入函式，不建立或使用變數作為中介值。例如，以下這行寫法也是有效的程式碼，而且確實也是做一樣的事：

```
pizzaOrdered(pizza: "Hawaiian", count: 7)
```

引數標籤（**argument label**）和**參數名稱**（**parameter name**）其實是兩個不同的東西，但是當我們以下列這種方式定義函式時，引數標籤和參數名稱碰巧會一樣：

```
func pizzaOrdered(pizza: String, count: Int) { }
```

這裡的 *pizza* 和 *count* 是引數標籤也是參數名稱。

但引數標籤和參數名稱也能單獨指定：

```
func pizzaOrdered(thePizza pizza: String, theCount count: Int) { }
```

thePizza 和 *theCount* 是引數標籤，其參數名稱分別為 *pizza* 和 *count*。

然後會變成以下列這種方式來呼叫函式，請注意，函式本體執行程式碼時，內部運作使用的名稱仍舊不變，也就是一樣會使用參數名稱：

```
pizzaOrdered(thePizza: "Hawaiian", theCount: 7)
```

我以為 Swift 意在成為易讀又乾淨俐落的程式語言，把 pizza 作為參數名稱還有函式名稱的一部分，感覺好像很蠢！

請想想函式的名稱和函式參數的引數標籤，我們可以讓函式變得更簡潔。

在 `pizzaOrdered` 函式的範例中，因為函式名稱裡已經有 pizza 這個字了，所以我們希望能省略第一個參數，而且 Swift 非常鼓勵使用者以最簡明易懂的英文來寫函式和程式碼。現在請大聲地將 `pizzaOrdered` 函式唸出來：

```
pizzaOrdered(pizza: "Vegetarian", count: 5)
```

有注意到你是怎麼唸「*pizza ordered pizza*」嗎？你發現了吧？就理解函式作用來說，第二個「*pizza*」是多餘的，所以我們可以更新函式定義來移除它，寫法如下：

```
func pizzaOrdered(_ pizza: String, count: Int) {
        if(pizzaCount > 5) {
        print("Because more than 5 pizzas were ordered,
              a discount of 10% applies to the order.")
        }


        print("\(count)x \(pizza) pizzas were ordered.")
}
```

這表示你可以改用以下方法來呼叫函式：

```
pizzaOrdered("Vegetarian", count: 5)
```

如果你現在大聲地將上面的函式唸出來，就能了解為什麼這樣的寫法更清晰俐落。

使用底線字元（_）而非引數標籤，表示可以省略參數的引數標籤。你可以根據需要，對任意數量的參數加上底線字元。

函式參數是常數。

你不能從函式本體改變函式的參數值，例如，假設你有一個參數叫 `pizza`，透過這個參數將 `"Hawaiian"` 傳入函式，則存在於函式內的 pizza 就是常數，其常數值為 `"Hawaiian"`，所以不能改變參數值。

函式對值的處理

不論你是否熟悉其他程式語言的運作方式，或者只是想掌握 Swift 程式呼叫函式時會發生的情況，重點是認定**任何傳進函式的內容都不會更動原始值**，除非你要求對其進行修改。你可以自己測試看看：

❶ 建立一個函式來執行一些簡單的數學運算

此處建立的函式是將傳入的數字乘以 42：

```
func multiplyBy42(_ number: Int) {
    number = number * 42
    print("The number multiplied by 42 is: \(number)")
}
```

❷ 測試函式

拿一個值來呼叫函式，應該要印出那個值乘以 42 的結果：

```
multiplyBy42(2)
```

此處應該印出 `"The number multiplied by 42 is: 84"`。

❸ 建立變數

建立變數來測試函式：

```
var myNumber = 3
```

❹ 呼叫函式，傳入變數值

呼叫 `multiplyBy42` 函式，傳入變數值 `myNumber`：

```
multiplyBy42(myNumber)
```

儲存在 `myNumber` 裡的值（在這個範例中是 `3`）會被複製到函式的參數裡，`myNumber` 的值永遠不會修改。

此處應該印出 `"The number multiplied by 42 is: 126"`。

❺ 核對變數沒有被修改

新增程式碼來呼叫 `print` 函式，核對 `myNumber` 的原始值確實未經修改：

```
print("The value of myNumber is: \(myNumber)")
```

如果我就是想建立一個函式，讓我可以更改傳給函式的變數值，該怎麼做？

你可以創一種特殊參數，允許你修改變數的原始值。

如果你真的需要寫一個函式來修改原始值，可以在函式裡創 **inout** 參數。

假設你要寫一個函式，函式唯一的參數是接收一個字串變數，然後將這個字串變數的值轉換成字串 "Bob"，你可以參考以下的寫法：

```
func makeBob(_ name: inout String) {
    name = "Bob"
}
```

然後使用任何字串作為變數值，如下所示：

```
var name = "Tim"
```

將字串傳給 makeBob 函式，不論字串值是什麼內容，都會變成 Bob：

```
makeBob(&name)
```

將變數傳給函式時，如果變數名稱前面有放&符號，就表示函式可以修改傳進來的變數值。

變數 name 裡面的值現在變成 "Bob" 了。如果你想確認這一點，可以列印出變數 name 的值：

```
print(name)
```

使用 inout 參數時，表示參數值永遠不可能是傳進來的常數值或字面值。

重點提示

- 在函式定義中設定 inout 參數的方法，是在參數的型態前面加上關鍵字「**inout**」。
- 函式呼叫 inout 參數的方法，是在參數的名稱前面加上 & 符號。
- 呼叫函式時，inout 參數必須是變數，不能是表達式或常數。

請重寫前面範例中的 **multiplyBy42** 函式，讓引數變成 inout 參數，而非回傳一個值。

來自函式的快樂回傳值

截至目前為止，你寫過的函式都沒有回傳任何東西；也就是說，函式完成了一些事，卻沒有將任何東西傳到呼叫函式的地方，其實函式也可以做到這一點。你可以定義具有回傳型態的函式，告訴 Swift 函式要回傳什麼類型的值，再根據需要使用或儲存這個回傳值。

請看看以下這個函式：

這個語法是定義回傳型態，在這個例子裡是回傳一個字串。

```
func welcome(name: String) -> String {
    let welcomeMessage = "Welcome to the Swift Pizza shop, \(name)!"
    return welcomeMessage
}
```

這一行是回傳目前的常數值 welcomeMessage，根據前面定義的回傳型態，這是一個字串。

但是 Swift 意圖簡化這一切…

所以，你可以將建立訊息和回傳訊息這兩個動作合併在同一行程式碼裡，如下所示：

```
func welcome(name: String) -> String {
    return "Welcome to the Swift Pizza shop, \(name)!"
}
```

你甚至能採用更簡單的做法，利用 Swift 函式自動指定回傳型態的特性。如果函式本體的全部內容只有一個表達式，函式就只會回傳這個表達式給你：

```
func welcome(name: String) -> String {
    "Welcome to the Swift Pizza shop, \(name)!"
}
```

腦力激盪

請思考看看是否能完成以下這個函式。完成之後，請更新函式，改讓它回傳一個字串，不要直接印出訊息內容。

```
func greet(name: String, favoriteNumber: Int, likesKaraoke: Bool) {

}
greet(name: "Paris", favoriteNumber: 6, likesKaraoke: true)
```

```
Hi, Paris! Your favorite number is 6, and you like karaoke.
```

你可以為函式內的所有參數提供預設值。

定義函式的同時，你可以為任何參數提供預設值。現在我們希望幫前一頁創的 welcome 函式加上預設值，寫法如下：

這是函式內參數 name 的預設值。

```
func welcome(name: String = "Customer") -> String {
    let welcomeMessage = "Welcome to the Swift Pizza shop, \(name)!"
    return welcomeMessage
}
```

當函式擁有預設值，如果你想省點工，可以省略輸入參數值。

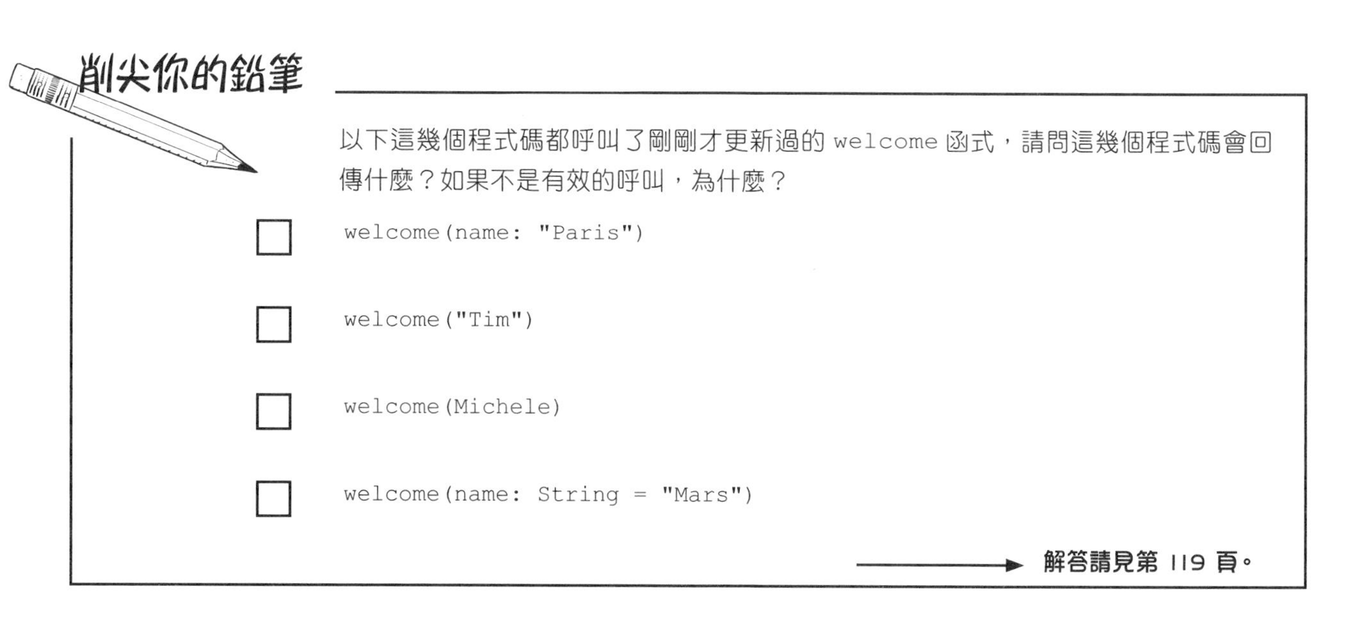

削尖你的鉛筆

以下這幾個程式碼都呼叫了剛剛才更新過的 welcome 函式，請問這幾個程式碼會回傳什麼？如果不是有效的呼叫，為什麼？

- [ ] `welcome(name: "Paris")`
- [ ] `welcome("Tim")`
- [ ] `welcome(Michele)`
- [ ] `welcome(name: String = "Mars")`

解答請見第 119 頁。

可變數量參數

（可變參數）

能接受可變數量參數的函式有時非常好用。例如，你可以寫一個函式，讓函式接受一串數字，然後計算出這一串數字的平均值。如果每次呼叫函式，這一串數字的個數可以隨我們希望的變多或變少，則函式使用起來會更加靈活。

有時你需要三個餅乾，有時只需要一個。

這項 Swift 支援的特性稱為**可變參數**（**variadic parameter**）。以下是我們使用這項特性實作的一個函式，用以計算一串數字的平均值：

```
func average(_ numbers: Double...) -> Double {
    var total = 0.0
    for number in numbers {
        total += number
    }
    return total / Double(numbers.count)
}
```

這三個點稱為省略號，表示函式參數接受任意數量的引數。

在這個函式裡，可變參數的引數是一組稱為 **numbers** 的陣列，numbers 是參數名稱。函式使用 **for** 迴圈遍巡整個陣列，計算所有數字的總和，再將數字總和除以陣列裡的數字總數，然後回傳平均值。

你已經看過一些迴圈和陣列的程式碼，後續會有幾個章節做詳盡的介紹。

以下列方式呼叫函式：

```
let a = average(10, 21, 3.2, 16)
print (average(2, 4, 6))
```

a 會設定成 16.625。

印出 4.0。

在呼叫函式的地方，可變參數有可能是「空值」

所以你必須確保程式碼能正確處理這個情況。試試看，在呼叫 average 函式的時候不要傳入任何引數，看看會發生什麼情況。之後的章節會學到 Optional 型態和拋出錯誤這兩種不同的處理方式，屆時你就知道怎麼處理這種情況。

重點提示

- 可變參數可以有零個元素。
- 使用省略號表示參數是可變參數。
- 一個函式只能有一個可變參數，但可以出現在參數清單裡的任何位置。
- 在可變參數之後定義的任何參數都必須具有參數名稱。
- 呼叫具有可變參數的函式時，所有參數的型態都必須相同。

圍爐夜話

今夜話題：**函式名稱有什麼意義？**

Swift 教師：

所以，你現在或許已經猜到了，你有發現函式名稱必須是唯一的嗎？

學生：

有啊，老師，而且這很合理！不然，我或是 Swift 程式要怎麼區分這些函式？

Swift 教師：

只不過，這不是完全正確的答案…

學生：

但是，老師！這怎麼可能會有其他情況？你看，我剛剛才試過，如果同一個函式名稱我用了兩次，Swift 就會跟我說「重複宣告是無效的」。

Swift 教師：

那是因為就技術面來說，函式的簽名（*signature*）必須是唯一的，但名稱則不用。

學生：

函式的簽名？那是什麼？

Swift 教師：

函式簽名是由函式名稱、引數名稱和型態，再加上函式回傳型態（如果有的話）所組成。

學生：

老師，你可以舉例說明嗎？

Swift 教師：

當然可以啊，這裡有兩個名稱相同但簽名不同的函式：

```
func addString(a: String, to b: String)
func addString(_ a: String, to b: String)
```

學生：

好吧，這兩個函式是有點不同，難道是引數名稱不一樣嗎？

Swift 教師：

確實不一樣！第一個函式的引數名稱是 `a:` 和 `to:`，但第二個函式的引數名稱則是 `_:` 和 `to:`。

學生：

啊！沒錯，是我忘記了，當函式只有指定一個參數名稱時，引數名稱會與參數名稱相同！但老師提過簽名一定會不一樣，我還是不太確定這是什麼意思。

Swift 教師：

學生：

這位同學，我很高興你注意到了。正如我先前說過的，函式簽名是由函式名稱、引數名稱和型態以及回傳型態組成，所以範例中第一個函式的簽名是：

```
addString(a: String, to: String)
```

了解，那麼另一個函式呢？

```
addString(_: String, to: String)
```

所以，就算函式名稱相同，函式簽名也不會一樣。

啊，我想…我懂了！那就是，參數名稱不是函式簽名的一部分。不過，您提過回傳型態是簽名的一部分，對嗎？

沒錯，只不過這些範例函式沒有回傳值，所以從技術面來說，回傳型態是 Void。

所以我可以在同一個檔案裡，創另一個像以下這樣的函式，但擁有不同的簽名，對嗎？

```
addString(a: String, to: String) -> Bool
```

沒錯，因為你創的這個新函式的回傳型態和其他兩個範例函式不一樣，所以新函式的簽名也不一樣，Swift 仍舊會樂意接受。

老師，我終於懂了！那表示我也可以寫另一個像以下這樣的函式：

```
addString(a: Float, to: Float) -> Bool
```

絕對不可以！

啊？老師，這下你真的把我搞混了！它們的函式簽名都不一樣啊！

確實如此，但是你讓一個名稱叫 addString 的函式接受兩個 Float 型態的參數，這是破壞良好程式設計品味的不成文規定。函式名稱應該反映出函式的功能，或是函式與其引數互動的方式。這位同學，而你則是會反映出課堂所學的內容！

沒錯，老師！我也是這麼認為！

這位同學！

你可以傳遞什麼內容給函式？

簡而言之：你可以將任何內容傳給函式，囉嗦一點的講法是：你可以將任何你需要的內容傳給函式。**任何型態的 Swift 值都可以作為參數傳遞**，包括字串、布林值、整數、字串陣列等等…任何內容：

```
func doAThingWithA(string: String, anInt: Int, andABool: Bool) {
    print("The string says '\(string)',
          the integer is \(anInt),
              and the Boolean value is \(andABool)")
}

doAThingWithA(string: "I am a string!", anInt: 7, andABool: true)
```

這只是一個作為參數傳遞的範例型態…

但 Swift 很公平，不是只有值才可以作為參數傳遞給函式，**表達式也可以**：

```
var name = "Bob"

doAThingWithA(string: "Hello, \(name)!", anInt: 20+22, andABool: true)
```

這些表達式的結果會傳到這裡的適當位置。

還可以將變數和常數作為參數傳遞給函式，事實上，這才是使用頻率最高的做法。以下程式碼呼叫同一個函式 `doAThingWithA`，但不是以字面值呼叫，而是改用變數和常數：

```
var myString = "I love pizza."
var myInt = 42
let myBool = false

doAThingWithA(string: myString, anInt: myInt, andABool: myBool)
```

與以字面值呼叫函式 *doAThingWithA(string: "I love pizza.", anInt: 42, andABool: false)* 的做法一樣，只是改以變數和常數呼叫。

每個函式都有型態

定義函式的同時也要定義函式型態，函式型態是由參數型態和函式的回傳型態組成。

以下這些都是函式型態的範例：

```
(Int, Int) -> Int
(String, Int) -> String
(Int) -> Void
() -> String
```

這個函式型態是接受兩個整數型態的參數，回傳一個整數。

接受一個字串參數和一個整數參數，回傳一個字串。

接受一個整數參數，沒有回傳值。

沒有參數，但會回傳一個字串。

請看看以下這些函式，它們都可以運作嗎？又做了什麼？如果不能運作，是出了什麼問題嗎？

A
```
func addNumbers(_ first: Int, _ second: Int) -> Int {
    return first + second
}
```

B
```
func multiplyNumbers(_ first: Int, _ second: Int) -> Int {
    return first * second
}
```

C
```
func sayHello() {
    print("Hello, friends!")
}
```

D
```
func welcome(user: String) -> String {
    print("Welcome, \(user)!")
    return "User '\(user)' has been welcomed."
}
```

E
```
func checkFor42(_ number: Int) -> Bool {
    if(number == 42) {
        return true
    } else {
        return false
    }
}
```

解答請見第 119 頁。

C 語言的推出，開展了這個時代。

早期的程式設計在使用函式上是稍微誇張了一點，那時候的程式設計人員只要想到什麼都用函式來寫，雖然非常模組化，但也讓程式非常難以閱讀。

請嘗試在兩者之間取得平衡。如果你是從另一個程式語言跨到 Swift，或許心中對於如何模組化有自己個人的底線在。如果你覺得模組化有用，就帶進 Swift 裡！

然而，你不需要對 Swift 的任何程式進行模組化，因為 Swift 的函式成本並不是特別昂貴。當你使用 Swift 函式的時候，就會知道適當的平衡點。請維持一個原則：讓函式只做一件事。

我不懂，函式為什麼需要型態，函式型態的意義何在？我該如何使用？

函式型態的運作方式和其他型態相同。

對 Swift 來說，函式型態就是型態，使用方法與其他型態一樣。

特別好用的地方在於將變數定義為某個函式型態：

```
var manipulateInteger: (Int, Int) -> Int
```

創一個函式符合這個函式型態：

```
func addNumbers(_ first: Int, _ second: Int) -> Int {
    return first + second
}
```

將函式指定給變數：

```
manipulateInteger = addNumbers
```

透過指定變數就可以使用我們指定的函式：

```
print("The result is: (manipulateInteger(10,90))")
```

讓 10 和 90 相加，產生的結果是 100。

變數 manipulateInteger 可以儲存任何函式，只要函式型態相同即可，所以你可以重新指定函式：

```
func multNumbers(_ first: Int, _ second: Int) -> Int {
    return first * second
}

manipulateInteger = multNumbers
print("The result is: (manipulateInteger(2,5))")
```

讓 2 和 5 相乘，產生的結果是 10。

由於函式型態與其他型態一樣，你也可以在創變數的同時，讓 Swift 推斷函式型態：

```
var newMathFunction = multNumbers
```

根據 (Int, Int) -> Int，Swift 型態系統會推斷變數 newMathFunction 的型態是整數。

削尖你的鉛筆 解答

題目請見第 111 頁。

☑
```
welcome(name: "Paris")
```
函式呼叫會正常運作，回傳歡迎訊息。

☒
```
welcome("Tim")
```
函式呼叫無法正常運作，因為沒有指定參數名稱為 *name*。

[?]
```
welcome(Michele)
```
函式呼叫嘗試傳入名稱為 *Michele* 的變數，如果這個 *String* 型態的變數或常數不存在，函式呼叫就無法正常運作。

☒
```
welcome(name: String = "Mars")
```
函式呼叫無法正常運作，因為此處不需要指定 *name* 為 *String* 型態（這裡與型態標註無關或者該說是不正確的用法）。

削尖你的鉛筆 解答

題目請見第 117 頁。

A
```
func addNumbers(_ first: Int, _ second: Int) -> Int {
    return first + second
}
```
函式運作正常，將兩個傳入函式的數字相加。

B
```
func multiplyNumbers(_ first: Int, _ second: Int) -> Int {
    return first * second
}
```
函式運作正常，將兩個傳入函式的數字相乘。

C
```
func sayHello() {
      print("Hello, friends!")
}
```
函式運作正常，印出問候訊息。

D
```
func welcome(user: String) -> String {
      print("Welcome, \(user)!")
      return "User '\(user)' has been welcomed."
}
```
函式運作正常，印出歡迎訊息，並且回傳確認結果。

E
```
func checkFor42(_ number: Int) -> Bool {
      if(number == 42) {
            return true
      } else {
            return false
      }
}
```
函式運作正常，檢查 *number* 是否為 *42*，並且回傳相對應的布林值。

函式型態也能作為參數型態

你或許已經發現這一點，函式型態對 Swift 來說就只是一種型態。這表示你在建立函式時，可以把函式型態當作參數函式來使用。

之前你已經建立了一些基礎，請思考以下這個函式：

這個已經命名的參數型態是(Int, Int) -> Int。

```
func doMathPrintMath(_ manipulateInteger: (Int, Int) -> Int, _ a: Int, _ b: Int) {
        print("The result is: \(manipulateInteger(a, b))")
}

doMathPrintMath(addNumbers, 5, 10)
```

這個函式是用於列印結果，manipulateInteger傳入函式作為參數時，同時還會呼叫兩個參數。

呼叫新函式時，傳入前一頁建立的 addNumber 函式作為第一個參數，新函式會加入數字，然後印出結果。

腦力激盪

請想想函式型態要怎麼作為參數型態使用，然後自己寫一些程式碼來實作。

請思考以下這個函式：

```
func doMathPrintMath(_ manipulateInteger: (Int, Int) -> Int, _ a: Int, _ b: Int){
  print("The result is: \(manipulateInteger(a, b))")
}
```

請寫三個新函式，傳入 manipulateInteger 作為參數。函式應該接受兩個整數參數，並且回傳一個整數。

你的函式會做什麼？

再次強調：函式型態的運作方式與其他型態一樣。

從各方面來看，函式型態就是**型態**：

```
typealias Pizza = String

func makeHawaiianPizza() -> Pizza {
    print("One Hawaiian Pizza, coming up!")
    print("Hawaiian pizza is mostly cheese, ham, and pineapple.")
    return "Hawaiian Pizza"
}

func makeCheesePizza() -> Pizza {
    print("One Cheesey Pizza, coming up!")
    print("Cheesey pizza is just cheese, more cheese, and more cheese.")
    return "Cheese Pizza"
}

func makePlainPizza() -> Pizza {
    print("One Plain Pizza, coming up!")
    print("This pizza has no toppings! Not sure why you'd order it.")
    return "Plain Pizza"
}

func order(pizza: String) -> () -> Pizza {
    if (pizza == "Hawaiian") {
        return makeHawaiianPizza
    } else if (pizza == "Cheese") {
        return makeCheesePizza
    } else {
        return makePlainPizza
    }
}

var myPizza = order(pizza: "Hawaiian")
print(myPizza())
```

不好意思…我是一個函式而且我很忙，我希望回傳時可以同時發送兩個東西，你能幫幫我這個函式嗎？

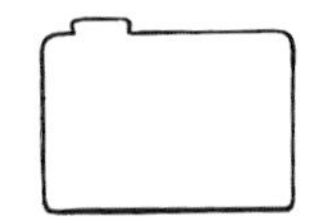

多個回傳型態

這是很棒的想法， 函式可以回傳任意數量的內容。

函式可以回傳 Tuple 集合，包含任意數量的值。例如，假設你需要為披薩店增加問候函式，函式需要名字和 hello 和 goodbye 的問候訊息作為回傳字串，你可以採取以下的做法：

```
func greetingsFor(name: String) -> (hello: String, goodbye: String) {
    var hello = "Welcome to the pizza shop, \(name)!"
    var goodbye = "Thanks for visiting the pizza shop, \(name)!"

    return (hello, goodbye)
}
```

此處不需要幫回傳值命名，因為名字已經在前面指定，作為回傳型態的一部分。

然後呼叫函式取得 hello 問候語，如下所示：

```
print(greetingsFor(name: "Bob").hello)
```

呼叫函式時，使用英文句點符號，就能取得回傳值裡 *hello* 部分的內容。

這太瘋狂了！謝謝你，我現在可以回傳任何我想要的東西！

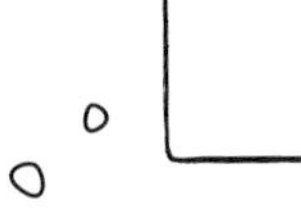

腦力激盪

你覺得該怎麼做，才能取得 Tuple 集合裡 goodbye 部分的內容？請寫一些程式碼，印出這部分的內容。

寫完之後請更新函式，讓函式回傳三個值：新增一個回傳訊息，請顧客在餐點烹調時依序等候。

圍爐夜話

今夜話題：**引數的順序**

Swift 教師：

這位同學，我相信你有問題想問…

學生：

沒錯，老師，我的疑問是，如果我寫的函式中每個參數都有引數名稱，為什麼我呼叫函式的時候，引數不能以我喜歡的順序任意排列呢？

Swift 教師：

這位同學，你忘得還真快！

學生：

我忘記了？老師，你有教過我嗎？

Swift 教師：

有啊，這位同學，我們之前已經討論過這個問題囉，我還以為你那時就完全理解這個課題了呢。

學生：

你說我已經完全理解這個課題？老師！我不是跟你說過了嗎？我不習慣當學徒。

Swift 教師：

這位同學，我不記得了你有說過這件事，比起學生，我更適合當個老師。不過，我們先回到你的問題：呼叫函式時，編譯器一定會先判斷函式簽名，然後以這個簽名來呼叫函式。

學生：

所以，如果我切換引數順序，就會變成使用未經定義的函式簽名！現在我懂了！

Swift 教師：

沒錯，但是，這位同學，你這次真的懂了嗎？

學生：

老師！！

腦力激盪

請寫一個 **billSplit** 函式，幫忙計算如何均攤餐費。函式應該接受的參數有一餐的總成本（Double）、小費百分比（Int）和用餐人數（Int），並且印出每位用餐者需要付多少費用。

函式不一定要獨立運作

本章之前思考的所有範例函式都是所謂的**獨立函式**或**全域函式**，兩者都是定義在**全域範圍**裡，不管在程式的任何地方都可以呼叫。

不過，你可能還記得，本章一開始曾暗示過，函式也可以定義為類別的一部分，以這種方式定義函式，有時也稱為**方法**（**method**）。使用函式（或方法）作為類別的一部分，是物件導向程式設計的特徵之一。Swift 還能將函式定義為結構和列舉的一部分，這是某些程式語言沒有支援的功能。

本章介紹的函式及其一切相關內容均可適用於本書其他上下文中定義的函式，所以你不必捨棄本章學到的語法、引數和參數名稱的使用、可變參數和 inout 標記等等一切知識，同樣適用於類別、結構或列舉部分的函式。

巢狀函式

函式也能定義在其他函式內，對於那些需要重複大量程式碼或是計算表達式的函式，這是另一種能簡化過於複雜函式的便利做法，而且不需要宣告另一個全域函式。

腦力激盪

請寫一個加強版的 **billSplit** 函式，幫忙計算如何均攤餐費。這次函式應該要有合理的預設值：2 位用餐者，20% 的小費，還是要印出每位用餐者需要付多少費用。

嗯…我平常有在玩很多桌遊，如果能利用 Swift 來表示這些桌遊進行的狀態，那就太棒了。

列舉可以讓我們建立一組具有關聯性的資料值。

當你玩的桌遊內容很複雜時，可能必須表示玩家會處於多種不同的情況下。例如：

```
var playerState: String
playerState = "dead"
playerState = "blockaded"
playerState = "winner"
```

遇到這種非常態又難以管理，而且只要其中一個表示狀態的字串輸入錯誤，可能會造成程式不安全或損壞的情況，基本上是很可怕的事。此時，你就需要認識列舉！

```
enum PlayerState {
    case dead
    case blockaded
    case winner
}
```

現在當我們討論玩家狀態時，可以改用列舉來取代脆弱的字串：

```
func setPlayerState(state: PlayerState) {
    print("The player state is now \(state)")
}

setPlayerState(state: .dead)
```

剖析列舉

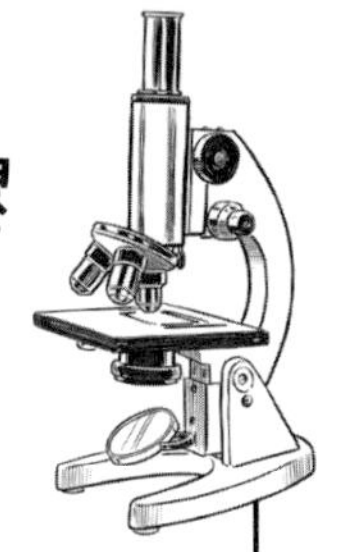

定義一個列舉

```
enum Thing {
}
```

列舉關聯值

```
enum Response {
      case success
      case failure(reason: String)
}
```

此處的 CaseIterable 協定，是請求列舉遵守 Swift 的程式協定。在這個例子裡，是讓列舉可以遍巡所有例項。本書稍後會介紹更多程式協定。

列舉可遍巡性

```
enum Fruit: CaseIterable {
      case pineapple
      case dragonfruit
      case lemon
}

for fruit in Fruit.allCases {
      print(fruit)
}
```

對列舉裡的原始值初始化

```
case Hat: Int {
      case top = 1
      case bowler
      case baseball
}
var hat = Hat(rawValue: 3)
```

為列舉新增例項

```
enum Fruit {
      case apple
      case banana
      case pear
}
```

自動指定原始值

```
enum Planet: Int {
      case mercury
      case venus
      case earth
      case mars
      case jupiter
      case saturn
      case uranus
      case neptune
}
```

原始值

```
case Suit: String {
      case heart = "Red Hearts"
      case diamond = "Red Diamonds"
      case club = "Black Clubs"
      case spade = "Black Spades"
}
var card: Suit = .heart
print(card.rawValue)
```

切換列舉

switch 陳述式和列舉根本就是天生一對，switch 陳述式搭配個別列舉值非常好用：

設定一個變數 PlayerState，列舉關聯值…

…切換例項。

在 switch 陳述式底下的例項裡放入一個甚至是多個常數或變數宣告，便能取出關聯值。

```
var playerOneState: PlayerState = .dead(cause: "crop failure")
switch(playerOneState) {
    case .dead(let cause):
        print("Player One died of \(cause).")
    case .blockaded(let byEnemy):
        print("Player One was blockaded by \(byEnemy).")
    case .winner(let score):
        print("Player One is the winner with \(score) points!")
}
```

```
Player One died of crop failure.
```

請記住：switch 陳述式必須詳盡列出所有切換的情況。

切換列舉值時，問題裡的每個列舉例項都必須屬於一個情況；換句話說，在理想情況下，switch 陳述式底下的每個情況都要和列舉的每個例項互相搭配。

或者提供預設情況來補足 switch 陳述式的窮盡性，忽略任何不相關的情況：

```
enum Options {
        case option1
        case option2
        case option3
}

var option: Options = .option1
switch(option) {
        case .option1:
                print("Option 1")
        default:
                print ("Not Option 1")
}
```

列舉只能具有原始值或關聯值其中一個，
不能兩者兼具。

習題

請建立一個新的列舉，用以表示電影類型，應該包含幾種你選擇的電影風格。列舉完後，請建立一個 `switch` 陳述式，切換儲存電影類型的變數（或許取個名字叫 favoriteGenre ？），然後為每種電影類型印出一段內容精采的評論。

可行之後，請試著再建立一個新的列舉來表示雞尾酒，為每種雞尾酒儲存一個原始字串值來描述每種雞尾酒。

完成後，使用迴圈遍巡列舉的所有例項，然後印出每種雞尾酒的說明。

→ 解答請見第 131 頁。

剖析函式

定義函式

使用函式名稱呼叫函式時，函式要執行的程式碼會寫在這裡，就是函式本體的內容。

函式本體

```
func welcomeCustomers {
    print("Welcome to the pizza shop!")
}
```

函式具有參數和任何型態的回傳值。

此函式接受一個參數，名稱為 name，型態為字串。

回傳一個字串。

```
func sayHello(name: String) -> String {
    print("Hello, \(name)! Welcome to the pizza shop!")
    return "'\(name)' was welcomed."
}
```

此函式具有可變數量的參數和多個回傳值。

```
func biggestAndSmallest(numbers: Int...) -> (smallers: Int, biggest: Int) {
    var currentSmallest = numbers[0]
    var currentBiggest = numbers[0]
    for number in numbers[1..<numbers.count] {
        if number < currentSmallest {
            currentSmallest = number
        } else if number > currentBiggest {
            currentBiggest = number
        }
    }
    return (currentSmallest, currentBiggest)
}
```

「函式」填字遊戲

現在讓你的左腦休息一下，試玩一下這個填字遊戲吧。所有解答都與本章涵蓋的觀念有關！

中文提示（橫向）

1. 一種參數型態，支援多個參數值。
5. 在函式內部，參數是 _______ 。
6. 函式參數的外部名稱。
7. 定義在另一個函式內部的函式稱為 _______ 。
8. Swift 如何辨識函式的唯一性。
10. 一個函式擁有可變參數的最多數量。
11. 不顯示引數名稱的字元。
13. 一種陳述式，定義稍後才要執行的程式碼區塊。

中文提示（縱向）

2. 函式定義時指定的參數值是 _______ 值。
3. 在函式內部可以更改的參數。
4. 一種型態，一定要作為 inout 參數傳遞。
5. 表示不能延遲的關鍵字。
9. 一種函式回傳型態，不會回傳任何內容。
12. 確保程式碼一定會在函式結束前執行。

解答請見第 132 頁。

習題解答

題目請見第 128 頁。

```
enum Genres {
    case scifi
    case thriller
    case romcom
    case comedy
}

var favoriteGenre: Genres = .scifi

switch(favoriteGenre) {
case .comedy:
    print("Comedy is fine, as long as it's British.")
case .romcom:
    print("It had better star Hugh Grant.")
case .thriller:
    print("Only Die Hard counts.")
case .scifi:
    print("Star Trek is the best.")
}

enum Cocktails: String, CaseIterable {
    case oldfashioned = "Sugar, bitters, and whisky."
    case manhattan = "Bourbon, sweet vermouth, and bitters."
    case negroni = "Gin, red vermouth, and Campari."
    case mojito = "White rum, sugar, lime juice, soda water, and mint."
}

for drink in Cocktails.allCases {
    print(drink.rawValue)
}
```

「函式」填字遊戲解答

提示請見第 130 頁。

							1 V	A	R	I	A	2 D	I	C
												E		
				3 I								F		
		4 V		N			5 C	O	N	S	T	A	N	T
		A		O			O					U		
	6 A	R	G	U	M	E	N	T				L		
		I		T			T		7 N	E	S	T	E	D
		A					I							
		B		8 S	I	G	N	A	T	U	R	E		
9 V		L					U							
10 O	N	E		11 U	N	12 D	E	R	S	C	O	R	E	
I						E								
D				13 D	E	F	E	R						
						E								
						R								

5 閉包

酷炫又靈活的函式

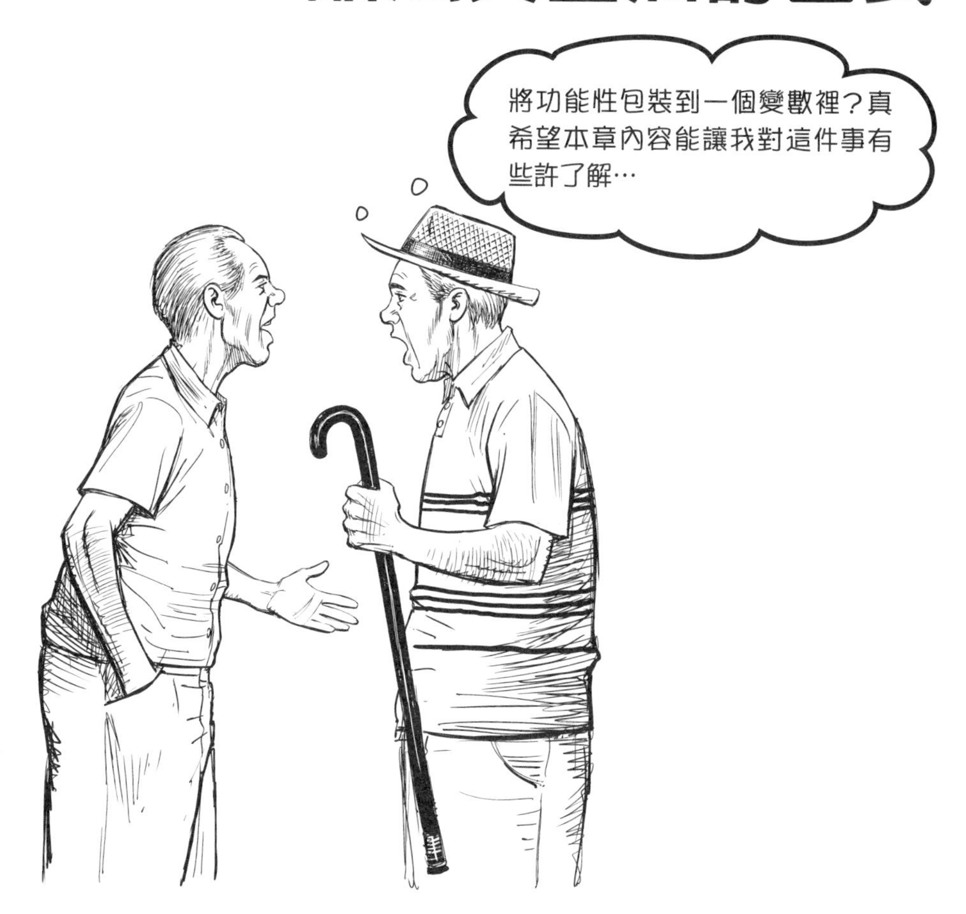

函式雖然好用，但有時你需要更大的靈活性。 因此，Swift 允許你可以**將函式當作型態來使用**，就像整數或字串那樣。這表示**你可以建立一個函式，然後將函式指定給某個變數**，指定完成後，你就可以使用該變數來呼叫函式，或是將函式作為參數傳遞給其他函式，以這種方式建立和使用的函式就稱為**閉包**（**closure**）。閉包好用的地方在於它們可以從自身定義的前後環境去**捕獲**常數和變數的**引用值**，這樣的行為相當於**將一個值封閉起來**，因而得名。

認識不起眼的閉包

這是一個**閉包**：

```
let pizzaCooked = {
    print("Pizza is cooked.")
}
```

將函式指定給常數 *pizzaCooked*。

函式從這裡開始，這個函式沒有名字。

這是函式本體。

這裡是函式的結尾。

呼叫 **pizzaCooked()** 的方式就與一般函式一樣：

```
pizzaCooked()
```

Pizza is cooked.

乍看之下，你可能會以為閉包只是另一種撰寫函式的方法。

某種程度來說，你是對的，但閉包能做很多你只用函式做不到的事。本書會透過幾頁的內容，讓你了解閉包的力量。

閉包就像是你可以當作變數傳遞的函式，它的用途由此開始，逐步提升！

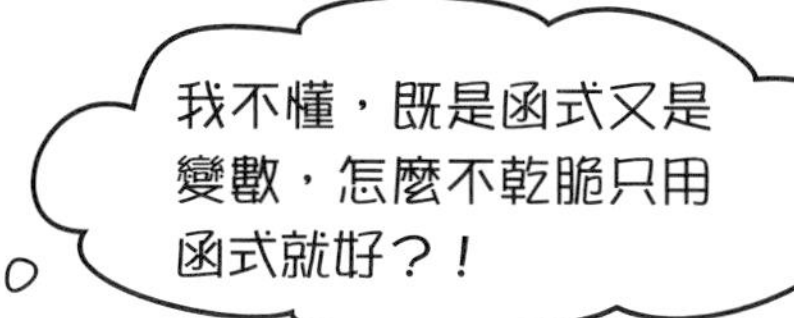

閉包一定會令人感到有些不解。

普遍來說，就算其他程式設計觀念都不會讓你感到困惑，唯獨在面對閉包的原理、運作方式和用途時覺得有些茫然不知，這都是很正常的情況。請不要恐慌！看完本書後，你就會了解閉包；看完本章後，你會對閉包的使用更有信心。

當你想將某些功能儲存起來，留待日後使用或是重複利用，這種時候閉包就真的非常好用。

遇到以下這些特定情況時，經常會需要將某些功能先儲存起來：

- 當你想先等待一段時間之後才執行程式碼
- 當你有一個使用者介面，而你需要在執行程式碼之前，先完成某個動畫或是互動
- 當你長時間執行某個網路操作而且不確定要執行多久（例如，下載），你希望等這項操作完成之後才執行程式碼

新車試駕

請測試以下這些閉包，有些有效，有些無效。如果閉包無效，你認為其中缺少了什麼？最簡單的測試方法是在 Playground 裡執行這些閉包，然後呼叫。等你搞清楚哪些閉包有效，哪些無效之後，請試試看自己寫一個有效的閉包，並且呼叫。

```
var closureMessage = {
    print("Closures are pretty similar to functions!")
}
let bookTitle = {
    print("Head First Swift")
}
var greeting() = {
    print("Hello!")
}
```

帶有參數的閉包更好用

沒有參數的閉包其實沒什麼用處。你當然可以建立一個沒有名字的函式，然後將這個函式指定給一個變數或常數，這也很有趣，然而，一旦你開始意識到參數的可能性，閉包才能真正發揮作用。

這個方案有個小問題，就是**閉包沒有像一般函式那樣接受參數**，你可以想成就是我們先前指定給常數 `pizzaCooked` 的一般函式。

如果我們希望加入一個參數來指定我們要烹調哪種特定的披薩，函式定義會像以下這種寫法：

```
func cooked(pizza: String, minutes: Int) {
    print("\(pizza) Pizza is cooked in \(minutes) minutes.")
}
```

呼叫 `cooked` 函式的方法如下：

```
cooked(pizza: "Hawaiian", minutes: 7)
```

如果我們要將相同的功能寫成閉包的形式，程式碼會像以下這樣：

```
let pizzaCooked = { (pizza: String, minutes: Int) in
    print("\(pizza) Pizza is cooked in \(minutes) minutes.")
}
```

呼叫閉包的方式則會變成這樣：

```
pizzaCooked("Hawaiian",7)
```

我們懷疑你可以猜到這會輸出什麼內容。

幕後花絮

閉包之所以將參數放在大括號內，而且使用關鍵字「`in`」來標記參數清單結束，其理由是如果採用以下這種看起來更直覺的方式：

```
let pizzaCooked = (pizza: String, minutes: Int)
```

這種寫法看起來好像是要建立 Tuple 集合，Swift 編譯器可能會搞混，所以才將參數放在大括號裡，清楚表示整個閉包是儲存在變數（或常數）裡的資料區塊。 關鍵字「`in`」則是說明函式主體的起點，因為不會有第二組大括號。

閉包當然可以與函式一樣回傳值。

閉包大部分的功能跟函式一樣，只差在設定語法略有不同。如果要讓你創的閉包可以回傳值，請在關鍵字「in」的前面定義回傳型態，語法如下：

```
let hello = { (name: String) -> String in
    return "Hello, \(name)!"
}
```

閉包宣告回傳型態的語法與函式一樣。

利用以下寫法，就能呼叫和執行閉包，並且印出閉包的回傳值：

```
let greeting = hello("Harry")
print(greeting)
```

腦力激盪

請寫一個閉包程式碼，只接受一個整數作為參數，將這個整數自身相乘，然後以字串型態回傳相乘的結果。

閉包程式碼完成後，請寫一些程式碼來使用閉包，傳入整數值 10，閉包應該要印出 "The result is 100"（結果為 100）或是類似的內容。

接著，請將閉包更新成可以接受兩個整數作為參數，並且傳入 10 和 50 來測試閉包，應該要印出 "The result is 500"（結果為 500）或是類似的內容。

削尖你的鉛筆

請看看以下這幾個閉包，你認為每個閉包的回傳型態是什麼？如果你的思考遇到瓶頸，請回想上一章裡面函式型態的內容。

A

```
let pizzaCooked = { (pizza: String, minutes: Int) -> String in
        return "\(pizza) Pizza is cooked in \(minutes) minutes."
}
```

B

```
let pizzaCooked = { (pizza: String, minutes: Int) -> String in
        var message ="\(pizza) Pizza is cooked in \(minutes) minutes."
        print(message)
        return(message)
}
```

C

```
let pizzaCooked = { (pizza: String) in
        print("\(pizza) Pizza is cooked in 10 minutes.")
}
```

D

```
let pizzaCooked = { (minutes: Int) in
        print("Hawaiian Pizza is cooked in \(minutes) minutes.")
}
```

→ 解答請見第 140 頁。

重點提示

- 閉包是一個區塊的程式碼，你可以當作變數傳遞和使用。
- 閉包可以有任意數量的參數，當然也可以完全沒有參數。
- 每個閉包及其擁有的參數都會有自己的型態。
- 當你想在特定時間執行某個程式碼，閉包就特別好用，例如，當某件事完成之後才執行某個程式碼，或是將做某件事的一段程式碼當作變數傳遞，再用於不同的程式環境中。
- 閉包大部分的功能都與函式一樣。

我或許不能當個程式設計人員，
但就我看來，你之前製作的披薩
訂購系統裡，部分程式碼應該能
替換成閉包，不是嗎？

閉包可以作為參數。

之前學習函式的時候，你寫過一個 order 函式，接受一個 String 型態的參數，參數名稱為 pizza，然後會回傳一個函式，這個函式的型態是 `()->Pizza`，其中 `Pizza` 是 `String` 型態的別名（`typealias`）。

這位觀察敏銳的主廚沒有說錯：我們確實能利用閉包來製作一組類似的功能。order 函式最初的樣子如下：

```
func order(pizza: () -> Void) {
    print("# Ready to order pizza! #")
    pizza()
    print("# Order for pizza placed! #")
}
```

將每種披薩都定義成一個閉包，夏威夷披薩定義如下：

```
let hawaiianPizza = {
    print("One Hawaiian Pizza, coming up!")
    print("Hawaiian pizza is cheese, ham, & pineapple.")
}
```

訂購夏威夷披薩的程式碼如下：

```
order(pizza: hawaiianPizza)
```

你認為這行程式碼會印出什麼內容？

上面已經寫過夏威夷披薩的閉包程式碼，你覺得起司披薩（Cheese）和原味披薩（Plain）的閉包程式碼會是什麼樣子？請回頭看看上一章第 120 頁「函式型態也能作為參數型態」一節的內容，裡面有主廚的披薩食譜，請將每一種披薩都寫成一個閉包，然後把完成的閉包程式碼傳給 order 函式，進行測試。

等一下，那我可以把帶有參數的閉包當作參數使用嗎？

帶有參數的閉包本身也能作為參數使用。

把閉包當作參數時，要搞清楚如何使用已經有點繁瑣了，現在還要把帶有參數的閉包當作其他程式碼的參數使用，這下你會覺得更難懂了吧。

不過，別擔心，打開某個東西時，剛開始都會覺得有點混亂，之後你就會了解。

閉包沒有什麼神奇之處，或許名稱聽起來很嚇人，但骨子裡其實就只是函式而已。既然你已經知道如何把函式當作參數傳遞，閉包的做法也是一樣，因為閉包就是函式！

削尖你的鉛筆 解答

題目請見第 138 頁。

A `(String, Int) -> String`

B `(String, Int) -> String`

C `(String) -> Void`

D `(Int) -> Void`

認真寫程式

讓我們一起來試試更多的閉包和參數。理解閉包或許有點棘手，但這個觀念經常會出現在 Swift 世界裡。

請思考以下這個函式：

函式名稱為performWithPiano。

函式接受閉包作為參數，閉包指向 song。

```
func performWithPiano(song: (String) -> String) {
    var performance = song("Piano")
    print(performance)
}
```

這個閉包接受一個 String 型態的參數，回傳值也是 String 型態。

假設有一個名稱為 neverGonnaGiveYouUp 的閉包，滿足這個條件，接受一個 String 型態的參數，回傳一個 String 型態的值，然後以下列方式呼叫 performWithPiano：

```
performWithPiano(song: neverGonnaGiveYouUp)
```

```
'Never Gonna Give You Up' on Piano
```

要符合這個條件，還要讓 performWithPiano 函式印出正確的輸出內容，請問閉包 neverGonnaGiveYouUp 的程式碼可能會怎麼寫？

我們已經先幫你起個頭，請自行在 Playground 裡完成這個閉包的程式碼，並且進行測試。

```
var neverGonnaGiveYouUp = {
```

等這個閉包可以運作之後，請試著為參數 song 創另一個不同的閉包。

很好…那麼，我們現在可以改寫披薩訂購系統的程式碼，利用閉包…修改披薩嗎？

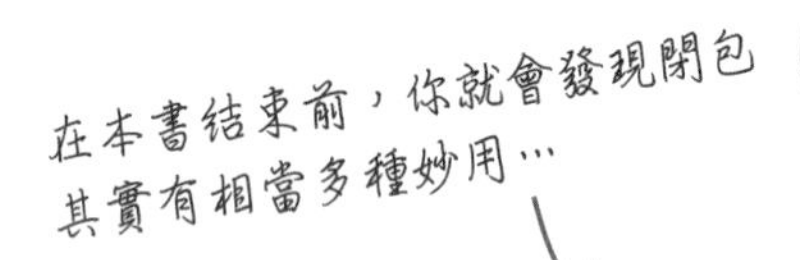

當然可以！這就是閉包的妙用之所在。

我們在前面實作過一個 order 函式，以閉包作為參數。現在我們要修改這個函式，以自身帶有參數的閉包作為參數。

修改後的 order 函式如下所示：

函式接受顧客名稱作為參數，型態為 String。

使用括號指示閉包的參數型態。

```
func order(customer: String, pizza: (Int) -> String){
        // 訂購披薩
}
```

還有一個參數是披薩種類，這個參數是閉包，接受 Int 型態，回傳 String 型態。

order 函式能利用閉包做什麼，完全取決於閉包。這個函式的參數 pizza 可以接受任何類型的閉包，只要這個閉包是以一個整數為參數，回傳一個字串型態的值。

我們假想 pizza 閉包的運作方式會是，整數型態的參數是用於指定披薩數量，回傳字串型態的值則是確認訂購披薩的詳細資訊，包括訂購種類和數量（但也可以是任何內容）。

閉包是一個漂亮又乾淨的功能箱，其力量在於更換箱子：對於表示某種特定披薩的閉包，order 函式不需要關心它的運作方式，因此，如果主廚將來開發出一種非常複雜的披薩（主廚永遠都在開發新食譜），我們只要再寫一個新的閉包來處理這個披薩的食譜。

pizza 閉包需要做的就只是接受一個整數參數，回傳一個字串值。

萬一你已經忘記的話，就是指 (Int) -> String 這個部分…

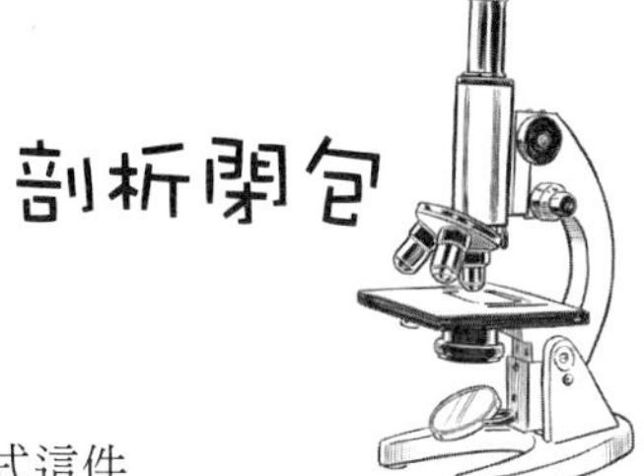

閉包表達式

閉包表達式是以簡單、直覺的方式表達（只是以比較炫的語氣來說「寫」程式這件事）閉包，通常使用內聯語法：

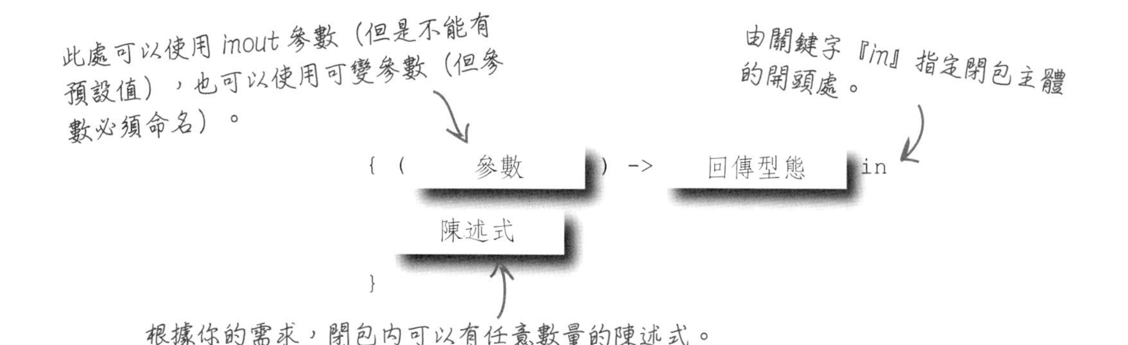

尾隨閉包

如果閉包是函式（或另一個閉包）最後一個或唯一的參數，就能使用尾隨閉包（*trailing closure*）語法來傳入閉包。

例如，假設你有一個像以下這樣的函式，閉包是這個函式最後一個或唯一的參數：

```
func saySomething(thing: () -> Void)
{
        thing()
}
```

使用尾隨閉包語法來傳入閉包，如以下所示：

```
saySomething {
        print("Hello!")
}
```

之所以會稱為尾隨閉包，是因為閉包的內容就跟隨在函式後面。閉包雖然寫在函式呼叫的括號後面，但是對函式來說，這個閉包仍舊是引數。

如果你不想使用尾隨閉包語法，就必須改用下列寫法：

```
saySomething(thing: {
        print("Hello!")
})
```

基本上就只是一個漂亮、乾淨的語法！

歸結成某些有用的內容

問題

我們想寫點程式碼，目的是接受一組整數陣列，然後歸結成一個整數，我們還希望能改變歸結數字的方式。

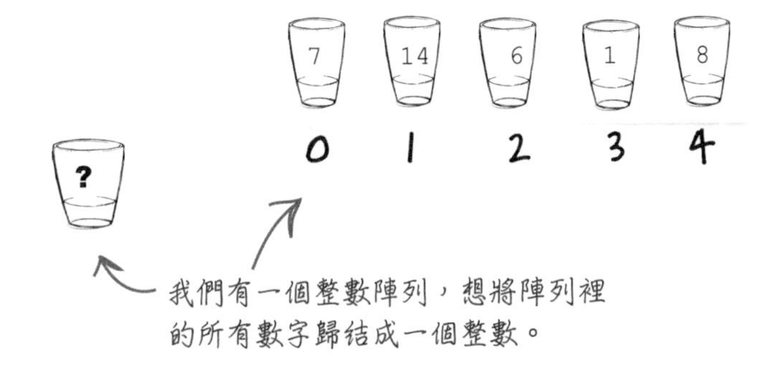

解決方案

我們可以寫一個特殊函式，接受一組整數陣列，然後回傳一個整數，以及為每次希望執行的操作建立一個函式：一個函式是用於將所有整數相乘，創造出最後的數字；一個函式是用於相加等等。

或者我們也可以使用閉包。

❶ 建立函式來操作陣列

第一個參數是一個整數陣列。

第二個參數型態是閉包（或函式），其接受兩個整數參數，並且回傳一個整數。

```
func operateOn(_ array: [Int], operation: (Int, Int) -> Int) -> Int
{
        // 程式碼會寫在這裡
}
```

函式本身會回傳一個整數。

❷ 實作函式

```
func operateOn(_ array: [Int], using operation: (Int, Int) -> Int) -> Int {
    var cur = array[0]

    for item in array[1...] {
        cur = operation(cur, item)
    }

    return cur
}
```

儲存從陣列傳進來的第一個元素。

從下一個元素開始遍巡讀取陣列，然後透過已經傳入函式的 operation 閉包，將傳進閉包的目前數字加上陣列每次遍巡讀取出來的項目，再將總和更新為目前數字的值。

回傳目前數字的值。

精簡閉包

❸ 創一個測試陣列

```
let numbers = [7, 14, 6, 1, 8]
```

❹ 測試函式

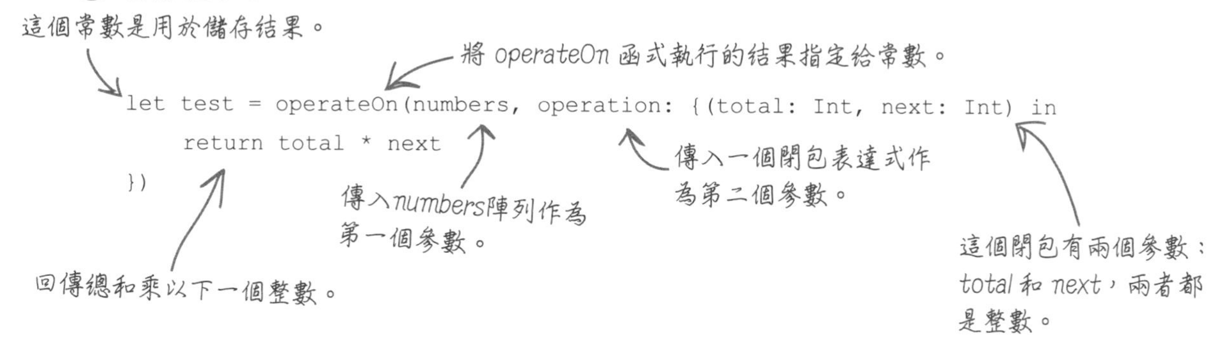


```
let test = operateOn(numbers, operation: {(total: Int, next: Int) in
    return total * next
})
```

❺ 確認結果

```
print(test)
```

Swift 運算子其實是函式！這表示如果我們想精簡使用 operateOn 函式的陣列，並且將陣列的所有元素相加，事實上可以只提供 Swift 內建的「+」運算子，就像以下這樣的寫法：

```
let sumResult = operateOn(numbers, operation: +)
```

也試試看 *（乘）、-（減）和 /（除）！

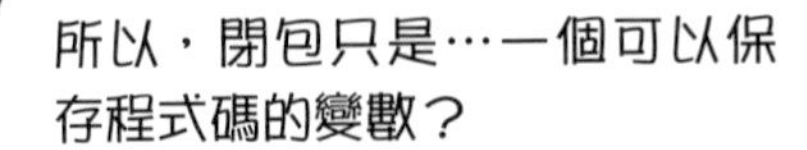

完全正確。

既然你已經對儲存整數、浮點數、字串、布林值、Dictionary 集合和陣列相當熟悉，閉包對你來說不過是另一種資料型態。

閉包就是一個用於儲存程式碼的變數（或常數），毫無神秘之處：

```
var myNumber = 100
```

這也不是什麼高深莫測的程式碼：

```
let myClosure = {
    print("Hello!")
}
```

這只是一個閉包。

腦力激盪

之前的做法是將閉包表達式傳給 operateOn 函式，現在請改創一個閉包，將這個閉包指定給一個變數，再將變數傳給函式。

你創的閉包應該要計算所有數字的總和，也就是將陣列中的一堆整數縮減到剩下一個數字，我們的範例是將所有數字相加在一起，得到一個總和的數字。

請執行像以下這樣的程式碼來測試你寫的閉包（此處假設閉包名稱為 sumClosure）：

```
let sumTest = operateOn(numbers, operation: sumClosure)
```

我們承認，「閉包」這個名字確實很怪。

之所以會用閉包（closure）這個名稱，是因為他們能捕獲或是封閉自身作用範圍外的變數。

假設你創了一個整數變數，如下所示：

```
var count = 5
```

隨即再創一個像這樣的閉包：

```
let incrementer = {
    count +=1
}
```

閉包讓變數 count 值遞增，這項操作完全沒有問題，因為變數 count 和閉包 incrementer 兩者都是建立在同一個作用範圍內。

不管是在閉包內還是閉包外，改變 count 值的結果都一樣，因為閉包 incrementer 已經捕獲到變數 count，或者說是將變數 count 封閉進來。

腦力激盪

你懷疑變數 count 的值真的會相等嗎？請在 Playground 裡撰寫上面的程式碼，然後連續呼叫閉包 incrementer 十次。

捕獲封閉作用範圍內的值

= 超級好用

基於閉包這種行為特性，我們可以用來製作有用的程式，像是以下這個計數函式：

函式名稱是 counter，這個函式沒有參數。

回傳一個閉包，這個回傳的閉包沒有參數，但會回傳一個整數。

```
func counter() -> () -> Int {
    var count = 0
    let incrementer: () -> Int = {
        count += 1
        return count
    }
    return incrementer
}
```

每次呼叫閉包，回傳時會將閉包內部的變數 count 加 1。

每次呼叫函式整體，就會得到一個不同的計數器。

實作完這個函式後，使用方式如下：

```
let myCounter = counter()
myCounter()      1
myCounter()      2
myCounter()      3
```

你可以單獨使用任意數量的計數器！

腦力激盪

建立另一個計數器：

```
let secondCounter = counter()
```

將原來的計數器多加幾次：

```
myCounter()
myCounter()
myCounter()
```

如果你增加第二個計數器的次數，會發生什麼？

閉包傳入函式之後，還能從該函式逃逸。

如果閉包存活的時間比呼叫閉包的函式還長，這種閉包就稱為**逃逸閉包**（**escaping closure**），也就是逃離函式，懂了嗎？

更簡單的說法是：如果閉包傳入的函式是在函式回傳之後才呼叫閉包，這種閉包就是**逃逸閉包**。

標記逃逸閉包的方法是在參數型態前加上關鍵字「`@escaping`」，讓 Swift 允許這個閉包脫離函式的邊界。

最常見的做法是，儲存逃逸閉包的變數是定義在函式作用範圍外。

即使儲存閉包的變數是定義在函式外部，參數還是需要使用關鍵字「@escaping」。

誰會先出現，函式還是閉包？

有時真的很難搞清楚某些事情發生的先後順序，尤其是牽涉到閉包（當閉包逃逸時，情況會更麻煩）。

現在該大聲請出我們親愛的朋友——**特意設計的範例**！

❶

在我們特意設計的範例裡，出場的角色包含一個閉包陣列和一個函式，這個函式唯一的參數是逃逸閉包，型態為 `() -> Void`。

❷

呼叫函式時會印出訊息，表示函式被呼叫了，再將傳入函式的閉包新增到閉包陣列裡，執行閉包，然後回傳。

接著在呼叫函式的時候，將閉包傳入函式：在這個情況裡，會由一個尾隨閉包印出訊息，表示閉包被呼叫了。

❸

覺得困惑嗎？讓我們更詳細地看一次這些步驟。

逃逸閉包：特意設計的範例

❶ 閉包陣列

```
var closures:[()->()] = []
```

這個陣列用於儲存閉包。

❷ 函式

使用關鍵字『@escaping』，標記這個閉包會從函式逃逸。

```
func callEscaping(closure: @escaping () -> Void) {
    print("callEscaping() function called!")
    closures.append(closure)
    closure()
    return
}
```

傳入函式的閉包會儲存在外部函式定義的陣列裡。

因此，閉包需要逃離這個函式。

❸ 呼叫函式

```
callEscaping {
    print("closure called")
}
```

使用尾隨閉包語法，將閉包傳給 callEscaping 函式。

這個閉包沒有什麼功能，只會在呼叫閉包時印出訊息。

削尖你的鉛筆

如果將以上這個 Swift 逃逸閉包的程式碼全寫到 Playground 裡，你認為程式會輸出什麼結果？

A

```
callEscaping() function was called!
closure called!
```

B

```
closure called!
callEscaping() function was called!
```

你認為發生這個情況的原因是什麼？這究竟是怎麼回事？

提示：閉包並沒有任何神奇之處，所以只要你耐心仔細追蹤程式，就會得到正確答案，下一頁會討論發生這個情況的原委。

我的員工在烹調餐點時，有時會忘記接下來要做什麼，看來閉包能在這個情況上幫點忙…

閉包能成為很棒的完成處理程式。

完成處理程式（completion handler）一詞是指，當其他程式碼（通常是函式或閉包）完成任務時呼叫的某個程式碼（通常也是函式或閉包）。

那麼，假設你手邊有一個 `cookPizza` 函式，你希望披薩完成後要外送給顧客，你可以這麼做：

```
func cookPizza(completion: () -> ()) {
    print("The pizza is cooking!")
    print("The pizza is cooked!")
    completion()
    print("Pizza cooked & everything is done.")
}
```

然後定義一個閉包作為完成處理程式（提供披薩餐點給顧客）：

```
var servePizza = {
    print("Delivered pizza to the customer!")
}
```

要改變烹調完成之後發生的動作也很容易（也就是將原本提供披薩給顧客的動作，改成裝盒外送）：

```
cookPizza(completion: servePizza)
```

還可以利用尾隨閉包語法來做一些全新的事！

答案是 A。函式會先列印本身的訊息，再來才是呼叫閉包的訊息。似乎很直覺的事，Swift 背後卻需要大量的運作原理，以確保一切運作正常。

因為閉包陣列 `closures` 是建立在 `callEscaping` 函式外，所以閉包必須從 `callEscaping` 函式內逃逸才能儲存在陣列裡。

完成處理程式背後的運作原理，其執行步驟類似以下程式碼：

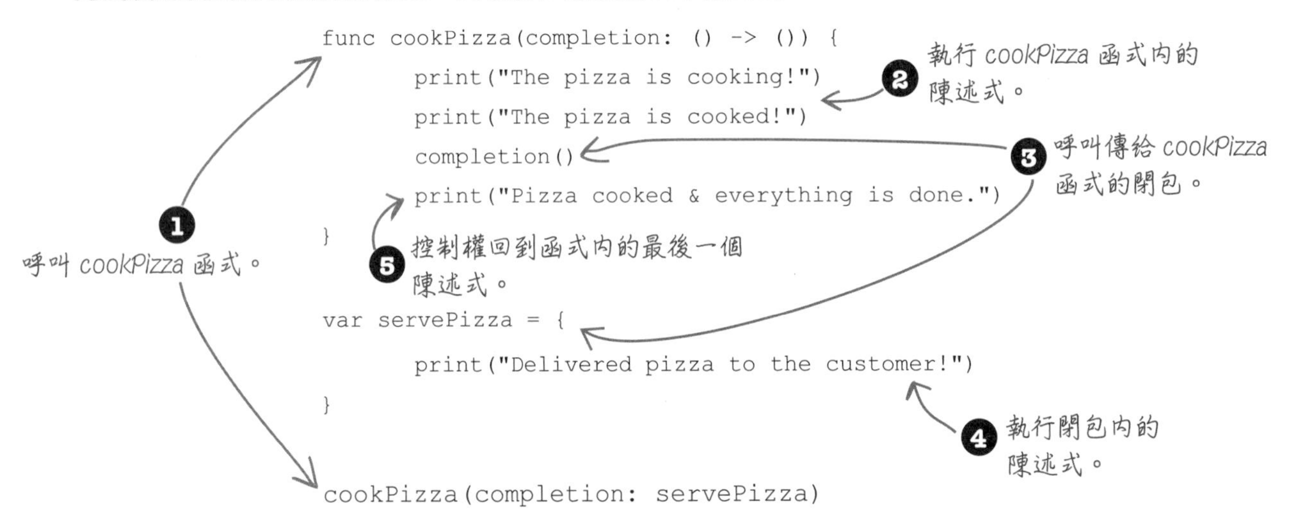

閉包屬於引用型態。

本書必須指出閉包屬於引用型態，我們認為這一點很重要。

因此，如果你創了一個閉包：

```
var myClosure = {
        print("Amazing!")
    }
```

然後將閉包指定給另一個變數：

```
var coolClosure = myClosure
```

如此一來，coolClosure 和 myClosure 都會指向同一個閉包。

自動閉包提供靈活性

情況

你手上已經有一個提供披薩的函式，這個函式接受兩個參數，一個是 Bool 型態，表示披薩是否應該裝盒，另一個是 String 型態，表示披薩名稱：

```
func servePizza(box: Bool, pizza: String) {
    if box {
        print("Boxing the pizza '\(pizza)'")
    } else {
        print("We're all done.")
    }
}
```

這個函式相當直覺，而且容易呼叫：

```
servePizza(box: true, pizza: "Hawaiian")
```

你還有另外一個函式，表示隨機的披薩名稱，回傳 String 型態的字串值，如下所示：

```
func nextPizza() -> String {
    return "Hawaiian"
}
```

在呼叫 servePizza 函式時使用上述函式：

```
servePizza(box: true, pizza: nextPizza())
```

但是，萬一披薩並沒有裝盒，以下這個呼叫會發生什麼結果？

```
servePizza(box: false, pizza: nextPizza())
```

問題

問題出在，就算你其實不需要呼叫 nextPizza，但是就像這個範例發生的情況一樣，不管怎樣都會呼叫 nextPizza，這是浪費程式資源，我們可以利用閉包修正這個問題。假設我們更新函式定義如下：

```
func servePizza(box: Bool, pizza: () -> String)
```

以下呼叫 servePizza() 的程式碼完全無法編譯，因為參數 pizza 是只能回傳字串的閉包（但呼叫 nextPizza() 會回傳 String 型態的值）：

```
servePizza(), pizza, nextPizza(), String
```

這個程式碼現在無法編譯！

…而且，我們顯然不能只是傳一個 String 型態的值。

```
String
```

解決方案

解決方案是自動閉包！只要為參數加上「`@autoclosure`」屬性，就能完全避免這個問題。假設我們更新函式定義如下：

```
func servePizza(box: Bool, pizza: @autoclosure () -> String)
```

現在可以傳任何內容給函式，只要這個內容會產生 String 型態的值：

```
servePizza(box: true, pizza: nextPizza())
servePizza(box: false, pizza: "Vegetarian")
servePizza(box: true, pizza: "Meaty Meat Surprise")
```

完全正確，自動閉包會將表達式轉換成閉包。

你寫的表達式程式碼不是閉包，但會透過這個機制變成閉包，讓你能任意組合與搭配手上正在進行的事，提高程式靈活性。

其實你不太可能會經常用到自動閉包。

如果其他人也會用到你寫的程式碼，在這種情況下，自動閉包的功用真的很強大，擅長讓各種設定面面俱到，但如果過度使用，反而會降低程式碼的閱讀性。所以，請小心謹慎使用自動閉包！

你說服我了，很好，我還能用閉包做什麼？

處理網路行為、使用者介面和需要計時的複雜行為時，閉包就顯得十分重要。

後續會有幾章帶你深入學習使用者介面，但在這之前，重要的是你要先掌握閉包的基礎知識。

最後我們要再帶你看一個閉包好用的地方（至少這是你在本章中利用閉包做的最後一件事），就是幫集合排序。

假設有一個數字陣列如下：

```
var numbers = [1, 5, 2, 3, 7, 4, 6, 9, 8]
```

…你可以使用閉包，幫這個陣列排序！

Swift 集合型態支援的 sort(by:) 方法，以閉包作為參數。由於 Swift 的運算子其實就是函式，你只要根據需求把 < 或 > 傳給這個方法：

```
numbers.sort(by: <)
numbers.sort(by: >)
```

但是，你也可以把自己寫的內聯閉包傳給 sort(by:) 方法：

```
numbers.sort(by: { a, b in
      return a < b
})
```

這兩行程式碼做的事情一樣。

腦力激盪

請創一個新的閉包來排序 numbers 陣列，新閉包定義如下：

```
let sortClosure = { (a: Int, b: Int) -> Bool in

}
```

請將你的排序邏輯寫在這裡，而且需要回傳一個布林值。

請利用自訂的排序閉包，幫 numbers 陣列排序（或是幫某個新創的 numbers 陣列排序），然後觀察看看這些你能選擇的不同做法會發揮什麼樣的作用。你還可以利用以下這種寫法，將自訂的排序閉包傳給 sort(by:) 方法（取代之前使用閉包表達式的做法）：

```
numbers.sort(by: sortClosure)
```

引數名稱縮寫

使用內聯閉包時可以省略引數名稱，程式碼可以利用 $0、$1、$2、$3 等等縮寫來引用值。所以，前一頁排序範例中的 numbers 陣列傳入內聯閉包時，其實可以使用引數名稱縮寫，如下所示：

```
numbers.sort(by: { $0 < $1 } )
```

關鍵字「in」也可以省略。

連連看？

請將下列閉包相關術語與其說明進行配對。你應該熟悉所有術語，如果遇到問題，請確認解答或是回頭瀏覽前面幾頁的內容。

自動閉包	可以被傳遞的獨立程式碼區塊
完成處理程式	當閉包是最後一個或唯一的參數時，在呼叫函式的括號後，將函式作為引數傳遞
函式型態	完成其他工作（通常是函式）後會呼叫的某個程式碼（通常是閉包）
閉包表達式	閉包從周圍上下文捕獲的常數或變數
捕獲值	內聯閉包以數字（例如，$0 和 $1）引用第一個、第二個（以此類推）引數
逃逸閉包	函式或閉包的型態定義，表示參數型態和回傳型態
尾隨閉包	一個簡單的語法，用於寫內聯閉包
引數名稱縮寫	函式回傳後才呼叫（或持續存在）的閉包
自動指定回傳	從表達式自動建立的閉包
閉包	省略表達式閉包的「return」關鍵字
非逃逸閉包	不能在使用函式外部呼叫的閉包

解答請見第 160 頁。

「閉包」填字遊戲

拿這個填字遊戲測試看看你對閉包的熱情吧，這個遊戲封閉了（你懂這個梗吧？）本章介紹的觀念。

中文提示（橫向）

1. 這個關鍵字用於標記閉包的參數清單已經結束。
2. 指定給變數或常數的函式。
3. 當一個閉包傳入函式後，其存活的時間比函式長時，就稱為 _____ 閉包。
7. 閉包可以是 _____ 值，就與函式一樣。
9. 閉包可以 _____ 來自封閉範圍的變數。
10. 閉包是一種 _____ 類型，而非值的類型。
11. 從閉包表達式自動建立的閉包。
13. ______ 處理程式對閉包很有用。

中文提示（縱向）

1. 「______return」（自動指定回傳）表示在只有一個表達式的閉包裡，可以省略關鍵字「return」。
4. 一個閉包可以作為另一個閉包（或函式）的 _______ 。
5. 使用「______ argument name」（引數名稱縮寫），能以數字引用閉包引數。
6. 與變數一樣，閉包也有 ____ 。
8. 閉包 _______ 是簡單的內聯閉包語法。
12. 當閉包是函式最後一個或唯一一個參數時，就稱為 ______ 閉包。

解答請見第 159 頁。

冥想時間 —— 我是 Swift 編譯器

本頁的每段程式碼都表示某個閉包，你的工作是扮演 Swift 編譯器，判斷此處的每一段程式碼是否有效。

A

```
var createPizza(for name: String) = {
      print("This pizza is for: \(name)")
}
createPizza(for: "Bob")
```

B

```
var deliverPizza() {
      print("The pizza is delivered!")
}
```

C

```
let cookPizza = {
      print("The pizza is cooking!")
}
cookPizza()
```

D

```
let boxPizza = {
      print("The pizza is in the box!")
}
boxPizza()
```

E

```
eatPizza = {
      print("Now eating!")
}
```

F

```
let pizzaHawaiian {
      print("Delicious pineapple on it!")
}
pizzaHawaiian()
```

G

```
eatPizza: String = {
      print("Now eating!")
}
```

H

```
var slicePizza = {
      print("Slicing into 8 pieces.")
}
slicepizza()
```

I

```
let garlicBread() = {
      print("Making garlic bread!")
}
upgrade()
```

解答請見第 160 頁。

「閉包」填字遊戲解答

提示請見第 157 頁。

連連看解答

題目請見第 156 頁。

自動閉包

完成處理程式

函式型態

閉包表達式

捕獲值

逃逸閉包

尾隨閉包

引數名稱縮寫

自動指定回傳

閉包

非逃逸閉包

可以被傳遞的獨立程式碼區塊

當閉包是最後一個或唯一的參數時，在呼叫函式的括號後，將函式作為引數傳遞

完成其他工作（通常是函式）後會呼叫的某個程式碼（通常是閉包）

閉包從周圍上下文捕獲的常數或變數

內聯閉包以數字（例如，$0 和 $1）引用第一個、第二個（以此類推）引數

函式或閉包的型態定義，表示參數型態和回傳型態

一個簡單的語法，用於寫內聯閉包

函式回傳後才呼叫（或持續存在）的閉包

從表達式自動建立的閉包

省略表達式閉包的「return」關鍵字

不能在使用函式外部呼叫的閉包

冥想時間——我是 Swift 編譯器解答

題目請見第 158 頁。

A 不可行，B 不可行，C 可行，D 可行，E 不可行，F 不可行，G 不可行，H 可行，I 不可行。

6 結構、屬性和方法

超越自訂型態

處理資料時通常會牽涉到定義自己需要的資料類型。 Swift 裡的**結構**（**structure**，通常縮寫成關鍵字「structs」）允許使用者**組合其他型態**，創造出**自訂的資料型態**，就與 String 和 Int 這類的資料型態一樣。利用結構表示 Swift 程式碼正在處理的資料，讓你有機會能退一步思考，這些通過程式碼的資料究竟是如何相輔相成。**結構能儲存變數、常數和函式**；在結構裡，前兩項稱為**屬性**，最後一項則稱為**方法**。讓我們一起來為你的 Swift 世界增添一些結構，進而深入了解。

一直以來我們已經製作了大量的披薩！是否可能製作某種用途更廣的 Pizza 型態來定義披薩，用於取代 String 型態？

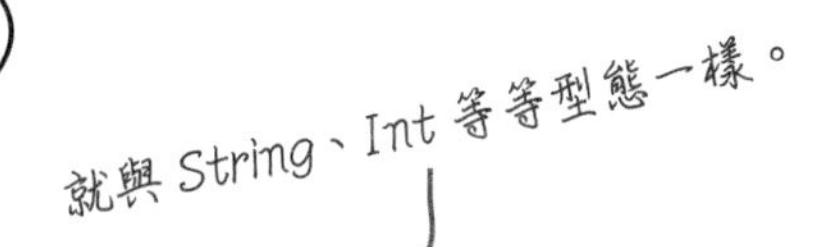

你可以在 Swift 程式中創造自己的型態。

最常見的做法是利用一種稱為結構（structure，或是簡稱為 **struct**）的功能。如果你已經用過其他程式語言，或許會對這種說法感到驚訝，因為在其他程式語言裡，很多人常常會卡在 ClassY 結構的方法裡。

結構提供了驚人的力量，可以將變數、常數和函式全都一口氣放進自己選擇的型態裡！

以下是一個以 Pizza 型態定義而成的結構：

```
struct Pizza {
    var name: String
}
```

結構內部的變數稱為屬性。

定義 Pizza 結構之後，就能以下列方法創一個 Pizza 結構的**實體**（**instance**）：

```
var myPizza = Pizza(name: "Hawaiian")
```

以下列方法取得（和印出）Pizza 結構的 `name` 屬性（String 型態）：

```
print(myPizza.name)
```

因為 `name` 屬性是一個變數，所以操作屬性的方法與其他變數一樣：

```
myPizza.name = "Meatlovers"
print(myPizza.name)
```

這個披薩的 name 屬性值現在是 "Meatlovers"。

name 屬性其實沒有改變，除了新的屬性值，其餘都是複製原本的結構，但最終結果就是屬性改變了。

一起來讓披薩展現風采吧…

主廚在上一頁裡提出一個很棒的觀點：幫披薩設定**型態**，這真的很有用，如此一來，我們就不必再一直使用字串來表示這些披薩。

結構是屬性和方法的集合。非常巧合的是，我們也可以將披薩表示為屬性和方法的集合。

表示一個披薩時，我們需要哪些屬性和方法？請先將披薩視為一個整體概念，而不是與某個人訂購的特定披薩聯想在一起（所以訂單大小現在並不重要）。

Pizza 結構

披薩具有名字，例如，「Hawaiian」（夏威夷）。

```
struct Pizza {
    var name: String
    var ingredients: [String] = []
}
```

披薩具有很多材料。

變數 name 和 ingredients 稱為儲存屬性，因為它們是結構用於表示資料的屬性。另一種屬性則稱為計算屬性，會執行一些程式碼來取得屬性值，而非單純儲存屬性值。

削尖你的鉛筆

你搞清楚了嗎？上面這個新的 Pizza 結構要怎麼創一個實體呢？前一頁的 Pizza 結構只有披薩名稱一個屬性，但新的結構還多接受了一個字串陣列作為材料屬性。

如果以新的 Pizza 結構創一個實體，然後初始化為名稱是 Hawaiian 的披薩（材料有 Cheese、Pineapple、Ham 和 Pizza Sauce），其陳述式該怎麼寫？

若要初始化為名稱是 Vegetarian Special 的披薩（材料有 Cheese、Avocado、Sundried Tomato 和 Basil），其陳述式該怎麼寫？

若要初始化為名稱是 BBQ Chicken 的披薩（材料有 Chicken、Cheese、BBQ Sauce 和 Pineapple），其陳述式又該怎麼寫？

解答請見第 165 頁。

等一下…Swift 怎麼知道要如何對 Pizza 結構進行初始化？在我看來，把值傳入結構屬性，看起來就與呼叫函式的做法一樣…

初始化函式是讓你新創某個東西的實體。

Swift 結構搭載了一個幫你整合所有成員的初始化函式。

初始化函式（**memberwise initializer**）是存在 Swift 結構裡的特別類型函式，之所以稱為初始化函式，是因為當你新創一個結構實體後，這個函式會幫你做初始化的動作。

利用這種所有成員面向的初始化函式來建立結構實體，其實是幫你整合並且接收結構裡所有的屬性值（這些屬性也會組成參數標籤）。

整合用在這裡只是表示會幫你自動建立。

假設你有一個 Pizza 結構，其下有三個屬性：

```
struct Pizza {
    var name: String
    var ingredients: [String]
    var dessertPizza: Bool
}
```

初始化函式**需要**這三個參數 —— name、ingredients 和 dessertPizza：

```
var rockyRoadPizza = Pizza(name: "Rocky Road",
                           ingredients: ["Marshmallows",
                                         "Peanuts", "Chocolate",
                                         "Sugar"],
                           dessertPizza: true)
```

但是，如果你有為結構裡的任何屬性提供**預設值**，這個整合過的初始化函式也會知道你是否要提供這個選擇：

```
struct Pizza {
    var name: String
    var ingredients: [String]
    var dessertPizza: Bool = false
}
```

Bool 型態的 dessertPizza 屬性提供預設值為 false，是因為大部分的披薩可能都不是甜點披薩，所以在最典型的情況下，這樣能減少建立新披薩時需要輸入的資料。

然後你可以像下列這兩行程式一樣，以提供和不提供參數兩種方式來新增一個結構實體：

```
var cheesePizza = Pizza(name: "Cheese", ingredients: ["Cheese"])
var candyPizza = Pizza(name: "Candy",
                       ingredients: ["Gummie Bears", "Nerds"],
                       dessertPizza: true)
```

重點提示

- 結構允許你在 Swift 程式裡自創型態。
- 結構內可以包含其他型態的變數和常數，當變數或常數出現在結構內就稱為屬性，因為是結構表示資料的屬性。
- 結構搭載了一個幫你自動整合所有成員的初始化函式，允許你傳入結構屬性值，建立結構實體。
- 屬性可以在結構的定義中提供預設值，也就是說自動整合初始化函式時不需要屬性值。

削尖你的鉛筆 解答

題目請見第 163 頁。

利用本書的 Pizza 結構建立實體，必須呼叫自動產生的初始化函式，將正確型態的值傳給每個命名屬性。此處建立的披薩名稱是 Hawaiian，材料有 Cheese、Pineapple、Ham 和 Pizza Sauce。Pizza 結構需要一個名稱字串和一個材料的字串陣列。

```
var hawaiianPizza =
      Pizza(name: "Hawaiian",
            ingredients: ["Cheese", "Pineapple", "Ham", "Pizza Sauce"])
```

以下程式碼是建立 Vegetarian Special 披薩的實體，材料有 Cheese、Avocado、Sundried Tomato 和 Basil：

```
var vegetarianSpecialPizza =
      Pizza(name: "Vegetarian Special",
            ingredients: ["Cheese", "Avocado", "Sundried Tomato", "Basil"])
```

以下程式碼則是建立 BBQ Chicken 披薩的實體，材料有 Chicken、Cheese、BBQ Sauce 和 Pineapple：

```
var bbqChickenPizza =
      Pizza(name: "BBQ Chicken",
            ingredients: ["Chicken", "Cheese", "BBQ Sauce", "Pineapple"])
```

深入探究…

在 Swift 程式裡，某個內容可能是值型態也可能是引用型態。

結構屬於**值型態**，這表示如果你將結構指定給另一個變數或常數時，是**建立目前這個值的副本**，而**非**引用原始值。

以前面內容出現過的 Rocky Road 為例：

```
var rockyRoadPizza =
        Pizza(name: "Rocky Road",
        ingredients: ["Marshmallows", "Peanuts",
                      "Chocolate", "Sugar"],
        dessertPizza: true)
```

接著將這個變數**指定**給一個新變數：

```
var anotherRockyRoadPizza = rockyRoadPizza
```

然後修改這個變數：

```
anotherRockyRoadPizza.name = "Fury Road"
```

結構屬於值型態，值型態是在指定變數時複製實體。

最後會得到**兩個不同的 Pizza 實體**，一個是將 name 屬性設定為 Fury Road，另一個則是將 name 屬性設定為 Rocky Road。

使用以下 print 陳述式可以確認這兩個實體的 name 屬性值：

```
print(rockyRoadPizza.name)
print(anotherRockyRoadPizza.name)
```

值型態的每個實體都會保有一份獨一無二的資料副本。

發生指定、初始化或傳遞引數的情況時，值型態會複製自身的資料。Swift 內建的資料型態大多屬於值型態，因為在多數情況下，這是以結構實作資料型態時產生的副作用：陣列、String、Dictionary 集合、Int 等等都是以結構實作而成，全都是值型態。

引用型態則是共享指定的資料實體，而且可以讓多個變數指向同一個資料實體。雖然你尚未遇到引用型態，不過本書很快就會談到。**結構永遠都是值型態。**

這或許不只是一個夢而已！
如果我能建立自己的初始化函式就好了，這樣我在建置自己想要的結構化資料型態時，應該會非常有用…但這終究只是癡人說夢。

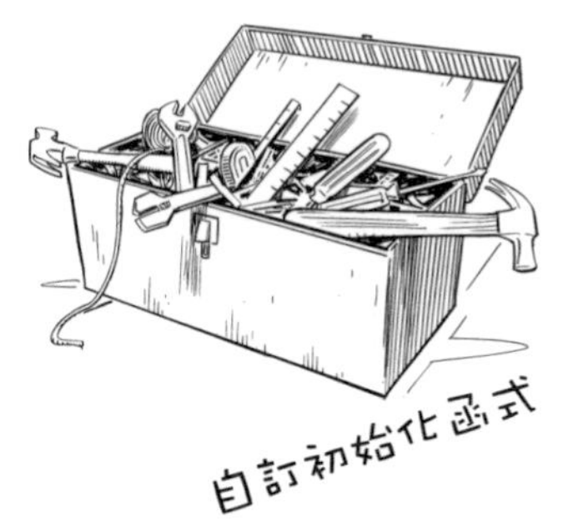

如果你想在 Swift 裡自訂初始化函式，真的非常簡單。

在 Swift 裡，很輕鬆就能換成自己寫的整合初始化函式。製作方法與函式非常類似，只不過這個自訂函式沒有名字，而且函式開頭要加上關鍵字「**init**」而非關鍵字「func」。

所以，如果你希望所有披薩在建立之初都預設為 Cheese，程式碼寫法如下：

```
struct Pizza {
    var name: String
    var ingredients: [String]
    var dessertPizza: Bool

    init() {
        name = "Cheese"
        ingredients = ["Cheese"]
        dessertPizza = false
    }
}
```

這個語法與建立函式一樣。由於此處建立的初始化函式不需要接受任何參數，所以不會傳入參數。

初始化函式結束時，必須確定結構的所有屬性都有一個初始值。

之後建立新的 Pizza 結構實體時，不需要傳入任何參數值：

```
var pizza = Pizza()
```

由於初始化函式已經為每個屬性值提供初始值，所以此後建立的所有 Pizza 結構實體都不會（也不能）接受參數，最初一定是 Cheese 披薩。

自訂初始化函式之後，就不能再使用 Swift 內建的整合初始化函式。

你自創的初始化函式會取代 Swift 提供的整合初始化函式，這表示之後你在建立 Pizza 結構實體時，不能指定披薩名稱、材料清單和是否為甜點披薩的狀態。所有披薩在新創之初都是 Cheese 披薩，毫無選擇可言。

不過，因為 Pizza 結構的屬性是變數，你當然可以在之後更新這些屬性的值：

```
pizza.name = "Margherita"
pizza.ingredients.append("Tomato")
```

初始化函式的行為就與函式一樣

大部分函式能做的事，初始化函式也能做到。根據你的需要，初始化函式可以接收參數，也能設定屬性。

以下這個初始化函式複製了先前使用的整合初始化函式的功能：

```
struct Pizza {
    var name: String
    var ingredients: [String]
    var dessertPizza: Bool

    init(name: String, ingredients: [String], dessertPizza: Bool) {
        self.name = name
        self.ingredients = ingredients
        self.dessertPizza = dessertPizza
    }
}
```

腦力激盪

主廚原本堅持他們的披薩店只賣披薩，但聽説一家披薩連鎖店「Pizza Yurt」正在迅速展店，所以有些憂心，正考慮擴展店內品項，也提供大蒜麵包。

主廚一直都很關心你寫的 Swift 程式，而且知道你已經在實作結構方面有重大突破，表示你可以提供新產品「大蒜麵包」：

```
struct GarlicBread {
    var strength: Int
    var vegan: Bool
}
```

請利用你已經學到的初始化函式和結構方面的知識，為 GarlicBread 結構自訂初始化函式，將 Bool 型態的變數 vegan 設定為 false（主廚目前尚未準備提供素食大蒜麵包，但預計未來會有），和接受一個 strength 值。

主廚還希望在 GarlicBread 結構實體每次初始化時，初始化函式能印出訊息「New Garlic Bread of strength x created!」（「蒜味強度 x 倍的大蒜麵包新登場！」）。

你可以根據需求，擁有任意數量的初始化函式。

你可以增加初始化函式來做任何你需要做的事，因此，你還可以將 Pizza 結構更新成以下這個版本，恢復原本整合初始化函式的功能，再加上你刻意建立的第一個初始化函式的功能：

```
struct Pizza {
    var name: String
    var ingredients: [String]
    var dessertPizza: Bool

    init() {
        name = "Cheese"
        ingredients = ["Cheese"]
        dessertPizza = false
    }

    init(name: String, ingredients: [String], dessertPizza: Bool) {
        self.name = name
        self.ingredients = ingredients
        self.dessertPizza = dessertPizza
    }
}
```

初始化函式唯一的要求只有：在初始化函式結束前，所有屬性都必須指定初始值。

請重新檢視之前運用過的 GarlicBread 結構：

```
struct GarlicBread {
    var strength: Int
    var vegan: Bool
}
```

主廚想要更新 GarlicBread 結構，納入一個整數來表示大蒜麵包的辛辣度，希望能選擇下列其中一種方式，對 GarlicBread 結構進行初始化：

沒有參數：預設大蒜強度（strength）初始值為 1、辛辣度（spicy）初始值為 0，以及非素食（vegan）。

只傳入大蒜強度的參數值：預設辛辣度初始值為 0，以及非素食。

傳入大蒜強度和辛辣度的參數值：預設非素食。

傳入大蒜強度、辛辣度和素食狀態的參數值。

GarlicBread 結構的程式碼必須盡可能提供能支持以上這些需求的初始化函式。

重點提示

- 在 Swift 程式中創造自己的型態，最常見的做法是利用結構。
- 結構允許你以變數、常數和函式組合成自訂型態。出現在結構裡的變數和常數稱為屬性，函式則稱為方法。
- 結構會自動整合出一個初始化函式，稱為整合所有成員的初始化函式。在建立結構實體時，允許初始化函式為結構所有實體指定初始值。
- Swift 結構屬於值型態，表示將結構實體指定給另一個變數時，會創一個全新的資料副本，其中儲存的資料與原本一樣。
- 你可以隨意自訂任意數量的初始化函式來取代 Swift 內建的整合所有成員的初始化函式，只要你自訂的初始化函式在結束前，為結構的每一個屬性指定初始值。
- 一旦你為結構寫了自訂的初始化函式，就不能再用 Swift 內建的整合初始化函式。

靜態屬性使結構更靈活

建立結構時，你可以將屬性宣告為**靜態**（**static**），這是告訴 Swift，你希望特定結構的**所有實體都能共享這個屬性的值**。

如果你想加入一個計數器，計算有多少 Pizza 型態已經初始化，可以參考以下寫法：

```
struct Pizza {
    var name: String
    var ingredients: [String]
    var dessertPizza: Bool
    static var count = 0

    init() {
        name = "Cheese"
        ingredients = ["Cheese"]
        dessertPizza = false
        Pizza.count += 1
    }

    init(name: String, ingredients: [String], dessertPizza: Bool) {
        self.name = name
        self.ingredients = ingredients
        self.dessertPizza = dessertPizza
        Pizza.count += 1
    }
}

var pizza1 = Pizza()
var pizza2 = Pizza()
print(Pizza.count)
```

宣告靜態屬性時需要使用關鍵字「static」，這個屬性是用於表示 Pizza 型態的初始化次數。

這個靜態屬性在初始化函式裡會遞增。此處利用結構的屬性名稱引用結構，取得 count 屬性的控制碼（handle）。

在這兩個可能會用到的初始化函式裡，都必須讓 count 屬性的值遞增，這樣才能準確地計算初始化次數。

count 屬性屬於結構，而非結構實體，必須使用 Pizza 結構才能取用這個屬性的值。

下列哪個範例中的靜態屬性有效？如果無效，為什麼？看看你是否能找出原因。

☐
```
struct Car {
    static let maxSpeed = 150
    var color: String
}
```

☐
```
struct Job {
    var title: String
    var location: String
    static salary = 60000
}
```

☐
```
struct Spaceship {
    static let ships = [Spaceship]()
    init() {
        Spaceship.ships.append(self)
    }
    static func testEngines() {
        for _ in ships {
            print("Testing engine!")
        }
    }
}
```

☐
```
struct Cactus {
    static var cactuses = 0
    var type: String
    init(cactusType: String) {
        type = cactusType
        cactuses += 1
    }
}
```

存取控制與結構

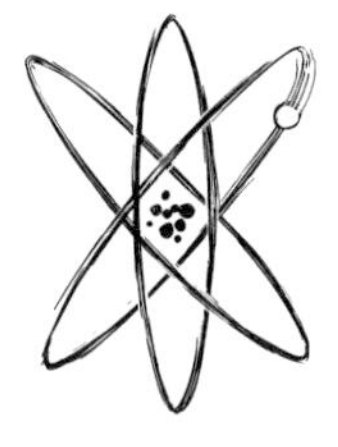

建立結構時，預設情況就是可以直接存取結構的所有屬性，沒有任何限制。

假設有一個 Pizza 結構定義如下：

```
struct Pizza {
        var name: String
        var chefsNotes: String
}
```

然後建立一個新披薩：

```
var hawaiian = Pizza(name: "Hawaiian",
                 chefsNotes: "A tasty pizza, but pineapple
                                         isn't for everyone!")
```

沒有任何限制能阻止你存取這個結構實體的 chefsNotes 屬性，你可以利用這個屬性做任何事：

```
print(hawaiian.chefsNotes)
```

存取控制（**access control**）的目的是讓你能限制結構內屬性或方法的存取權限。

如果將關鍵字「**private**」套用在屬性或方法上，則無法從結構外部存取。

所以，如果 chefsNotes 屬性的定義更新如下：

```
private var chefsNotes: String
```

…除了不能從結構外部存取 chefsNotes 屬性，其餘一切都會與之前一樣正常運作。然而，加入關鍵字「private」也意味著，swift 內建的自動整合初始化函式也無法存取 chefsNotes 屬性，所以你必須自己寫初始化函式。

'Pizza' initializer is inaccessible due to 'private' protection level

腦力激盪

請使用你學到的存取控制、結構和自訂初始化函式的知識，完成以下這個程式碼片段。

由於 chefsNotes 屬性的存取控制設為 private，所以必須增加一個初始化函式，這樣才能在建立 Pizza 結構的實體時定義主廚的註解。

```
struct Pizza {
    var name: String
    private var chefsNotes: String

    init(______________________________) {
        __________ = ______
        __________ = ______
    }
}
```

請利用已經完成的初始化函式，建立幾個新的 Pizza 結構實體，並且測試看看，你是否能存取 chefsNotes 屬性的值。

```
print(hawaiian.chefsNotes)
```

'chefsNotes' is inaccessible due to 'private' protection level

重點提示

- 結構屬於值型態，表示發生指定、初始化或傳遞引數的情況時，會複製結構的值。
- Swift 內建的資料型態（String、陣列等等）大多屬於值型態。
- 以結構建立而成的任何型態也屬於值型態。
- 以結構自訂型態時，使用關鍵字 init 自訂初始化函式。
- 你可以隨意擁有任意數量的初始化函式，唯一的要求只有：在初始化函式結束前，所有屬性都必須指定初始值。
- 一旦你自訂初始化函式，就不能再用 Swift 內建的整合初始化函式。
- 使用關鍵字 static，可以將屬性標記為靜態，表示結構的所有實體都能共享這個屬性的值。
- 還可以使用關鍵字 private 標記屬性，表示無法從結構外部存取這個屬性。

結構裡的~~函式~~ 方法

函式有多棒，你已經知道了，但如果能將函式放進結構裡會更棒。當函式放進結構裡，就稱為**方法（method）**。

宣告方法時一樣是用函式的關鍵字「`func`」，其他特性也與函式完全相同，只差在**當函式出現在結構裡，你要改稱它們為方法**。

函式是獨立的程式碼單元，其他程式碼內部的函式則視為該程式碼內部的方法。

削尖你的鉛筆

請想想目前為止學到與函式有關的一切知識，並且應用這些知識為 Pizza 結構增加一個方法。

以一個簡單的 Pizza 結構為例，練習加入一個名稱為 getPrice 的方法；這個方法不需要傳入參數，會回傳一個整數（披薩的總成本）。

```
struct Pizza {
    var name: String
    var ingredients: [String]

    ____________________
    ____________________
    ____________________
    ____________________
    ____________________
    ____________________
    ____________________
    ____________________

}
```

我喜歡一切事情都簡潔明瞭…所以我的披薩配料每一種成本都是兩塊美金，這個方法還不錯，對吧？

方法實作完成後，請創幾個 Pizza 結構實體來測試看看：

```
var hawaiian = Pizza(name: "Hawaiian", ingredients: ["Ham", "Cheese", "Pineapple"])
var meat = Pizza(name: "Meaty Goodness",
           ingredients: ["Pepperoni", "Chicken", "Ham", "Tomato", "Pulled Pork"])
var cheese = Pizza(name: "Cheese", ingredients: ["Cheese"])
```

→ 解答請見第 178 頁。

利用方法更改屬性

這些都是 Swift 用於保障程式安全性的機制之一。

如果你想創**一個方法來更改結構裡的屬性**，只需額外做一點小小的更動就能達成。

請思考以下這個 Pizza 結構：

```
struct Pizza {
    var name: String
    var ingredients: [String]
}
```

如果你想寫個方法來更新 name 屬性，直覺會想到在結構裡加上以下這個不錯的寫法：

```
func setName(newName: String) {
    self.name = newName
}
```

但如果你真的這麼寫，不僅會發現這個語法無效，還會得到錯誤訊息。

Mark method 'mutating' to make 'self' mutable

這個錯誤訊息會確實告訴你要做什麼：為了讓型態實體 `self` 屬性作用範圍內的東西可以改變，你必須將方法標記為 **`mutating`**（**可變異**）才能修改。

更新方法如下：

```
mutating func setName(newName: String) {
    self.name = newName
}
```

變異方法不能呼叫非變異方法，但可以呼叫其他變異方法。

帶全新的 `setName` 方法上路兜兜風吧：

```
var hawaiian = Pizza(name: "Hawaiian", ingredients: ["Pineapple", "Ham", "Cheese"])
hawaiian.setName(newName: "Pineapple Abomination")
```

Swift 會禁止你在常數結構裡使用加上關鍵字「mutating」的方法。

Swift 會記住你說這是一個變異方法，所以，就算這個方法完全沒有碰到任何屬性，你還是不能在一個以常數建立的結構裡呼叫這個方法。

題目請見第 176 頁。

```
struct Pizza {
    var name: String
    var ingredients: [String]

    func getPrice() -> Int {
        return ingredients.count * 2
    }
}

var hawaiian = Pizza(name: "Hawaiian", ingredients: ["Ham", "Cheese",
    "Pineapple"])
var meat = Pizza(name: "Meaty Goodness", ingredients: ["Pepperoni",
    "Chicken", "Ham", "Tomato", "Pulled Pork"])
var cheese = Pizza(name: "Cheese", ingredients: ["Cheese"])

var hawaiianPrice = hawaiian.getPrice()
var meatPrice = meat.getPrice()
var cheesePrice = cheese.getPrice()

print("The hawaiian costs \(hawaiianPrice), the meat costs \(meatPrice),
and the cheese costs \(cheesePrice)")
```

計算屬性

截至目前為止，你建立過的屬性都是**儲存屬性**（**stored property**），因為都是為了儲存實體裡的值。

另外一種屬性是**計算屬性**（**computed property**）：能執行程式碼來判斷自身的值。

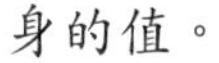

主廚又說對了，你確實可以用計算屬性來檢查披薩是否不含乳糖。

想像一下現在有一個簡單的 Pizza 結構（你現在應該對這個結構非常熟悉了），你增加了一個漂亮的 Bool 型態屬性，用來標記披薩是否含有乳糖：

```
struct Pizza {
    var name: String
    var ingredients: [String]
    var lactoseFree: Bool
}
```

這樣就能輕鬆判斷披薩是否含有乳糖：

```
var hawaiian = Pizza(name: "Hawaiian",
            ingredients: ["Pineapple", "Ham", "Cheese"],
            lactoseFree: false)
```

可是最後仍舊要取決於撰寫 Pizza 結構實體程式碼的人，是否記得要正確地使用旗標 `lactoseFree`。程式設計的能耐當然不只如此！尤其是 Swift 程式設計。

該叫**計算屬性**上場了。

剖析計算屬性

計算屬性被存取時會**計算自身的值**。

```
struct FavNumber {
    var number: Int
    var isMeaningOfLife: Bool {
        if number == 42 {
            return true
        } else {
            return false
        }
    }
}
```

❶ **宣告屬性**
計算屬性擁有名稱和型態，與儲存屬性一樣。

❷ **提供一些程式碼來設定屬性值**
需要寫一些程式碼來設定屬性值，其做法是透過回傳值，這看起來與閉包有點像，不是嗎？

習題

請修改 Pizza 結構的 `lactoseFree` 屬性，改成利用計算屬性自動判斷披薩是否不含乳糖。

以下列這幾個披薩為例，測試新修改的 Pizza 結構，並且印出屬性值：

```
var hawaiian =
      Pizza(name: "Hawaiian",
            ingredients: ["Pineapple","Ham","Cheese"])
print(hawaiian.lactoseFree)

var vegan =
      Pizza(name: "Vegan",
            ingredients: ["Artichoke", "Red Pepper",
                          "Tomato", "Basil"])
print(vegan.lactoseFree)
```

解答請見第 185 頁。

在更改屬性值前後執行某些程式碼，有時是很好用的技巧。屬性觀察器（**property observer**）就是 Swift 提供的魔法，讓你可以應用這項技巧。

假設 Pizza 結構現在多搭載了一個與數量有關的屬性：

```
struct Pizza {
    var name: String
    var ingredients: [String]
    var quantity: Int
}
```

如果每次改變數量時，都會顯示訊息告知主廚那一種披薩還剩下幾個，對主廚來說會很有幫助。

可能的解決方案一

老實說，這個方法與其說是可能的解決方案，更像是轉移焦點。

你可以寫一個方法來設定 quantity 屬性，由方法內的程式碼印出目前剩餘的數量。這個方法很好，但某種程度來說，違反了 Swift 希望屬性易於存取的意義。

可能的解決方案二

你還可以使用 Swift 提供的屬性觀察器。屬性觀察器的作用是讓你定義一些程式碼，在屬性值改變前後執行這些程式碼，符合 Swift 乾淨俐落又迅速的程式美學。

在這個例子裡，解決方案二才是贏家。

建立屬性觀察器

屬性觀察器定義程式碼的做法是使用關鍵字「didSet」或「willSet」。關鍵字「didSet」定義的程式碼是在屬性更改之後執行，「willSet」定義的程式碼則是在屬性更改之前執行。

假設你更新 quantity 屬性的定義如下，加入關鍵字 didSet 及其所定義的程式碼，則每次數量改變之後，你都會收到一條善意告知的訊息：

```
var quantity: Int {
    didSet {
        print("The pizza \(name) has \(quantity) pizzas left.")
    }
}
```

現在，只要你新創一個披薩，然後改變披薩的數量，就會收到一個善意訊息：

只有結構修改之後創的結構實體，才會呼叫屬性觀察器。

```
var hawaiian = Pizza(name: "Hawaiian",
                     ingredients: ["Pineapple", "Ham", "Cheese"], quantity: 10)
hawaiian.quantity -= 1
hawaiian.quantity -= 1
```

```
The pizza Hawaiian has 9 pizzas left.
The pizza Hawaiian has 8 pizzas left.
```

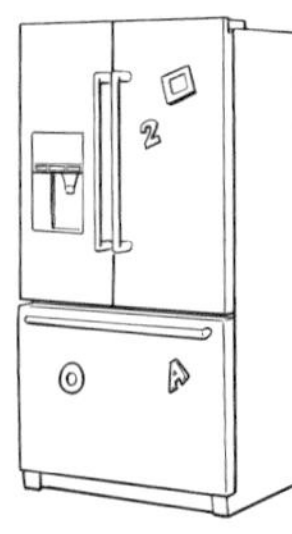

程式碼重組磁貼

請看看你是否能將以下這些單一程式碼磁貼組合成一段有用的程式碼。注意：其中有幾個磁貼上面的程式碼是來亂的，有一些磁貼上面的程式碼可能會重複使用。

```
let blueTeamScore: Int {
```

```
struct BoardGame {
```

```
int redTeamScore: Int {
```

```
print("Blue Team increased score!")
```

```
didSet {
```

```
print("Red Team increased score!")
```

```
int blueTeamScore: Int {
```

```
let redTeamScore: Int {
```

```
}
```

只要屬性值發生變化，屬性觀察器就一定會做出回應，這表示，即使你新設定的值與之前設定的值完全相同，也會觸發屬性觀察器。

解答請見第 192 頁。

放輕鬆

你可能永遠都不需要使用 willSet，更有可能只會用到 didSet。

這兩個關鍵字會用到哪一個，取決於你要在屬性發生變化後（didSet）、還是變化前（willSet）才執行某項操作。之後你就會發現自己打算採取的動作，多數情況都是為了對某個變化做出反應，很少情況是要在變化發生之前先採取行動（不論發生變化的必然性有多高）。

例如，假設你正在更新某種使用者介面或是儲存某個內容，通常是在發生變化之後，執行這些操作才會更有用。

如果你要做的某件事必須知道變化發生前後的狀態，此時你就會發現自己需要用到 willSet：利用 willSet 獲得和保留變化發生前的狀態，留待之後使用。例如，使用者介面中需要的動畫效果就特別常用到這種做法。

計算屬性技巧：getter 和 setter

計算屬性還有一個眾所皆知的技巧：**getter 和 setter 方法**。我們現在要先暫時離開披薩結構，繞道看一個表示溫度的結構。

```
struct Temperature {
    var celsius: Float = 0.0
    var fahrenheit: Float {
        return ((celsius * 1.8) + 32.0)
    }
}
```

這是一個儲存屬性，用於表示攝氏溫度的值。

這是一個計算屬性，與之前練習過的範例一樣，此處寫的程式碼是根據攝氏溫度的值計算出華氏溫度的值。

用法如下：

```
var temp = Temperature(celsius: 40)
print(temp.fahrenheit)
```

也可以利用關鍵字「**get**」，以下列形式表示計算屬性 fahrenheit：

```
struct Temperature {
    var celsius: Float = 0.0
    var fahrenheit: Float {
        get {
            return ((celsius * 1.8) + 32.0)
        }
    }
}
```

將指定的攝氏溫度值乘上 1.8 再加上 32，就能計算出華氏溫度的值。

關鍵字「get」（和計算屬性預設的語法）能提高計算屬性的可讀性，還能讓你提供程式碼來計算屬性值。

重點提示

- getter方法使用關鍵字「get」，其作用是讓你從其他地方讀取屬性。
- 你也可以利用getter方法提供的語法計算屬性值。
- setter方法使用關鍵字「set」，其作用是讓你從其他地方寫入屬性。

實作 setter 方法

你還能使用關鍵字「set」，為任何計算屬性加入 setter 方法：

關鍵字「set」讓計算屬性具有寫入值的能力。

```
struct Temperature {
    var celsius: Float = 0.0
    var fahrenheit: Float {
        get {
            return ((celsius * 1.8) + 32.0)
        }
        set {
            self.celsius = ((newValue - 32) / 1.8)
        }
    }
}
```

在關鍵字「set」之後的大括號內，可以傳入結構內的屬性名稱或是使用預設名稱：newValue。

用法如下：

```
var temp = Temperature(celsius: 40)
print(temp.fahrenheit)
temp.fahrenheit = 55
print(temp.celsius)
```

Java，就是在說你啦。

「getter」和「setter」方法在其他程式語言裡隨處可見，但 Swift 不一樣。

Swift 裡的 getter 和 setter 方法與其他多數程式語言裡的做法不太一樣。在一些程式語言裡，建立實體變數時（在目前這個學習階段，以 Swift 的術語來說就是屬性），通常需要創特別的方法才能存取和修改這些實體變數。這種做法在其他程式語言裡就稱為「getter」和「setter」方法，Swift 會為你處理這個部分。

習題解答

題目請見第 180 頁。

請修改 Pizza 結構的 `lactoseFree` 屬性，改成利用計算屬性自動判斷披薩是否不含乳糖：

```
struct Pizza {
    var name: String
    var ingredients: [String]
    var lactoseFree: Bool {
        if ingredients.contains("Cheese") {
            return false
        } else {
            return true
        }
    }
}
```

請回想第3章介紹陣列時學過的 contains 方法。當然，此處是假設起司是唯一可能含有乳糖的材料…

以下列這幾個披薩為例，測試新修改的 Pizza 結構，並且印出屬性值：

```
var hawaiian =
      Pizza(name: "Hawaiian",
            ingredients: ["Pineapple","Ham","Cheese"])
print(hawaiian.lactoseFree)

var vegan =
      Pizza(name: "Vegan",
            ingredients: ["Artichoke", "Red Pepper",
                          "Tomato", "Basil"])
print(vegan.lactoseFree)
```

Swift 的 String 型態其實是結構

雖然之前曾經提過，但這裡想強調的重點是，Swift 的 String 型態其實是以結構實作而成。**結構背後的運作原理真的非常輕量**，這表示你輕鬆就能建立結構，也能隨意消滅和遺忘它們，而不需要對效能感到壓力。

Swift 的 String 型態支援大量好用的方法，讓我們能做許多有用的事，這些方法包括 `count`、`uppercase` 和 `isEmpty`。

由於 String 型態是以結構實作而成，其所支援的大量方法的所有功能都可以封裝在 String 型態的**實作方法**裡，是簡潔又不錯的做法。

```
352    public struct String {
353      public // @SPI(Foundation)
```

將輸出結果與其對應的程式碼進行配對：

```
var myString = "Pineapple belongs on pizza"
```

`PINEAPPLE BELONGS ON PIZZA`	`myString.hasPrefix("p")`
`true`	`myString.uppercased()`
`26`	`myString += "!"`
`false`	`myString.contains("Pineapple")`
`Pineapple belongs on pizza!`	`myString.count`

→ 解答請見第 190 頁。

需要怠惰屬性的情況

怠惰有時也有它的用處。結構定義型態時，不會對怠惰屬性（lazy property）初始化，會等到有人需要它們的時候才建立屬性。

請思考以下這個 Pizza 結構，結構裡的計算屬性是用於表示披薩需要花多久的烹調時間：

這個範例中的方法只會回傳 100，但是，請想像一下，假使此處需要執行大量複雜的工作來計算烹飪時間，就會密集使用系統資源。

```
struct Pizza {
    var cookingDuration = getCookingTime()
}

func getCookingTime() -> Int {
    print("getCookingTime() was called!")
    return 100
}

var hawaiian = Pizza()

print(hawaiian.cookingDuration)
```

讓我們帶你看一下這整個程式碼發生的事情：

1. 定義 Pizza 結構。

2. 定義 getCookingTime() 方法，會顯示訊息和回傳一個整數。

3. 建立一個 Pizza 結構的實體，命名為 hawaiian，連帶會呼叫 getCookingTime() 方法，因為這個新建立的 Pizza 結構實體需要儲存 cookingDuration 屬性的值。

4. 印出 Pizza 結構實體 hawaiian 的 cookingDuration 屬性值。

這樣的做法有點不便，我們希望在真的需要存取 cookingDuration 屬性的時候才計算屬性值，而非在建立結構實體時計算，例如，當顧客正在前往餐廳的路上才計算 cookingDuration 屬性的值會更有意義。

怠惰屬性的用法

假使我們其實是希望在顧客即將到達店面的時候才計算 cookingDuration 屬性的值(例如,避免披薩燒焦),或是因為 cookingDuration 屬性的計算流程會密集使用系統資源,而希望延遲到我們需要屬性值的時候才計算。

只要對屬性加上關鍵字「**lazy**」,就能達成這個目的:

```
struct Pizza {
    lazy var cookingDuration = getCookingTime()
}

func getCookingTime() -> Int {
    print("getCookingTime() was called!")
    return 100
}

var hawaiian = Pizza()

print(hawaiian.cookingDuration
```

讓我們一起來看看這個版本的程式碼發生了什麼事:

1. 首先,與前一個版本一樣是定義 Pizza 結構。
2. 這一步也與前一個版本一樣是定義 getCookingTime() 方法,會顯示訊息和回傳一個整數。
3. 建立一個 Pizza 結構的實體,命名為 hawaiian,但這個版本不會在創實體的時候計算 cookingDuration 屬性的值,因為屬性現在被標記為 **lazy**。
4. 印出 Pizza 結構實體 hawaiian 的 cookingDuration 屬性值。在這個版本裡,這會連帶呼叫 getCookingTime() 方法,計算 cookingDuration 屬性的值。

加上關鍵字「lazy」,意味著只有在存取屬性時才會建立屬性和計算屬性值。

請分別在 cookingDuration 屬性有加和沒加關鍵字「**lazy**」的情況下,執行以上的程式碼。

請問 getCookingTime() 方法裡的 print 陳述式會在何時執行?

有無使用關鍵字「lazy」對此會有什麼影響?

請觀察看看,Swift 建立 cookingDuration 屬性時(並且因此呼叫 getCookingTime() 方法),關鍵字「lazy」會造成什麼影響。

「結構」填字遊戲

本書將所有學過的 Swift 結構重點有策略地整合在這個填字遊戲裡。
在繼續下一章的內容前，先以此轉換心情吧。

中文提示（縱向）

1. 屬性 _______ 能讓你在更改屬性值前後執行某些程式碼。
2. _______ 方法可以改變結構的屬性值。
3. 這種資料型態建立實體時會複製本身的資料。
4. _______ 屬性內部擁有屬性值。
8. _______ 值是預先在結構裡定義的值。
11. 這個關鍵字是用於建立結構的初始化函式。
12. 這是 Swift 內建的資料型態之一，用於表示一些字元，以結構實作而成。

中文提示（橫向）

5. 這是 Swift 內建的資料型態之一，用於表示有順序性的集合內容，以結構實作而成。
6. 當函式出現在結構內會稱為什麼？
7. _______ 屬性會執行程式碼來決定自身的值。
9. 這種資料型態會共享自身唯一的資料副本。
10. 這個關鍵字是啟用存取控制系統，藉此防止有人試圖從結構外部使用結構的屬性或方法。
12. 所有結構實體都能共享這種屬性的值。
13. 當變數出現在結構內會稱為什麼？

→ 解答請見第 191 頁。

沒有蠢問題

問：我在寫自己的程式碼時，存取控制對我的意義是什麼？為什麼我不能只在我想存取資料時，強制取用資料就好？如果我能根據自己的需求來關閉存取控制，那麼存取控制不就完全沒有存在的意義？

答：首先，最顯而易見的答案就是：你寫的程式碼有時候不一定只有你會用到，但現實情況沒這麼簡單，例如，存取控制能讓你控制和決定某個值要如何使用。當你必須謹慎對待某個內容時，存取控制能確保你會小心處理。面對自己的程式碼，你不可能在處理過程中隨時保持警覺，甚至可能不記得當時在寫程式的過程中確實的想法是什麼。

問：怠惰屬性的名稱由來？

答：使用怠惰一詞與計算屬性值的時機有關，因為會延遲到我們需要屬性值的時候才計算。以簡短的「怠惰」二字來表示「接獲需求」才會處理的意思。

問：Swift 背後的運作機制全都是以結構實作而成嗎？

答：雖然不是全部，但是，沒錯，大部分都是。Swift 設計的結構比其他程式語言更加強大，而且廣泛使用於 Swift 程式語言裡。

問：類別又是什麼呢？

答：本書之後會談到類別這個觀念，但是你在其他程式語言裡用過的類別，在 Swift 裡，幾乎都可以算是結構。

問：所以，getter 和 setter 在 Swift 程式語言裡只是術語，表示能提供設定／讀取計算屬性的程式碼嗎？不會受限於 Java 裡 getter 和 setter 的要求嗎？

答：沒錯。Java 的 getter 和 setter 是需要你寫出方法去存取某個東西內部的變數，或是設定某個東西內部的變數值。Swift 則是讓這個過程自動化，所以 Swift 的 getter 和 setter 方法是指不太一樣的東西。

問：函式到了結構裡為什麼會稱為方法？

答：因為函式變成操作某個東西的方法，不再只是一塊塊獨立的功能。

問：披薩上怎麼會有這麼多鳳梨？

答：這樣很棒，不是嗎？

連連看解答

題目請見第 186 頁。

將輸出結果與其對應的程式碼進行配對：

```
var myString = "Pineapple belongs on pizza"
```

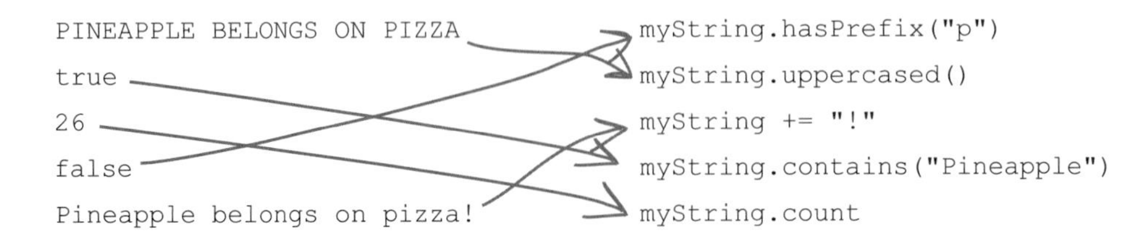

「結構」填字遊戲解答

提示請見第 189 頁。

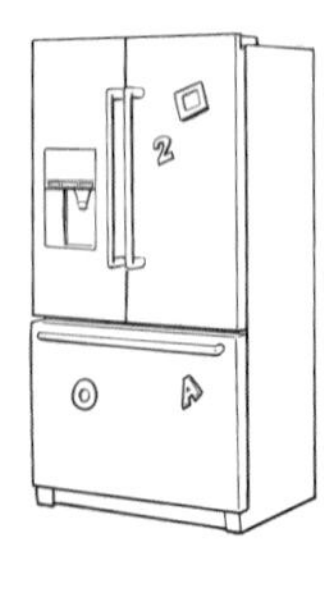

程式碼重組磁貼解答

題目請見第 182 頁。

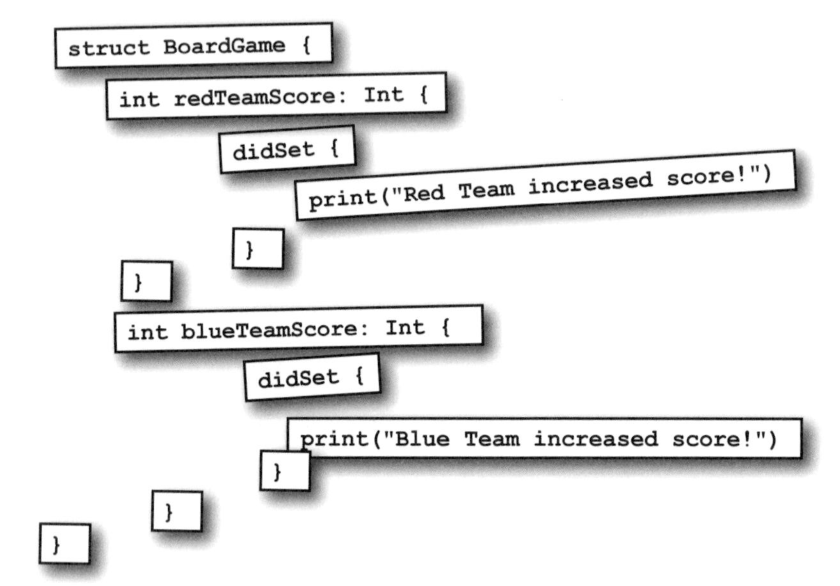

7 類別、Actor 模型和繼承

繼承永遠不退流行

雖然結構已經在自訂型態方面展現它是多麼有用的功能，但 Swift 還偷藏了很多技巧，其中也包含**類別**。類別和結構**相似**：類別也能讓你**新建的資料型態具有屬性和方法**，然而，除了作為**引用型態**，**類別還支援繼承**；類別的引用型態是讓指定類別的實體可以共享同一個資料副本，這點和結構不同，結構屬於被複製的值型態。繼承允許一個類別能建立在另一個類別的特性之上。

改名換姓的結構：它的名字叫類別

類別（**class**）和**結構**非常相似，但有幾個重要的差異：

這表示建立類別時，你必須自己創初始化函式。

- **類別**沒有搭配面向所有成員的初始化函式，但**結構**有。

結構沒有支援繼承。

- 一個**類別**可以繼承另一個**類別**，因此可以取用另一個類別的屬性和方法。

繼承只能來自類別。就算你是從另一個程式語言跨到 Swift，也應該了解沒有多重繼承這樣的事。

類別屬於引用型態，結構則屬於值型態。

- **類別**的副本只能指向同一組共享資料，被複製的**結構**則是唯一的副本。

- **類別**搭配初始化解除函式（deinitializer），消滅類別時會呼叫這個函式，**結構**則沒有支援這個部分。

結構沒有初始化解除函式，而且也不需要

- 常數**類別**可以修改變數屬性，常數**結構**則不行。

這是一個類別，用於表示披薩，能儲存披薩名稱（String 型態）和材料清單（String 陣列）。

這是初始化函式，因為類別需要自己提供初始化函式。

```
class Pizza {
    var name: String
    var ingredients: [String]

    init(name: String, ingredients: [String]) {
        self.name = name
        self.ingredients = ingredients
    }
}
```

這是一個結構，也是用於表示披薩，也能儲存披薩名稱（String 型態）和材料清單（String 陣列）。

```
struct Pizza {
    var name: String
    var ingredients: [String] = []
}
```

所以我永遠都得為類別寫初始化函式？

如果你創的類別具有屬性，你就必須建立初始化函式，所以，沒錯，只要你的類別具有屬性，你永遠都得為類別寫初始化函式。

寫類別的程式碼時，**只要有任何一個屬性存在，就必須提供初始化函式。**

假設你寫了一個類別來表示植物的種類，如下所示：

```
class Plant {
    var name: String
    var latinName: String
    var type: String

    init(name: String, latinName: String, type: String) {
        self.name = name
        self.latinName = latinName
    }
}
```

定義初始化函式。

然後以這個類別創一個新的實體：

```
let bay = Plant(name: "Bay laurel",
                latinName: "Laurus nobilis",
                     type: "Shrub")
```

此處做的事看起來與你在結構裡做的事情完全一樣。

為類別建立初始化函式的規則與結構一模一樣，而且只要建立一個就可以了。

繼承與類別

有時你會需要建立相似又有點差異的東西，或是共享某些屬性和方法卻又略微不同的物件。**繼承是 Swift 類別的特性之一，允許你在現有類別的基礎上，創另一個新類別並且增加新類別自身獨有的特性。**

以下這個 Plant 類別讓我們創造出各種植物：

```
class Plant {
    var name: String
    var latinName: String
    var type: String

    init(name: String, latinName: String, type: String) {
        self.name = name
        self.latinName = latinName
        self.type = type
    }
}
```

建立一個名稱為 Succulent（多肉植物）的新類別，讓它具有特殊性。Succulent 類別繼承 Plant 類別的所有屬性及其初始化函式，所以，你甚至不需要在這個類別裡寫任何程式碼：

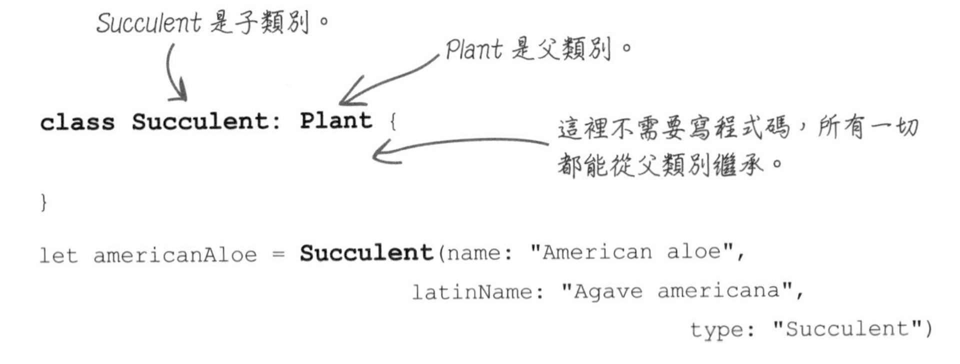


```
class Succulent: Plant {

}

let americanAloe = Succulent(name: "American aloe",
                             latinName: "Agave americana",
                             type: "Succulent")
```

重點提示

- 一個類別可以繼承另一個類別，稱為繼承或建立子類別。
- 被繼承的類別稱為父類別（parent class 或 superclass）。
- 自另一個類別繼承而來的類別則稱為子類別（child class）。
- 子類別可以繼承父類別的所有屬性和方法，包含初始化函式。
- 子類別不能存取private變數或方法。

假設我能在子類別裡提供初始化函式，就算這不是幻想，而且此刻看來似乎也很合理，但我真的可以這樣做嗎？

自訂初始化函式真的非常簡單。

自訂初始化函式

(再來一次)

你當然也可以為子類別 Succulent 制定專屬的初始化函式，但除非有必要，否則不需要這麼做。

如果子類別導入的新元素需要初始化，就需要自訂專屬的初始化函式；另一個需要幫子類別自訂初始化函式的原因，是將已經知道型態是 Succulent 這項事實提供值給父類別的屬性。

因為我們知道 `type` 參數的值一定是「`Succulent`」，所以為子類別 Succulent 制定新的初始化函式只需要 `name` 和 `latinName` 兩個參數（再加上已經知道的 `type`），然後使用這個資訊來呼叫 `super.init()`，也就是呼叫父類別的初始化函式：

```
class Succulent: Plant {
    init(name: String, latinName: String) {
        super.init(name: name, latinName: latinName, type: "Succulent")
    }
}
```

事先設定好的 type 參數值會傳給父類別的初始化函式。

永遠都只能從子類別呼叫父類別的初始化函式。

之後新創 Succulent 類別的實體就不需要傳入 type 參數：

```
let americanAloe = Succulent(name: "American aloe", latinName: "Agave americana")
```

Swift 的類別沒有搭載整合所有成員的初始化函式。

在 Swift 程式裡創一個類別時，必須自己提供初始化函式，這一點與結構不同。

Swift 的類別之所以沒有面向所有成員的初始化函式，是因為類別的繼承特性：假設你建立的子類別是繼承自另一個類別，如果那個類別後來又增加了一些屬性，那麼子類別的程式碼就不能再運作了。

規則很簡單：只要你建立一個類別，就必須自己寫初始化函式。因此，你永遠都要將這一點放在心上，只要類別的屬性發生任何變化，你就要負責更新初始化函式。

這項規則的例外情況是：如果某個東西已經子類別化，而且涵蓋在父類別的初始化函式裡，此時就不需要再寫初始化函式。

請利用 Succulent 子類別，以下列的多肉植物為例，練習建立幾個新實體：

- name / latinName：Elephant's foot / lBeaucarnea recurvata
- name / latinName：Calico hearts / lAdromischus maculatus
- name / latinName：Queen victoria / lAgave victoria regina

上面的練習完成後，請創一個新的子類別，用來表示樹。子類別 Tree 的型態（type 參數值）永遠都會是「Tree」，每一種樹的名字（name 參數值）一定會以「tree」結尾：

```
class Tree: Plant {




}
```

創完新的子類別 Tree，請再以這個子類別建立以下這幾種樹的實體：

- European larch (Larix decidua)
- Red pine (Pinus resinosa)
- Northern beech (Fagus sylvatica)

取代覆寫方法

初始化函式不是你唯一可以在建立子類別時替換的方法，你也可以把父類別裡的任何一個方法換掉，這種做法就稱為**覆寫**（**overriding**）。

以下是 Plant 類別：

```
class Plant {
    var name: String
    var latinName: String
    var type: String

    init(name: String, latinName: String, type: String) {
        self.name = name
        self.latinName = latinName
        self.type = type
    }

    func printInfo() {
        print("I'm a plant!")
    }
}
```

Plant 類別底下有一個 printInfo 方法，用於印出植物的某些資訊。

以下是 Succulent 子類別，覆寫了父類別的方法：

```
class Succulent: Plant {
    init(name: String, latinName: String) {
        super.init(name: name, latinName: latinName, type: "Succulent")
    }

    override func printInfo() {
        print("I'm a Succulent!")
    }
}
```

若有需要，只要呼叫 super.printInfo()，還是能呼叫父類別實作的 printInfo() 方法。

我們重寫了父類別的 printInfo 方法，當子類別使用這個特定方法時，會改變這個方法的實作內容。

放輕鬆

覆寫某個類別的方法時，必須使用關鍵字「override」。

如果你擔心建立方法時使用了相同的名稱，因而意外覆寫掉類別的方法，那麼 Swift 沒有這樣的風險。萬一你在子類別裡寫的方法不小心和父類別裡的方法名稱相同，而且沒使用關鍵字「override」，Swift 會跳出以下這樣的錯誤訊息：

```
func printInfo() {
```

Overriding declaration requires an 'override' keyword

如果嘗試覆寫的內容不存在父類別裡，Swift 還會跳出以下這樣的錯誤訊息：

```
override func printDetails() {
```

Method does not override any method from its superclass

削尖你的鉛筆

以下這個類別是用來表示太空裡的外星人，具有一個可以呼叫的 drink 方法。

```
class Alien {
    func drink() {
        print("Drinking some alien wine!")
    }
}
```

請為克林貢人（Klingon，一種外星人）創一個新的子類別，覆寫類別裡的 drink 方法，讓克林貢人喝東西的時候會做一些像克林貢人才會做的事，例如，喝了一些血酒會大喊一聲「勒」！

解答請見第 205 頁。

腦力激盪

若有需要，你還可以覆寫父類別裡的任何屬性。例如，為父類別新增一個計算屬性，用於儲存說明資訊，如下所示：

```
var description: String {
    return "This is a \(name) (\(latinName)) \(type)."
}
```

然後，更新子類別 Succulent，加入 age 屬性：

```
var age: Int
```

接下來，該換你上場了：:

> 你必須接納 age 參數，更新子類別 Succulent 的初始化函式。然後使用傳入函式的值更新 self.age，也就是我們剛剛加入的新屬性 age。
>
> 在 Succulent 類別裡完成上面的動作後，再利用與覆寫方法時一樣的語法來覆寫 description 屬性，回傳有包括 age 屬性的新說明。

你或許已經發現一項好用的技巧，可以利用以下語法來存取父類別的屬性：

```
super.name
```

完成以上的步驟後，你應該能創以下這個 Succulent 類別的實體：

```
let americanAloe =
    Succulent(name: "American aloe",
              latinName: "Agave americana",
                   age: 5)
```

印出 description 屬性的內容，其中會包含多肉植物的年齡：

```
print(americanAloe.description)
```

```
This is a American aloe (Agave americana)
Succulent. It is 5 years old.
```

深入探究…

類別屬於引用型態，引用型態的所有實體永遠都會指向記憶體裡的同一個物件。

在 Swift 程式裡，某個內容可能是值型態也可能是引用型態。

類別屬於**引用型態**，意思是說，如果將類別指定給變數或常數，是**引用記憶體裡的同一個物件**，而**非**建立一個副本。

以上一頁 Succulent 子類別建立的實體 American aloe 為例：

```
let americanAloe =
      Succulent(name: "American aloe",
                latinName: "Agave americana")
```

將要引用的類別實體**指定**給新變數：

```
var anotherAloe = americanAloe
```

修改這個新變數的值：

```
anotherAloe.name = "Sentry plant"
```

連帶也更改了**原本以** `Succulent` **子類別建立的唯一實體**，現在 `name` 屬性的值已經設定為 `"Sentry plant"`。

使用以下 print 陳述式確認這兩個實體的 name 屬性值：

```
print(americanAloe.name)
print(anotherAloe.name)
```

腦力激盪

請試著重新將子類別 Succulent 實作為結構。實作完成後，以這個新的 Succulent 結構創一些實體，再將這些實體指定給新變數，然後修改變數值。試問：最初建立的結構實體會發生什麼變化？藉由這個變化就能了解值型態與引用型態之間的差異。

照過來！

令人混淆的值型態 V.S. 引用型態

Swift 鼓勵程式設計人員利用結構來自訂型態，最主要的理由就是值型態的複製行為。表示程式每個區塊的內容都擁有自己的資料副本，所以不會遭遇內容更改或前後不一致的風險。

「final」類別

防止類別被繼承有時也有其所用之處，關鍵字「**final**」就是為了讓你達成這項操作。有 final 標記的類別**不能**擁有子類別，所以這種類別下的方法也不會被覆寫，使用方法必須與原本寫好的方法一樣。

```
final class Garden {
    var plants: [Plant] = []

    init(plants: [Plant]) {
        self.plants = plants
    }

    func listPlants() {
        for plant in plants {
            print(plant.name)
        }
    }
}
```

標記 *final* 的類別會將類別本身鎖住，所以無法建立子類別，這是避免程式碼發生戲劇性變化的好方法。

如果試圖繼承有 *final* 標記的類別，*Swift* 會給你錯誤訊息。

```
class RooftopGarden: Garden {
    Inheritance from a final class 'Garden'
}
```

一直有傳言說「final」類別在 Swift 裡的表現比其他程式語言更好。

這點曾經是真的：標記 final 的類別表示 Swift 編譯器知道這個類別永遠不會改變，所以能執行一些原本不可能做到的最佳化。

但除非你的程式碼每微秒計算一次，這個傳言有時才會成真，不過，從 Swift 5 這個版本出現之後，這點已不再重要，因為「final」類別不能建立子類別。

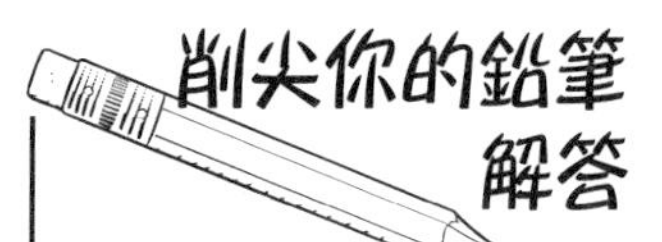

題目請見第 201 頁。

```
class Alien {
func drink() {
            print("Drinking some alien wine!")
      }
}

class Klingon: Alien {
      override func drink() {
            print("Drinking blood wine! Ragh!")
      }
}

let martok = Klingon()
martok.drink()
```

Swift 還支援一個稱為 Actor 模型的特性，看起來與類別很像。

Actor 模型這個主題稍微超出本書的範圍，不過，基本功能與類別一樣，只差在 Actor 模型可以安全地使用於平行處理環境中。這是什麼意思？意思是說，如果 Swift 程式裡有其他部分嘗試做同一件事，Swift 會確保任何人都不能修改 Actor 模型內的資料，但這個機制在平行處理方面會有點問題。以下是一個有效的 Actor 模型——Human，用於定義人類，有指定年齡的最大值：

```
actor Human {
    var maximumAge = 107

    func printAge() {
        print("Max age is currently \(maximumAge)")
    }
}
```

Actor 模型雖然與類別、結構一樣，也能具有屬性和方法，但與類別同屬引用型態，所以相較於結構，Actor 模型更貼近類別。稍後會再重新檢視這個部分…

之前提過的「初始化解除函式」，Swift 會怎麼處理這個部分？

沒錯，Swift 的類別可以有初始化解除函式。

初始化解除函式是消滅類別實體時執行的程式碼。

使用關鍵字「**deinit**」來建立初始化解除函式，其餘運作方式與初始化函式一樣，而且不需要任何參數：

```
class Plant {
    var name: String
    var latinName: String
    var type: String

    init(name: String, latinName: String, type: String) {
        self.name = name
        self.latinName = latinName
        self.type = type
    }

    deinit {
        print("The plant '\(name)' has been deinitialized.")
    }
}
```

若想確認初始化解除函式是否執行，可以利用關鍵字「_」創一個 Plant 類別的實體（根據「_」的運作方式，會立即消滅 Plant 類別），如下所示：

```
var _ = Plant(name: "Bay laurel",
              latinName: "Laurus nobilis", type: "Evergreen Tree")
```

```
The plant 'Bay laurel' has been deinitialized.
```

那麼，為什麼結構沒有使用關鍵字「deinit」？

長話短說就是，因為類別比結構更為複雜。

短話長說就是，類別具有更複雜的複製行為，可能會有好幾個類別副本同時存在你的程式裡，但全都指向底層的同一個實體，這表示很難判斷某一個類別實體何時被消滅了；當最後一個指向實體的變數消失，就表示這個實體已經消滅。

當某個類別實體消滅時，初始化解除函式會通知 Swift。對結構來說這是顯而易見的事實：擁有結構的實體不存在時，結構自然就會消失。

由於每個結構都各自擁有自己的資料副本，所以不需要初始化解除函式，因此，當某個結構消滅時，當然也就不會發生任何神奇的事。

當然，我們正要回來談 Actor 模型。

還記得前幾頁那個具有 maximumAge 屬性的 Actor 模型——Human 吧，但之前我們完全沒有應用 Actor 模型的特性來做任何事。

請想像一下，假設 Actor 模型需要根據另一個更長壽的 Human 來更新 maximumAge 屬性的值。以下程式碼是我們利用 Actor 模型，採用安全的做法來更新的內容：

```
func updateMaximumAge(from other: Human) async {
    maximumAge = await other.maximumAge
}
```

現階段你或許還不太需要用到 Actor 模型，但值得你花點時間了解 Swift 有這項特性存在。

在上述程式碼裡，關鍵字「aysnc」和「await」基本上是通知 Swift：傳送一個簡短的訊息給其他 Human 實體，要求這個實體儘早讓我們知道它最大的年齡值。可能是即時更新，也可能是很久之後的未來才會更新，總之，可以藉由這個方式安全地處理 Actor 模型的資料。

自動引用計數流程

→ 簡稱 ARC

幕後花絮

Swift 底層使用了一套流程稱為「**自動引用計數**」（**automatic reference counting**，簡稱 **ARC**）。

ARC 追蹤程式建立的每個類別實體，這樣 Swift 才知道何時要呼叫初始化解除函式。

每建立一個類別實體的副本，*ARC 的引用次數就會加 1*；每消滅一個類別實體的副本，*ARC 的引用次數就會減 1*。

因此，當引用次數為 0，ARC 確定已經沒有東西會再指向這個類別，Swift 就能呼叫初始化解除函式來消滅引用的物件。

```
class Thing {
    let name: String
    init(name: String) {
        self.name = name
        print("Thing '\(name)' is now initialized.")
    }

    deinit {
        print("Thing '\(name)' is now deinitialized.")
    }
}

var object1: Thing?
var object2: Thing?
var object3: Thing?

object1 = Thing(name: "A Thing")
object2 = object1
object3 = object1
object1 = nil
object2 = nil
object3 = nil
```

❶ 類別「Thing」有屬性 name、初始化函式和初始化解除函式，這兩個函式不管哪一個被呼叫都會印出訊息。

❷ 這三個可以選擇 l 型態的變數可用於儲存 Thing 類別或 `nil`（空值）。

❸ 建立一個 Thing 類別的實體，並且指定給 `object1`，`object1` 對 Thing 類別的新實體屬於強勢引用（strong reference）。

此時 *Thing* 實體的引用次數為 *1*。

```
Thing 'A Thing' is now initialized.
```

❹ 在這個時點，`object1`、`object2` 和 `object3` 這三個變數對 Thing 類別的新實體均為強勢引用。

Thing 實體的引用次數為 *3*。

❺ 因為有兩個引用 Thing 實體的 Optional 型態變數指定為 nil，所以結束兩個強勢引用關係。此時，Thing 實體還不會消滅，因為 `object3` 仍舊維持強勢引用的關係。

Thing 實體的引用次數為 *1*。

❻ 連最後一個引用 Thing 實體的變數都設為 nil，已經沒有強勢引用關係存在，所以 Thing 實體會消失。

Thing 實體的引用次數為 *0*。

```
Thing 'A Thing' is now deinitialized.
```

注意 可變異性

處理類別時，請記住一個重點，就是**可變異性**（**mutability**）。

結構裡的變數屬性如果宣告為常數，就不能更改。

然而，**常數類別裡的變數屬性卻能隨時更改屬性值：**

```
class Plant {
    var name: String

    init(name: String) {
        self.name = name
    }
}

let myPlant = Plant(name: "Vine")
print(myPlant.name)
myPlant.name = "Strawberry"
print(myPlant.name)
```

這是 Plant 類別的實體，儲存為常數。

為了防止發生這種情況，必須使用關鍵字 let，將屬性設為常數。

```
Vine
```

```
Strawberry
```

和結構不同，類別的方法改變屬性時不需要使用關鍵字「mutating」。

重點提示

- 可變類別可以修改變數的屬性值。
- 常數類別可以修改變數的屬性值。
- 可變結構可以修改變數的屬性值。
- 常數結構不能修改變數的屬性值。
- Actor 模型和類別相似，但是專為平行處理和安全性所設計。
- 使用關鍵字「aysnc」和「await」，Actor 模型可以採用安全的平行處理方式，向其他 Actor 模型請求資料。
- 如果你建立的 Actor 模型只會使用自身屬性和方法，你可以隨意做任何事，但如果必須和其他型態溝通，則必須使用關鍵字「aysnc」和「await」以確保安全性。
- 這是因為 Actor 模型需要保證平行處理期間的安全性。

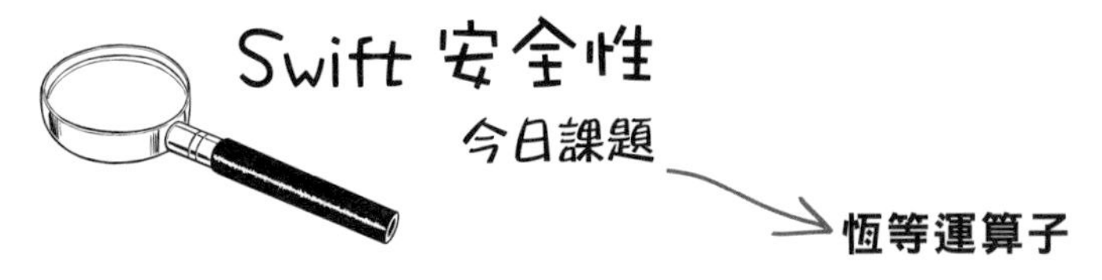

恆等運算子

正如我們先前已經學到的，Swift 的類別屬於引用型態，意味著**多個變數或常數可能指向同一個指定的類別實體**。

因此，這項特性能用在：

1. 利用運算子「===」檢查兩個實體是否為同一個實體，這個運算子是檢查兩個實體是否完全一致，而非檢查兩個實體是否相等。若要檢查相等性，仍舊要用運算子「==」。

2. 利用運算子「!==」檢查兩個實體是否為同一個實體，這個運算子是檢查兩個實體是否不一致，而非檢查兩個實體是否不相等。若要檢查不相等的情況，仍舊要用運算子「!=」。

此處要再次用到這個簡單的 *Plant* 類別⋯

⋯和幾種植物。

```
var plantOne = Plant(name: "Bay tree")
var plantTwo = Plant(name: "Lemon tree")
var plantThree = plantOne
```

利用運算子「===」檢查兩個實體是否為同一個實體。

```
if (plantOne === plantThree) {
    print("plantOne and plantThree ARE the same instance of Plant")
}
```

利用運算子「!==」檢查兩個實體是否不為同一個實體。

```
if (plantOne !== plantTwo) {
    print("plantOne and plantTwo ARE NOT the same instance of Plant")
}
```

恆等運算子（identity）和相等運算子（equality）雖然使用類似的符號，但意義完全不同。

恆等運算子的符號是「===」和「!==」，相等運算子的符號是「==」和「!=」。恆等是指兩個變數或類別完全就是同一個類別實體，相等則是指兩個實體的值相等。

問：**我用過其他程式語言寫程式，在那個語言裡，每當我自訂類別或結構時，都要建立兩個獨立的檔案：一個作為介面使用，負責定義類別或結構擁有的屬性和方法；另一個負責實作這些屬性和方法的內容。可是，我在 Swift 裡似乎不必做這些動作，這是怎麼回事？**

答：在 Swift 裡建立結構或類別時，只需要一個檔案，Swift 會自動創另一個外部介面給其他程式碼使用。因此，簡單來說：你在 Swift 裡不需要建立兩個檔案。

問：**Swift 的類別實體是物件嗎？Swift 似乎很少談到物件。**

答：Swift 的類別實體可以指向一個物件，但不是十分快速。這是因為 Swift 的結構和類別非常相似，所以在 Swift 裡，指向一個實體的做法會更正確也更快速。

問：**有什麼事情是類別可以做，但結構做不到的？**

答：只有類別才具有繼承特性。結構能遵守程式協定，但不能繼承（你很快就會學到程式協定）。類別能轉換型態（typecast），讓你在程式執行期間檢查類別實體的型態，但結構不行。類別還具有初始化解除函式，結構沒有。

問：**對類別使用關鍵字「`final`」，除了防止其他類別繼承，還有其他作用嗎？**

答：沒有，就只有這個用途。

問：**如果兩個變數指向同一個類別實體，真的是指向同一個內容嗎？**

答：沒錯。當兩個變數指向完全相同的類別實體，就是指向記憶體裡的同一個位置。換句話說，其中一個變數改變了，另一個也會跟著改變，因為兩者是一樣的內容。

問：**就算類別實體是常數，看起來我還是可以修改類別裡的變數屬性，對嗎？**

答：沒錯，你的說法很正確。談到變數屬性和常數實體，類別在這兩者上的行為和結構不同。

連連看？

測試看看，你對類別和繼承的關鍵字的了解有多少。請將下列左側的每一個關鍵字與右側正確的作用進行配對。

super	我可以防止類別被其他人繼承。
init	我會宣告已經定義的類別。
final	當某個類別實體從記憶體移除時就會呼叫我。
class	我可以將父類別裡的方法或屬性替換成新的實作內容。
override	建立新的類別實體時就會呼叫我。
deinit	我習慣引用父類別裡的東西。

解答請見第 218 頁。

圍爐夜話

今夜話題：**所以，我該使用結構還是類別？**

學生：

老師，所以，我該使用結構還是類別？我已經很難分辨出這兩者之間的區別了，要我判斷應該使用哪一個，根本是難上加難。您能賜給我智慧嗎？

Swift 教師：

那就使用結構。這位同學，我們下次見。

學生：

呃，老師，您能不能說得詳細一點？雖然對我有幫助，但沒你想得那麼有用。

Swift 教師：

使用結構，但還是要了解類別，這樣你才知道何時應該使用結構。這位同學，我們下次見。

學生：

老師，拜託。您必須再說得更詳細一點。

Swift 教師：

好吧，這位同學，你贏了。在一般情況下，請使用結構。結構更適合表示一般常見的資料類型，而且 Swift 的結構行為其實與其他程式語言裡的類別非常相似。在其他程式語言裡，儲存和計算屬性、方法等等都算是類別的範疇，Swift 並非如此。

學生：

老師，我心服口服了，謝謝您的說明。還有其他我應該了解的事情嗎？

Swift 教師：

有，那就是使用結構時，還是要小心謹慎。說真的，結構確實能讓你更輕鬆思考自己的程式狀態，無須考量程式整體的狀態，因為結構是更為簡單的值型態。然而，請不要大量修改結構，這樣會耗掉所有的記憶體。請記住，每一次修改都會產生一個結構副本！

在 Swift 程式裡，使用類別不一定是最好的做法。

雖然在其他程式語言裡，建構程式時經常會用到結構和繼承，但由於 Swift 的結構非常強大，很少會出現什麼好理由支持我們改用類別。

此外，後面你很快就會學到，Swift 還偷留了一手，這一招讓繼承相形失色，就是：程式協定。

冥想時間 — 我是 Swift 編譯器

本頁的每一段程式碼都代表一個完整的 Playground，你的工作是扮演 Swift 編譯器，判斷此處的每一段程式碼是否能執行。如果能執行，這些程式碼會做什麼？

A

```
class Airplane {
    func takeOff() {
        print("Plane taking off! Zoom!")
    }
}

class Airbus380: Airplane { }

let nancyBirdWalton = Airbus380()
nancyBirdWalton.takeOff()
```

B

```
class Sitcom {
    func playThemeSong() {
        print("<generic sitcom theme>")
    }
}

class Frasier: Sitcom {
    override func playThemeSong() {
        print("I hear the blues are calling...")
    }


}

let show = Frasier()
show.playThemeSong()
```

C

```
class Appliance { }

class Toaster: Appliance {
    func toastBread() {
        print("Bread now toasting!")
    }
}

let talkieToaster = Toaster()
talkieToaster.toastBread()
```

→ 解答請見第 216 頁。

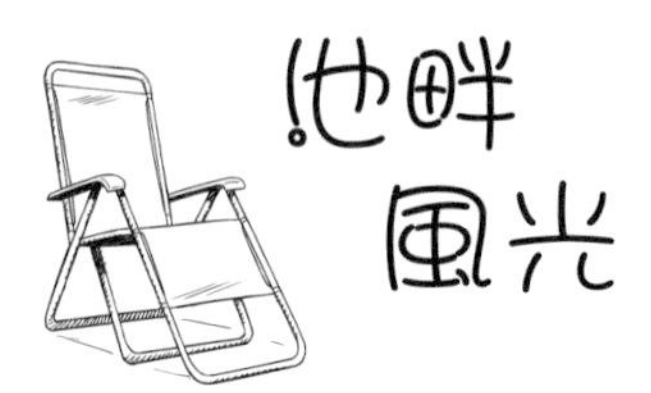

你的工作是從游泳池中取出程式碼，然後放進右側 Playground 裡相對應的空白行數。同一行程式碼不能重複使用，不一定會用到所有的程式碼，目標是製作一份能產生如右圖結果的程式碼：

```
class Dog {
    ____________
    var age: Int
    var breed: String
    init(name: String, age: Int, breed: String) {
        self.name = name
        self.age = age
        ____________
    }
    ____________
        print("\(name) the  \(breed) barks loudly!")
    }
}
class Greyhound ______ {
    ________________________ {
        ______________________________________
    }
    ____________ bark() {
        print("\(name) the greyhound doesn't care to bark.")
    }
}
var baggins =
      Dog(name: "Bilbo Baggins", age: 12, breed: "Poodle")
var trevor = Greyhound(name: "Trevor", age: 10)

____________
trevor.bark()
```

```
Bilbo Baggins the Poodle barks loudly!
Trevor is a greyhound, and doesn't care to bark.
```

程式執行結果。

請注意：游泳池中的每一行程式碼都只能使用一次！

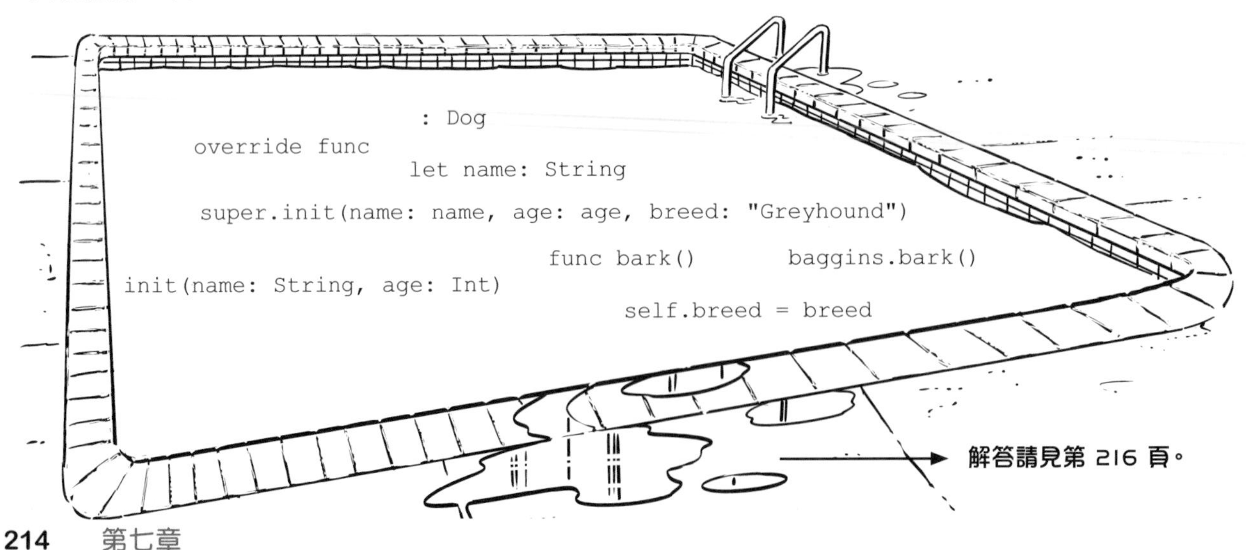

解答請見第 216 頁。

「類別」填字遊戲

該來測試一下你的大腦了。

這是個普通的填字遊戲，但所有線索都涵蓋在本章介紹的觀念裡。看看你的注意力有多仔細？

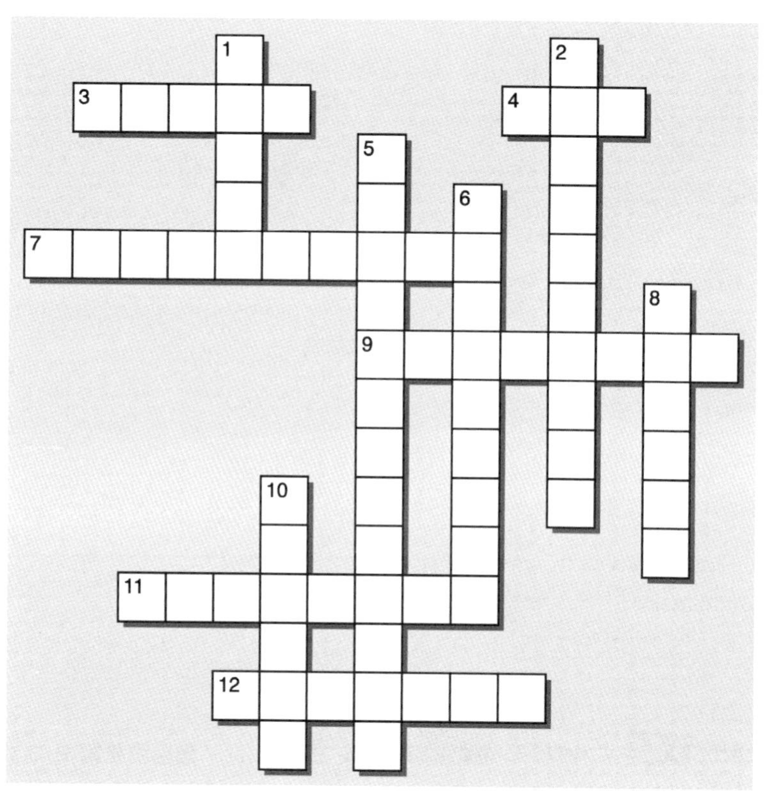

中文提示（橫向）

3. ______ 類別不能被其他類別繼承。
4. 一套流程，用於追蹤程式建立的每個類別實體。
7. 類別沒有配合 _______ 初始化函式，但結構有。
9. 「===」運算子的名稱。
11. 你可以 ______ 父類別裡的方法。
12. 一個類別可以 ______ 另一個類別。

中文提示（縱向）

1. 結構則屬於 ______ 型態。
2. 如果類別具有 _______，你就必須提供初始化函式。
5. 類別消滅時會呼叫 ______。
6. 類別屬於 ______ 型態。
8. 和類別相似的資料型態。
10. 子類別繼承自這個類別。

解答請見第 217 頁。

池畔風光解答

題目請見第 214 頁。

```
class Dog {
    let name: String
    var age: Int
    var breed: String
    init(name: String, age: Int, breed: String) {
        self.name = name
        self.age = age
        self.breed = breed
    }
    func bark() {
        print("\(name) the  \(breed) barks loudly!")
    }
}
class Greyhound: Dog {
    init(name: String, age: Int) {
        super.init(name: name, age: age, breed: "Greyhound")
    }
    override func bark() {
        print("\(name) the greyhound doesn't care to bark.")
    }
}
var baggins =
    Dog(name: "Bilbo Baggins", age: 12, breed: "Poodle")
var trevor = Greyhound(name: "Trevor", age: 10)
baggins.bark()
trevor.bark()
```

冥想時間 —— 我是 Swift 編譯器解答

題目請見第 213 頁。

所有程式碼都會印出某些內容：

A 印出「Plane taking off! Zoom!」

B 印出「I hear the blues are calling...」

C 印出「Bread now toasting!」

「類別」填字遊戲解答

提示請見第 215 頁。

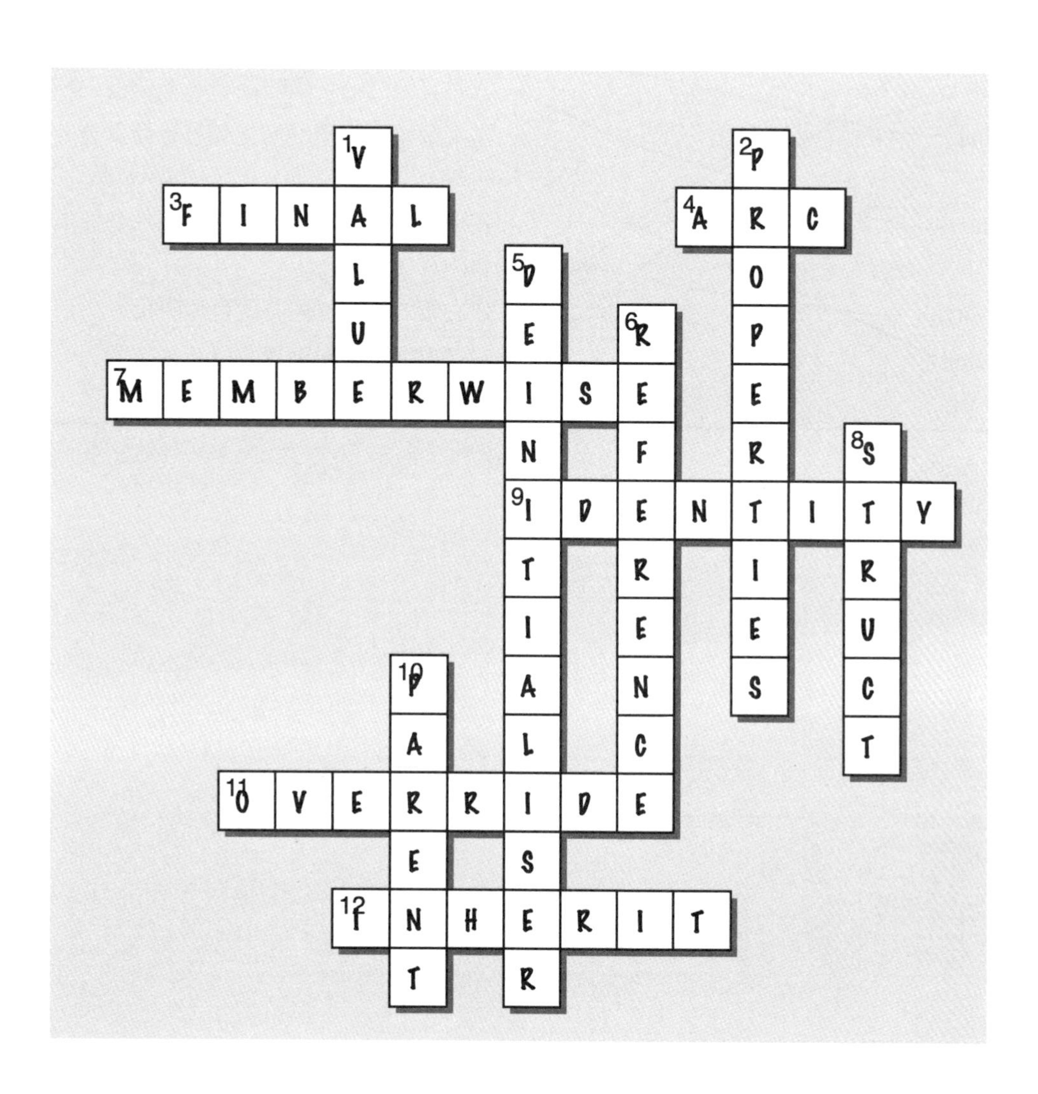

連連看解答

題目請見第 211 頁。

super	我可以防止類別被其他人繼承。
init	我會宣告已經定義的類別。
final	當某個類別實體從記憶體移除時就會呼叫我。
class	我可以將父類別裡的方法或屬性替換成新的實作內容。
override	建立新的類別實體時就會呼叫我。
deinit	我習慣引用父類別裡的東西。

Swift 課題——程式協定

你之後也會擴展自身知識！懂嗎？不懂？
你很快就會明白。

雖然你已經掌握類別和繼承的知識，但 Swift 有更多建立程式結構的技巧，而且更快速。本章要帶你認識程式協定和擴展。**Swift 程式協定是讓你定義一張藍圖**，用於**指定**某個目的或功能所需要的**方法和屬性**。類別、結構或列舉**採用程式協定**，並且實作協定的內容。當型態提供所需功能和採用程式協定，就會說型態是**遵守**該項程式協定。**擴展**這項特性，簡單來說，就是**為現有的型態新增功能**。

很高興你提出這麼精彩的問題。

Swift 還有另一套完整的方法，讓你能使用程式協定（protocol）和擴展（extension）來建構相關邏輯與物件，不僅非常快速而且獨特。

程式協定的作用是定義一組功能讓某個型態遵守，但不需要先提供功能的實作內容，等型態真的需要遵守程式協定時再來實作功能。

程式協定有點類似合約：假設你定義的程式協定需要一個稱為 `color` 的屬性來儲存 String 型態的字串值，用於表示顏色，則所有遵守這個程式協定的型態都必須具有這個 String 型態、名稱為 `color` 的屬性，如果違反這項規則，程式碼就無法編譯。一個型態可以遵守多個程式協定，表示它能實作多組程式協定的功能。

懂了嗎？之後你就會了解箇中道理。

擴展則是允許你將已經完整實作的方法和屬性新增到現有的型態裡，而且不需修改現有型態本身的實作內容。

例如，當你想為不是自己寫的類別和結構（像是 Swift 內建的型態）增加有用的功能時，擴展就是很棒的做法；或是想乾淨俐落地切開和配置自己的程式碼，擴展也會是很棒的選擇。

接著就讓我們從**程式協定**開始本章的內容。

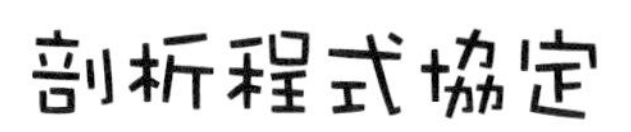

定義程式協定

程式協定的開頭要加上關鍵字「protocol」⋯

⋯然後才是程式協定的名稱，此處的程式協定命名為*MyProtocol*。

```
protocol MyProtocol {
    var specialNumber: Int { get set }
    func secretMessage() -> String
}
```

這個程式協定指定了一個名稱為 specialNumber 的屬性，型態為 Int。

specialNumber 必須設定可讀取和可寫入。

這個程式協定指定了一個名稱為 *secretMessage* 的方法，不需要傳入參數，會回傳 *String* 型態的值。

遵守程式協定

定義一個結構或類別，此處定義的結構命名為 *MyStruct*。

此處使用程式協定的名稱，宣告這個結構會遵守程式協定。

```
struct MyStruct: MyProtocol {
    var specialNumber: Int
    func secretMessage() -> String {
        return "Special number: \(specialNumber)"
    }
}
```

定義程式協定要求的任何屬性。

定義程式協定要求的任何方法，具體的實作內容取決於結構或類別，只要方法接受的參數和回傳值符合程式協定的定義即可。

機器人工廠

問題：

我們需要寫一些程式碼，用於表示機器人工廠製造的所有不同類型的機器人，問題在於各種機器人之間的變化差異很大。

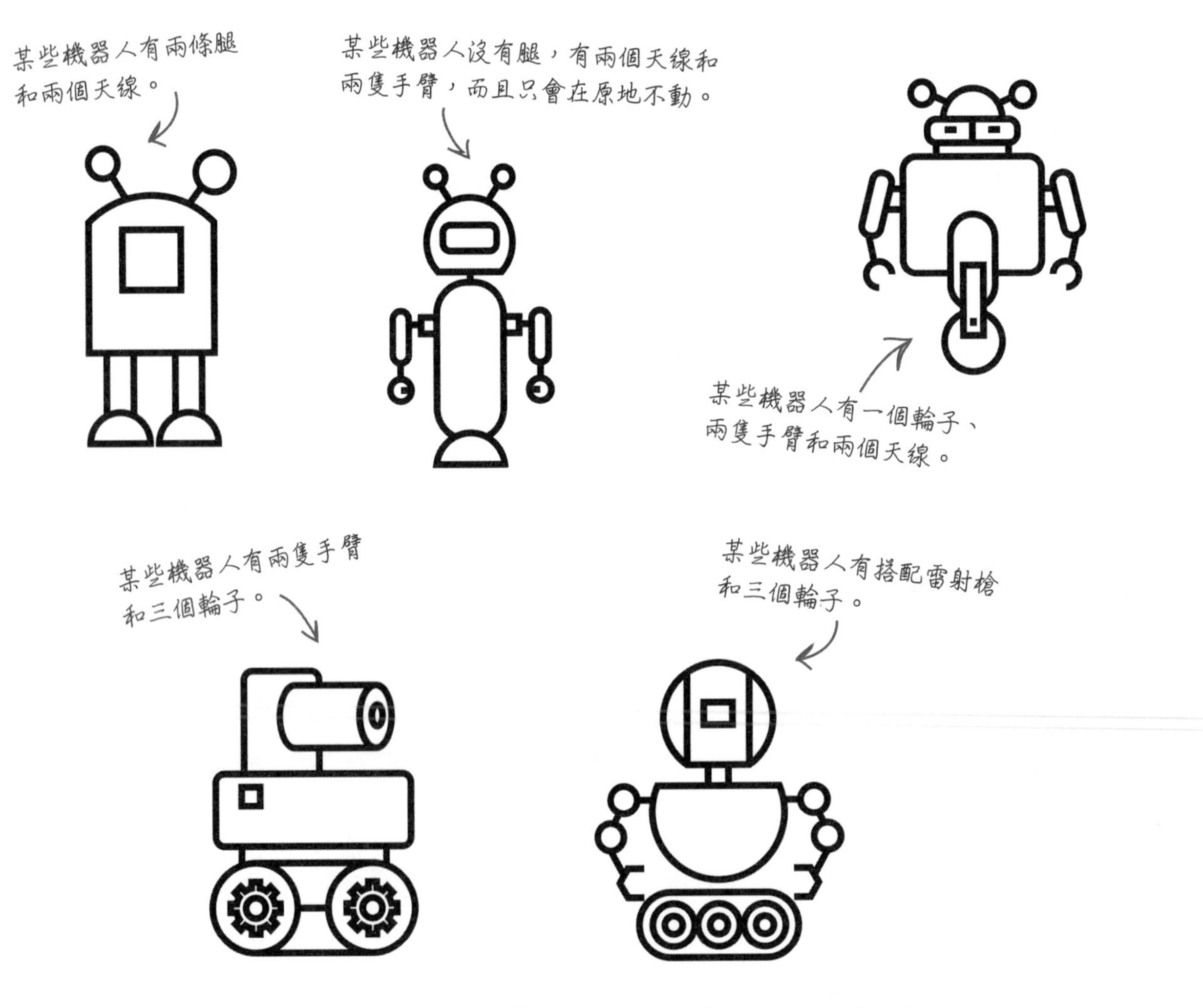

機器人圖示由網站「Noun Project」的 iconcheese 提供！

解決方案：

這只是其中一個解決方案，而非唯一的解決方案，還有很多其他方法可以解決這個問題。

只要我們能弄清楚機器人擁有的全部功能，就能為每一個機器人功能實作一個程式協定，再利用這些程式協定實作出各種類型的機器人。雖然我們有一百萬種不同的方式可以建立這種程式碼結構，但程式協定是特別快速的做法。

❶ 找出機器人可能會有的全部功能

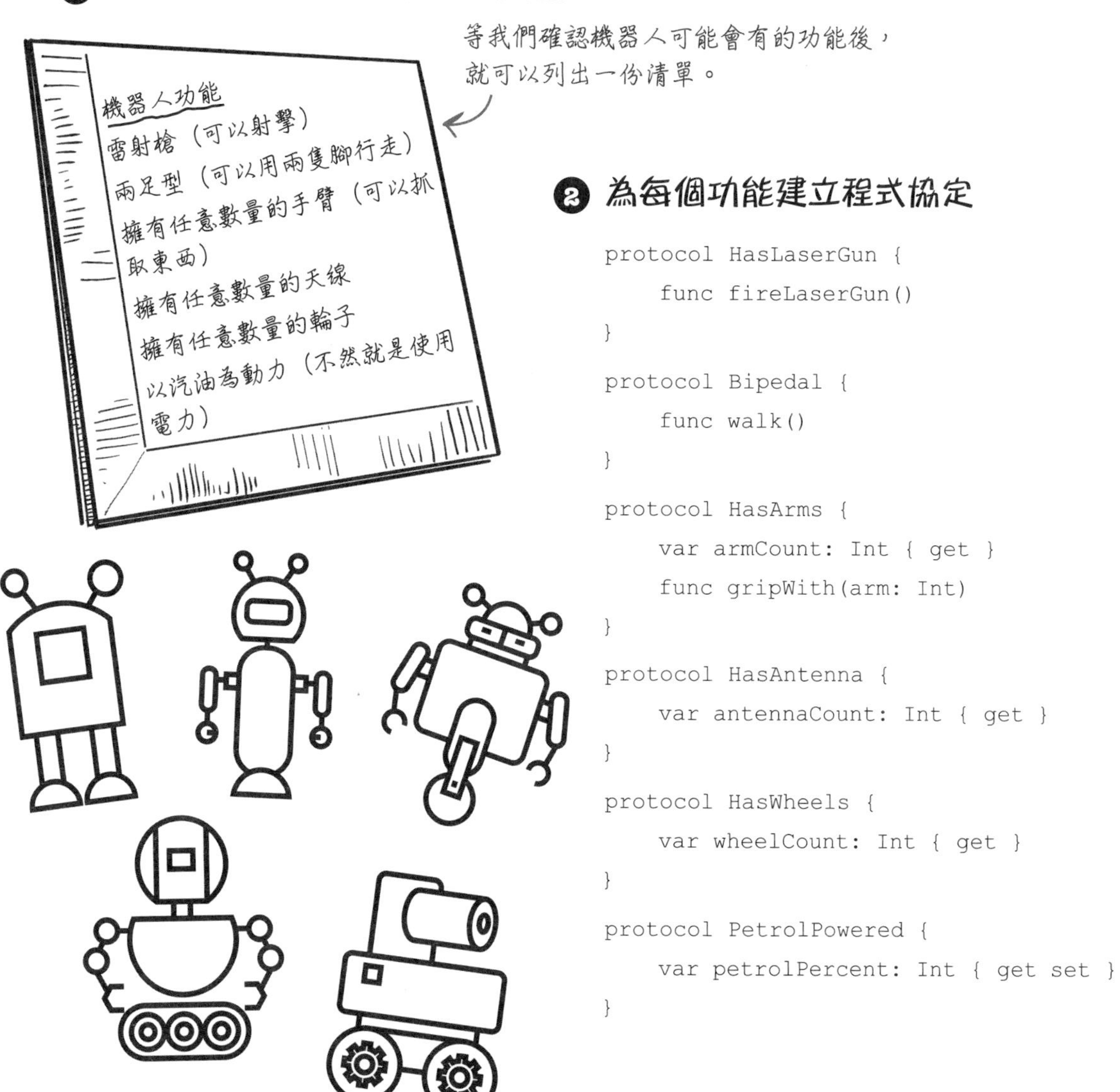

等我們確認機器人可能會有的功能後，就可以列出一份清單。

❷ 為每個功能建立程式協定

```
protocol HasLaserGun {
    func fireLaserGun()
}

protocol Bipedal {
    func walk()
}

protocol HasArms {
    var armCount: Int { get }
    func gripWith(arm: Int)
}

protocol HasAntenna {
    var antennaCount: Int { get }
}

protocol HasWheels {
    var wheelCount: Int { get }
}

protocol PetrolPowered {
    var petrolPercent: Int { get set }
}
```

❸ 建立機器人類型

針對每一種類型的機器人建立結構，讓結構遵守需要的程式協定，然後就能建立個別機器人的實體。

```
struct RobotOne: Bipedal, HasAntenna {
    var antennaCount: Int

    func walk() {
        print("Robot is now walking, using its legs.")
    }
}

var myFirstRobot = RobotOne(antennaCount: 2)
myFirstRobot.walk()
```

這個機器人為兩足型，並且擁有天線。

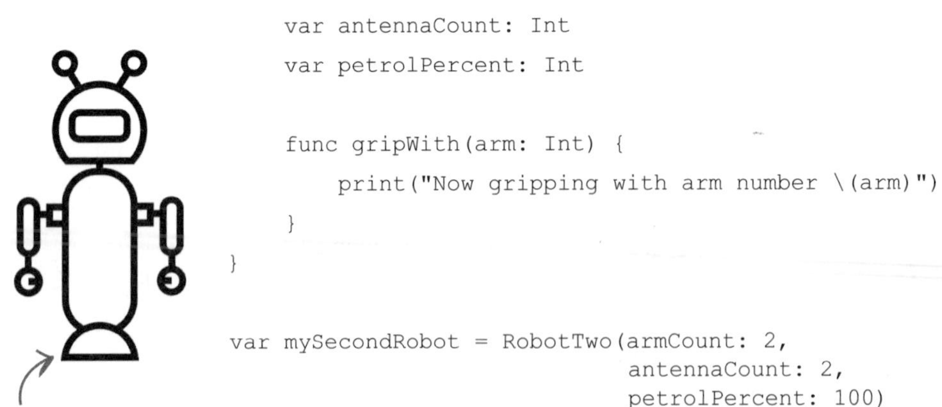

```
struct RobotTwo: HasArms, HasAntenna, PetrolPowered {
    var armCount: Int
    var antennaCount: Int
    var petrolPercent: Int

    func gripWith(arm: Int) {
        print("Now gripping with arm number \(arm)")
    }
}

var mySecondRobot = RobotTwo(armCount: 2,
                             antennaCount: 2,
                             petrolPercent: 100)
mySecondRobot.gripWith(arm: 1)
```

這個機器人有手臂、天線，而且是以汽油為動力。

這個機器人有輪子、手臂和天線。

```
struct RobotThree: HasWheels, HasArms, HasAntenna {
    var wheelCount: Int
    var armCount: Int
    var antennaCount: Int

    func gripWith(arm: Int) {
        print("A RobotThree type robot is
                    now gripping with arm number \(arm)")
    }
}

var myThirdRobot = RobotThree(wheelCount: 1,
                              armCount: 2,
                              antennaCount: 2)
myThirdRobot.gripWith(arm: 2)
```

這個機器人有輪子和雷射槍。

```
struct RobotFour: HasLaserGun, HasWheels {
    var wheelCount: Int

    func fireLaserGun() {
        print("RobotFour type robot is firing laser!")
    }
}

var myFourthRobot = RobotFour(wheelCount: 2)
myFourthRobot.fireLaserGun()
```

```
struct RobotFive: HasArms, HasWheels {
    var armCount: Int
    var wheelCount: Int

    func gripWith(arm: Int) {
        print("Now gripping with arm number \(arm)")
    }
}

var myFifthRobot = RobotFive(armCount: 2, wheelCount: 3)
myFifthRobot.gripWith(arm: 2)
```

這個機器人有輪子和手臂。

腦力激盪

請實作機器人程式協定，然後為下列機器人建立結構：

- 機器人有雷射槍、輪子、手臂，而且是以汽油為動力。
- 機器人有手臂，而且是以汽油為動力。
- 兩足型機器人，而且有雷射槍。
- 機器人有輪子和天線。
- 機器人有輪子，而且是以汽油為動力。

請建立上述這些機器人結構的實體。

為一個全新的機器人功能建立程式協定，然後新增到現有的機器人裡。

繼承程式協定

還記得「RobotOne」這個機器人嗎？

必須遵守這兩個程式協定，才能獲得想要的功能。

```
struct RobotOne: Bipedal, HasAntenna {
    var antennaCount: Int

    func walk() {
        print("Robot is now walking, using its legs.")
    }
}

var myFirstRobot = RobotOne(antennaCount: 2)
myFirstRobot.walk()
```

可以像這樣使用 RobotOne 結構寫好的功能。

以這個方式建立機器人副本的實體。

其實我們還可以建立更深一層的程式協定，也就是從其他程式協定那裡繼承程式協定。

有時能以更簡單的方式宣告程式協定…

…這個程式協定還遵守一堆其他程式協定。

```
protocol ReportingRobot: Bipedal, HasAntenna { }
```

我們可以為這個新組成的機器人程式協定指定額外的功能，但是這個範例不需要任何新功能，所以空白即可。

```
struct RobotOne: ReportingRobot {
    var antennaCount: Int

    func walk() {
        print("Robot is now walking, using its legs.")
    }
}

var myFirstRobot = RobotOne(antennaCount: 2)
myFirstRobot.walk()
```

然後只要遵守新協定（繼承其他程式協定）即可，漂亮又乾淨俐落。

削尖你的鉛筆

已知以下的程式協定，請針對不同的車輛性能，建立一個新的車輛結構，這個結構會遵守全部四個程式協定，因此能飛、能漂浮、還可以在陸地上移動，以汽油作為動力：

```
protocol Aircraft {
        func takeOff()
        func land()
}

protocol Watercraft {
        var buoyancy: Int { get }
}

protocol PetrolPowered {
        var petrolPercent: Int { get set }
        func refuel() -> Bool
}

protocol Landcraft {
        func drive()
        func brake() -> Bool
}
```

解答請見第 231 頁。

重點提示

- 程式協定是讓你描述結構或類別必須具有的一組屬性和方法。
- 一個結構或類別能採用任意數量的程式協定，等你需要結構或類別遵守程式協定時才需要實作其中的屬性和方法。
- 程式協定不能直接使用，只是用來描述所要建立的某些內容。
- 一個程式協定可以繼承其他多個程式協定，稱為繼承程式協定。

變異方法

如果你需要指定一個方法來修改程式協定所屬的實體，可以利用關鍵字「mutating」。

定義程式協定。

```
protocol Increaser {
    var value: Int { get set }
    mutating func increase()
}

struct MyNumber: Increaser {
    var value: Int

    mutating func increase() {
        value = value + 1
    }
}

var num = MyNumber(value: 1)
num.increase()
```

對任何方法加上關鍵字「mutating」，就能修改任何遵守程式協定的型態的實體。

宣告結構要遵守這個程式協定。

遵守程式協定並且實作變異方法，這個方法應該要修改實體的值，也就是某些屬性的值。

列舉也能遵守程式協定，遇到這種情況時也需要加上關鍵字「mutating」，但我們要稍後才會談到。

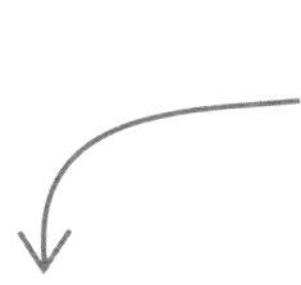

關鍵字「mutating」只能適用於結構。

如果你宣告程式協定的實體方法可以變異，只需要在遵守該項程式協定的結構加上關鍵字「mutating」。

類別也能採用程式協定，但不需要使用關鍵字「mutating」。

程式協定可以作為型態。

雖然程式協定不會真的實作功能的內容，但你還是可以作為型態來使用。將程式協定當作型態使用時，任何遵守程式協定的實體都能使用。

```
protocol ReportingRobot: Bipedal, HasAntenna { }

struct SecurityBot: ReportingRobot {
    實作內容會寫在這裡。
}
struct FoodMonitorBot: ReportingRobot {
    實作內容會寫在這裡。
}

class Situation {
    var robot: ReportingRobot

    init(robot: ReportingRobot) {
        self.robot = robot
    }

    func observeSituation() {
        robot.walk()
    }
}

var securityRobot = SecurityBot(antennaCount: 2)
var foodmonitorRobot = FoodMonitorBot(antennaCount: 1)
var securityMonitoring = Situation(robot: securityRobot)
var cookingMonitoring = Situation(robot: foodmonitorRobot)
securityMonitoring.observeSituation()
cookingMonitoring.observeSituation()
```

還記得前幾頁裡出現過的程式協定 *ReportingRobot* 嗎？

此處考慮的情況是你有兩個不同的機器人，兩個都遵守程式協定 *ReportingRobot*，但做的事情不同：一個負責維護安全，另一個則負責確保食物不會燒焦。

使用程式協定 *ReportingRobot* 作為變數的型態…

以後你就會知道某些功能永遠都能使用。

不管是在哪一種機器人的情況下都能使用。

題目請見第 228 頁。

```
struct FutureVehicle: Aircraft, Watercraft, PetrolPowered, Landcraft {

    var buoyancy: Int  = 0
    var petrolPercent: Int = 0

    func takeOff() {
        print("Taking off!")
    }

    func land() {
        print("Landing!")
    }

    mutating func refuel() -> Bool {
        petrolPercent = 100
        return true
    }

    func drive() {
        print("Driving!")
    }

    func brake() -> Bool {
        print("Stopped!")
        return true
    }
}

var futureCar: FutureVehicle = FutureVehicle(buoyancy: 10, petrolPercent: 100)
futureCar.drive()
```

程式協定型態與集合

= 超級好用

由於程式協定的行為類似型態，所以也能將程式協定作為集合的型態：

```
protocol Animal {
    var type: String { get }
}

struct Dog: Animal {
    var name: String
    var type: String

    func bark() {
        print("Woof!")
    }
}

struct Cat: Animal {
    var name: String
    var type: String

    func meow() {
        print("Meow!")
    }
}

var bunty = Cat(name: "Bunty", type: "British Shorthair")
var nigel = Cat(name: "Nigel", type: "Russian Blue")
var percy = Cat(name: "Percy", type: "Manx")
var argos = Dog(name: "Argos", type: "Whippet")
var apollo = Dog(name: "Apollo", type: "Lowchen")

var animals: [Animal] = [bunty, nigel, percy, argos, apollo]
```

程式協定「Animal」需要一個 String 型態的變數。

自訂型態「Dog」遵守程式協定「Animal」。

自訂型態「Cat」也會遵守程式協定「Animal」。

現在我們要製作一些小狗和小貓。

由於自訂型態「Cat」和「Dog」兩者都遵守程式協定「Animal」，我們也可以建立 Animal 型態的陣列來儲存這些小狗和小貓。真的超級好用！

請建立一個迴圈，然後遍巡處理前一頁的 Animal 型態陣列，看看你是否能找出方法，根據陣列裡的項目屬於 Dog 或 Cat 型態，決定要呼叫 bark 還是 meow 方法。

上面的練習完成後，請創一個新的動物型態，讓它也遵守 Animal 型態。為這個動物型態建立一個方法，並且以動物的叫聲命名，然後將這隻動物加進前面用過的 Animal 型態陣列裡，再以迴圈遍巡處理。

如果我希望我建立的程式協定只能讓我指定的型態遵守，我能做些什麼？

你可以建立只能讓類別使用的程式協定，如此一來，不管是結構或其他型態都不能使用。

若要強制程式協定僅限類別型態使用，可以將程式協定「AnyObject」加到該程式協定的繼承清單裡：

```
protocol SecretClassFeature: AnyObject {
    func secretClassFeature()
}
```

如果你試圖讓類別以外的型態採用 SecretClassFeature 程式協定，就會收到這種錯誤訊息：

```
struct NotAClass: SecretClassFeature {

}
```

Non-class type 'NotAClass' cannot conform to class protocol 'SecretClassFeature'

```
class AClass: SecretClassFeature {
    func secretClassFeature() {
        print("I'm a class!")
    }
}
```

說來也怪，Swift 恰巧有一個功能是針對這個需求，就是：擴展。

擴展允許你**在現有的類別、結構和程式協定裡，增加全新的功能**。你可以利用擴展來新增計算屬性、方法或初始化函式，亦或者是讓某些程式碼內容遵守某個程式協定。

剖析擴展

宣告擴展

以關鍵字「extension」宣告這是一個擴展。

指定想要擴展的型態，此處是擴展 Int 型態。

這裡是希望在擴展裡增加的功能。

```
extension Int {
    func cubed() -> Int {
        return self * self * self
    }
}
```

使用擴展的功能

```
var number: Int = 5
number.cubed()
```

建立某個與擴展型態相同的內容。

使用增加的功能，在這個範例中是名稱為 cubed 的方法。

削尖你的鉛筆

請思考看看你是否能判斷得出來，以下每一個擴展是否有效。如果無效，為什麼？如果有效，作用是什麼？

☐
```
extension Int {
    var even: Bool {
        return self % 2 == 0
    }
}
```

☐
```
extension String {
    override func makeHaha() -> String {
        return "Haha!"
    }
}
```

☐
```
extension Int {
    func cubed() -> Int {
        print(self*self*self)
    }
}
```

☐
```
extension Bool {
    func printHello() {
        print("Hello!")
    }
}
```

解答請見第 237 頁。

重點提示

- 擴展是讓你可以對不是自己建立的型態增加功能。
- 任何以擴展方式增加到型態裡的內容，會視為與原本內建到型態裡的方式完全相同。
- 擴展可以新增方法和計算屬性，但不能儲存屬性。
- 擴展也非常適合用於編排程式碼，將你的程式碼和利用擴展在型態裡建立的功能分開，有助於提升程式碼的易讀性和理解性。

擴展：增加計算屬性

回到我們先前幫助披薩主廚的範例，還記得那時我們在 Pizza 結構裡加入的計算屬性 `lactoseFree` 嗎？

假設我們那時忘記這樣做，而且事到如今再也不能使用那份程式碼，但又需要與程式碼互動，並且加入計算屬性 `lactoseFree`，該怎麼做呢？這時，我們就可以透過**擴展**來新增計算屬性。

以下是缺少 `lactoseFree` 屬性的 Pizza 結構：

```
struct Pizza {
    var name: String
    var ingredients: [String]
}
```

還有一些披薩：

```
var hawaiian = Pizza(name: "Hawaiian", ingredients: ["Pineapple", "Ham", "Cheese"])
var vegan = Pizza(name: "Vegan", ingredients: ["Red Pepper", "Tomato", "Basil"])
```

以下步驟是利用擴展來實作 `lactoseFree` 屬性。

❶ 宣告擴展

```
extension Pizza {
    var lactoseFree: Bool {
        if(ingredients.contains("Cheese")) {
            return false
        } else {
            return true
        }
    }
}
```

❷ 使用擴展的功能

```
print(hawaiian.lactoseFree)
print(vegan.lactoseFree)
```

```
false
true
```

題目請見第 235 頁。

請思考看看你是否能判斷得出來，以下每一個擴展是否有效。如果無效，為什麼？如果有效，作用是什麼？

☑
```
extension Int {
    var even: Bool {
        return self % 2 == 0
    }
}
```
有效，這個擴展允許你查詢 *even* 整數，檢查某個整數是否為偶數。

☒
```
extension String {
    override func makeHaha() -> String {
        return "Haha!"
    }
}
```
無效，*String* 型態通常是沒有支援 *makeHaha* 函式，所以不能覆寫這個函式。

[?]
```
extension Int {
    func cubed() -> Int {
        print(self*self*self)
    }
}
```
從功能面來看，基本上沒有問題，但這個函式的目的應該是回傳 *Int* 型態的值，卻沒有這麼做，所以這個擴展無效。

☑
```
extension Bool {
    func printHello() {
        print("Hello!")
    }
}
```
有效，可以讓你針對某些理由，利用一個布林值來印出問候訊息。

對你有用的擴展技巧

要看出擴展的用處或是搞清楚擴展要怎樣才能適當地放進你要寫的程式碼裡，有時不是那麼容易理解，所以我們來幫你的忙了。

有用的初始化函式

這些結構是用於表示矩形。

```
struct Size {
    var w = 0
    var h = 0
}

struct Point {
    var x = 0
    var y = 0
}

struct Rectangle {
    var origin = Point()
    var size = Size()
}
```

```
var smallSquare =
    Rectangle(
        origin: Point(x: 15, y: 5),
            size: Size(w: 2, h: 2)
    )
```


新增初始化函式（利用擴展）

我們可以利用擴展，為 Rectangle 結構建立新的初始化函式，增補整合所有成員的初始化函式，讓我們能建立新的 Rectangle 實體來表示矩形，指定矩形大小，讓矩形以指定的中心點作為起始點，而非以左下角的原始點：

```
extension Rectangle {
    init(center: Point, size: Size) {
        let origin_x = center.x - (size.w/2)
        let origin_y = center.y - (size.h/2)
        self.init(origin: Point(x: origin_x, y: origin_y), size: size)
    }
}
var bigSquare =
    Rectangle(
        center: Point(x: 10, y: 10),
        size: Size(w: 10, h: 10)
    )
```

削尖你的鉛筆

請思考以下這些程式碼。這些程式碼缺少了部分內容，你能找出缺少了什麼嗎？請填入程式碼，並且執行。

額外加分題：請為這個擴展型態新增更多的方法和屬性。除此之外，你還能讓這個型態做什麼事？

```
extension ____ {

    var square : Int{
        ______________
    }

    _________ -> Int{
        return self * self * self
    }

    ________ func incrementBy10() {
        ________
    }

    _______________ {
        return "This Int contains the value \(self)"
    }
}

var myInt: Int = 100
print(myInt.square)
print(myInt.cube())
myInt.incrementBy10()
print(myInt.description)
```

解答請見第 242 頁。

擴展程式協定

你還可以利用擴展這項特性，將實作完成的方法、計算屬性和初始化函式直接加到程式協定裡。還記得前面看過的程式協定 Animal 嗎？

```
protocol Animal {
    var type: String { get }
}
```

我們可以利用擴展這項技巧，直接擴充程式協定 Animal，新增一個名稱為「eat」的方法。擴展程式協定時，要在程式協定自身裡定義行為，而非在每個遵守程式協定的型態裡：

```
extension Animal {
    func eat(food: String) {
        print("Eating \(food) now!")
    }
}
```

即使這個擴展是針對程式協定，但此處會提供方法的實作內容，所有遵守這個程式協定的型態都能使用這個方法，不需要自己實作。

以下這個型態是遵守我們擴展過的程式協定（此處的範例是指程式協定 Animal）：

```
struct Horse: Animal {
    var name: String
    var type: String
}
```

…程式協定會在擴展時實作方法，提供給遵守程式協定的型態使用，不必將方法寫在型態裡：

```
var edward = Horse(name: "Edward", type: "Clydesdale")
edward.eat(food: "hay")
```

Eating hay now!

程式協定要擴展或繼承時，不能從另一個正在進行擴展的程式協定。

如果你希望程式協定能繼承另外一個程式協定，這個想法沒有問題，但是你必須在程式協定本身做這項處理。

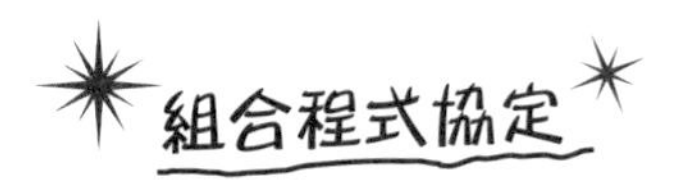

對你有用的程式協定

要求某些程式協定、型態或方法等等遵守多個程式協定，有時真的非常好用。

與之前的作法一樣，你可以創一個程式協定，讓這個程式協定遵守其他多個程式協定：

```
protocol ReportingRobot: Bipedal, HasAntenna { }
```

你也可以將多個程式協定指定成一個你需要的型態：

參數 robot 要求傳入的參數值遵守 HasArms和HasLaserGun 這兩個程式協定。

```
func doSomethingWith(robot: HasArms & HasLaserGun) {
    print("Gripping with arm!")
    robot.gripWith(arm: 1)
    print("Firing laser!")
    robot.fireLaserGun()
}
```

因為我們知道參數 robot 被規定要遵守程式協定 HasArms，所以我們可以呼叫 gripWith。

同樣地，因為我們知道參數 robot 被規定要遵守程式協定 HasLaserGun，所以我們可以呼叫 fireLaserGun。

程式協定組合還可以用來創一個新的**型態別名**：

```
typealias RobotQ = Bipedal & PetrolPowered

func doSomethingElseWithA(robot: RobotQ) {
    print("Walking!")
    robot.walk()
    print("Petrol percent is \(robot.petrolPercent)")
}
```

只要傳入方法裡的型態遵守參數要求的兩個程式協定，即可運作。

這種組合程式協定的做法有時很有用，可以提升程式碼的可讀性，將程式邏輯各別分開。當你一步步勾勒出程式的全貌，非常輕鬆就能搞清楚正在進行的事，然而還是要注意，不要過度使用。

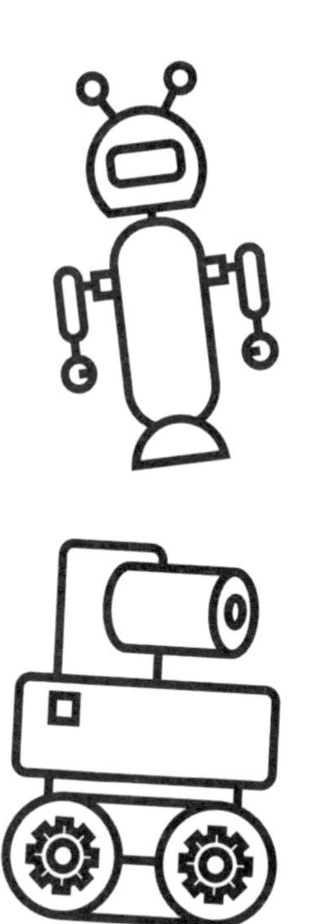

削尖你的鉛筆解答

題目請見第 239 頁。

```
extension Int {

    var square : Int{
        return self*self
    }

    func cube() -> Int{
        return self * self * self
    }

    mutating func incrementBy10() {
        self = self + 10
    }

    var description: String {
        return "This Int contains the value \(self)"
    }
}

var myInt: Int = 100
print(myInt.square)
print(myInt.cube())
myInt.incrementBy10()
print(myInt.description)
```

如果使用擴展時還能讓它遵守程式協定，那不是很夢幻嗎？

加掛「程式協定」

我們剛收到了一些好消息，你確實可以這麼做。

在擴展現有型態的同時，你還可以遵守某個程式協定。這不是什麼特別的魔法：擴展本來就可以為型態增加屬性和方法，當然也可以遵守任何需要的程式協定。

編排程式碼時使用擴展，是提升程式碼可讀性的好方法。

```
struct Dog {
    var name: String
    var age: Int
}

var argos = Dog(name: "Argos", age: 7)

protocol Bark {
    func bark()
}

extension Dog: Bark {
    func bark() {
        print("Woof!")
    }
}

argos.bark()
```

這個結構代表一隻「狗」。

這是一隻使用新型態表示的狗。

程式協定「Bark」需要一個「bark」方法。

這個擴展「Dog」遵守程式協定「Bark」，在 Dog 結構裡新增程式協定「Bark」的功能。

我們創的狗現在會叫了。

腦力激盪

如果你希望使用擴展時遵守某個程式協定，但這個正在擴展的型態其實已經遵守你需要的程式協定（即使是在擴展建立之前，沒有直接遵守該程式協定），你認為這麼做可能會發生什麼結果？請試著寫寫看。

序列

遵守 Swift 程式協定

Swift 提供了大量好用的程式協定，讓你的自訂型態遵守，以增加其他功能。

例如，當你使用 for-in 迴圈遍巡整個集合裡的元素（像是陣列），Swift 會利用一個存在於底層的特別系統——疊代器（iterator），將你建立的 for-in 迴圈映射轉換到一個也具有疊代器、隱藏在系統背後的 while 迴圈。然後，Swift 會重複使用 while 迴圈的疊代器，直到疊代器回傳 nil，while 迴圈結束為止。疊代器的工作是負責遍巡集合內的元素。

你可以實作程式協定的內容，就與 Swift 在底層使用的一樣，然後將這個功能提供給自訂的集合型態使用。

你會需要用到兩個程式協定：一個是 Sequence，是可以循環的有序結構；另一個是 IteratorProtocol，作用是依照順序疊代。讓一個型態同時遵守這兩個程式協定，表示你需要實作 next 方法，為序列回傳下一個合理的值。

遵守程式協定 Sequence 和 IteratorProtocol：

```
struct MySequence: Sequence, IteratorProtocol {
    var cur = 1

    mutating func next() -> Int? {
        defer {
            cur = cur * 5
        }
        return cur
    }
}
```

我們的自訂型態 MySequence 會遵守程式協定 Sequence 和 IteratorProtocol…

…這表示我們需要提供 next 方法，用來回傳下一筆資料。

Swift 會在離開目前的作用範圍之前，執行包在 defer{} 區塊裡的程式碼；這個區塊裡的程式碼會回傳變數 cur 的值，然後將 cur 的值更新為五倍。

使用新序列：

```
var myNum = 0
let numbers = MySequence()
for number in numbers {
    myNum = myNum + 1
    if myNum == 10 {
        break
    }
    print(number)
}
```

```
1
5
25
125
625
3125
15625
78125
390625
```

查詢 Swift 文件，就能找出所有 Swift 已經內建而且能遵守的程式協定，以及遵守協定時必須符合的要求。

程式協定「Equatable」

Swift 裡另一個有用的內建程式協定是「Equatable」，其作用是讓你能使用運算子「==」來比較兩個以自訂型態建立的物件。

問題

```
enum DogSize {
    case small
    case medium
    case large
}
struct Dog {
    var breed: String
    var size: DogSize
}

var whippet = Dog(breed: "Whippet", size: .medium)
var argos = Dog(breed: "Whippet", size: .medium)
var trevor = Dog(breed: "Greyhound", size: .large)
var bruce = Dog(breed: "Labrador", size: .medium)

if(whippet == argos) {
    print("Argos is a whippet!")
}
```

定義一個列舉 DogSize，表示小狗的體型大小。

定義結構 Dog，表示特定的小狗或小狗的品種。

宣告一些小狗…

問題來了！

Binary operator '==' cannot be applied to two 'Dog' operands

Swift 程式協定「Equatable」預設的實作內容會檢查指定型態的每個屬性，因此，如果你只想檢查部分屬性，或是某些屬性尚未遵守程式協定「Equatable」，就必須自己實作「==」。

遵守程式協定「Equatable」：

```
struct Dog: Equatable {
    var breed: String
    var size: DogSize
}

if(whippet == argos) {
    print("Argos is a whippet!")
}
```

讓結構型態 Dog 遵守程式協定「Equatable」，就能讓變數…相等！

Argos is a whippet!

實作「==」

```
struct Dog: Equatable {
    var breed: String
    var size: DogSize

    static func ==(lhs: Dog, rhs: Dog) -> Bool {
        return lhs.size == rhs.size
    }
}
if(bruce == argos) {
    print("Argos and Bruce are the same size!")
}
```

我們只是想比較小狗的體型大小，而非品種。

Argos and Bruce are the same size!

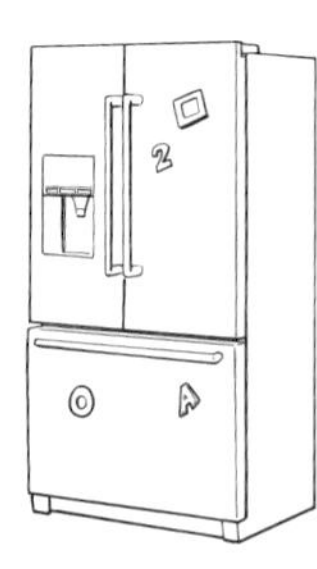

程式碼重組磁貼

有個 Swift 程式被打散後貼在冰箱上，你能重組這些程式碼片段嗎？請在下一頁完成一個可以運作而且能產生結果的程式。這份程式碼使用了我們詳細討論過的概念，和幾個我們尚未介紹的觀念。

請重整這些磁貼，讓這個程式可以重新運作。

```
var myCollection = GameCollection(gamesList: videoGames)
```

```
var videoGames = ["Mass Effect", "Deus Ex", "Pokemon Go",
"Breath of the Wild", "Command and Conquer", "Destiny 2",
"Sea of Thieves", "Fallout 1"]
```

```
struct GameCollection: EnumerateCollection {
```

```
myCollection.
enumerateCollection()
```

```
videoGames.describe()
```

```
    var gamesList: [String]
```

```
extension Collection {
    func describe() {
        if count == 1 {
            print("There is 1 item in this collection.")
        } else {
            print("There are \(count) items in this collection.")
        }
    }
}
```

```
}
```

```
    func enumerateCollection() {
        print("Games in Collection:")
        for game in gamesList {
            print("Game: \(game)")
        }
    }
```

```
protocol EnumerateCollection {
    func enumerateCollection()
}
```

請在此處的作答區中，組合前一頁的程式碼磁貼。

程式碼重組磁貼作答區

```
There are 8 items in this collection.
Games in Collection:
Game: Mass Effect
Game: Deus Ex
Game: Pokemon Go
Game: Breath of the Wild
Game: Command and Conquer
Game: Destiny 2
Game: Sea of Thieves
Game: Fallout 1
```

這是程式的輸出結果。你能將這些程式碼片段排成正確的順序嗎？每個程式碼片段都要用到。

解答請見第 251 頁。

「程式協定」填字遊戲

玩填字遊戲的超棒藉口來了。

中文提示（橫向）

1. 當類別遵守程式協定，使用程式協定的初始化函式時，會對要實作的初始化函式標記這個關鍵字。
3. 程式協定能在程式碼裡作為 ____、參數 ____ 和回傳 ____ 等等使用（這三個空格裡的單字都一樣）。
7. _______ 的實作內容是提供已經存在的實作內容給方法或屬性。
9. 這個關鍵字是用於表示程式協定裡的屬性可以寫入。
10. ________ 提供的功能是對已經存在的型態，增加方法和屬性。
11. ______ 方法可以修改某個方法所屬的實體。
12. 利用擴展可以將這個類型的屬性加到現有的型態裡。

中文提示（縱向）

2. 當你在其他程式協定之上建立程式協定，就稱為 _________ 。
4. 你可以對程式協定擴展加上 _______ ，則遵守程式協定的型態都必須滿足這個限制。
5. 這個關鍵字是用於表示程式協定裡的屬性可以讀取。
6. 程式協定 ______ 程式設計是一種程式設計風格，使用程式協定，而非類別和繼承。
7. 這種設計模式是用於回應某個動作，但不須知道該動作來源底層的型態。
8. ________ 是為遵守其本身的型態，提供一組方法 / 或屬性。

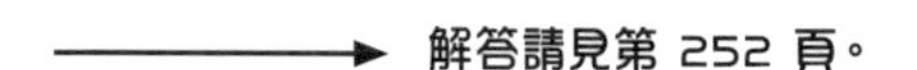
解答請見第 252 頁。

冥想時間 — 我是 Swift 編譯器

本頁的每一段程式碼都是 Swift 程式碼，你的工作是扮演 Swift 編譯器，判斷此處的每一段程式碼是否能執行。如果無法編譯，你會如何修復？

A

```
protocol Starship {
    mutating func performBaryonSweep()
}

extension Starship {
    mutating func performBaryonSweep() {
        print("Baryon Sweep underway!")
    }
}
```

B

```
struct Hat {
    var type: String
}

var bowler = Hat(type: "Bowler")

protocol Wearable {
    func placeOnHead()
}

extension Hat: Wearable {
    func placeOnHead()  {
        print("Placing \(self.type) on head.")
    }
}

bowler.placeOnHead()
```

C

```
protocol Clean { }
protocol Green { }

typealias EnvironmentallyFriendly =
  Clean & Green

struct Car: EnvironmentallyFriendly {
    func selfDrive() {
        print("Beep boop")
    }
}
```

解答請見第 252 頁。

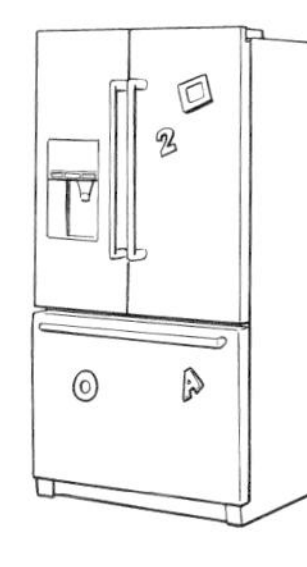

程式碼重組磁貼解答

題目請見第 247 頁。

```
extension Collection {
    func describe() {
        if count == 1 {
            print("There is 1 item in this collection.")
        } else {
            print("There are \(count) items in this collection.")
        }
    }
}
protocol EnumerateCollection {
    func enumerateCollection()
}
struct GameCollection: EnumerateCollection {
    var gamesList: [String]

    func enumerateCollection() {
        print("Games in Collection:")
        for game in gamesList {
            print("Game: \(game)")
        }
    }
}
var videoGames = ["Mass Effect", "Deus Ex", "Pokemon Go", "Breath of the
Wild", "Command and Conquer", "Destiny 2", "Sea of Thieves", "Fallout 1"]
videoGames.describe()
var myCollection = GameCollection(gamesList: videoGames)
myCollection.enumerateCollection()
```

```
There are 8 items in this collection.
Games in Collection:
Game: Mass Effect
Game: Deus Ex
Game: Pokemon Go
Game: Breath of the Wild
Game: Command and Conquer
Game: Destiny 2
Game: Sea of Thieves
Game: Fallout 1
```

「程式協定」填字遊戲解答

提示請見第 249 頁。

1 REQUIRED
2 INHERITANCE
3 TYPE
4 CONSTRAINTS
5 GET
6 ORIENTED
7 DEFAULT
7 DELEGATION
8 PROTOCOL
9 SET
10 EXTENSION
11 MUTATING
12 COMPUTED

冥想時間 —— 我是 Swift 編譯器解答

題目請見第 250 頁。

A、B 和 C 這三段程式碼全都可以執行！

A 因為沒有建立任何實體，所以不會印出任何內容。

B 印出「Placing Bowler on head」。

C 因為沒有建立任何實體，所以不會印出任何內容。

9 Optional 型態、解開、泛型等等議題

這只是個玩笑，因為你真的無法避掉 Optional 型態。

你沒有選擇

處理不存在的資料是一項挑戰。幸好 Swift 提供了解決方案，讓我們一起來會會 **Optional 型態**。**不論值是否存在**，Swift 的 Optional 型態都能幫你處理，這是 Swift 程式語言針對安全性而設計的眾多機制之一。截至目前為止，你已經在本書的程式碼裡看過幾次 Optional 型態，現在我們要更深入探討這個主題。Optional 型態之所以能**讓 Swift 具有安全性**，是因為這項機制能防止你不小心寫出會讓程式中斷的程式碼，可能是因為缺少資料或是回傳了一個實際上不存在的值。

台灣念真情 —— Optional 型態訪談

本週佳賓：**低調的 Optional 型態**

Head First：Optional 型態，非常感謝你來參加今天的專訪。能有這個機會更瞭解你，我們都非常興奮。

Optional：那有什麼問題。雖然我是最近才開始受到大家歡迎，但我其實一直都有空出時間和大家聊聊。你介意我和你談話時，對你做一些紀錄嗎？

Head First：你想記下我的事嗎？可是我今天訪談你，是為了更瞭解你耶！不過，我想，好吧，當然沒問題。不管你想知道什麼，問吧。

Optional：謝謝你！請問你最喜歡哪一個數字？

Head First：抱歉，我其實沒有特別喜歡哪個數字。我聽說你是 Swift 程式語言裡最強大的功能之一，請問這是什麼意思，你願意發表一下意見嗎？

Optional：你沒有最喜歡的數字，對吧。好，那我就記下這一點。你說我很強大，嗯，這麼說吧，我不懂什麼是強大，但我確實擁有某些能力。我能幫你表示某些不存在的資料。

Head First：你是指哪種資料呢？

Optional：任何資料，任何資料都可以喔。

Head First：一個字串也可以嗎？

Optional：啊，字串喔。不管這個字串存在，或是根本不存在，我都能表示。

Head First：這個概念與空字串一樣，對吧？

Optional：不一樣喔，空字串真的是一個 String 型態的值，只不過值是「空的」。但 Optional 型態的 String，則可能是任意字串值、空值或根本不存在。懂了嗎？

Head First：呃，我想我應該了解你的意思。你是說，所有 Swift 程式語言裡的資料型態都可以具有 Optional 型態，是這個意思嗎？

Optional：沒錯！具有 Optional 型態的 Int 可能是 5、10、1000 或 nil，換句話說，也可能根本不存在。

Head First：所以，具有 Optional 型態的某個東西有可能是某個型態的任意值，也可能是 nil ？

Optional：是的。請思考一個簡單的型態：布林值，這個型態的值只有 true 或 false，但具有 Optional 型態的布林值則可能是 true、false 或 nil。

Head First：你確定自己很有用嗎？

Optional：絕對有用，你很快就會了解我好用在哪裡。請問你的生日是哪一年？

Head First：呃，這個問題與訪談有什麼關係嗎？

Optional：是沒有關係，不過，你一定知道自己生在哪一年，對吧？

Head First：沒錯，我是知道…

Optional：很好，很好。

Head First：那麼，謝謝你跟我們聊聊。

Optional：不客氣。

Optional 型態的使用語法探究

使用 Optional 型態時，其語法核心是「?」運算子，用於指出某個東西具有 Optional 型態。例如，當你想產生一個具有 Optional 型態的整數時，做法如下：

```
var number: Int? = nil
```

變數 number 目前沒有任何值，因為它具有 Optional 型態，就只能是 nil。之後如果想在變數 number 裡儲存一個整數值，則做法如下：

```
number = 42
```

處理遺失的內容

問題

你正在開發一個還不錯的 Swift 程式，能提供使用者指定自己最喜愛的名言：

```
var favoriteQuote: String = "Space, the final frontier..."
```

這是一段使用者喜愛的名言，儲存為 String 型態。

```
if favoriteQuote != "" {
    print("My favorite quote is: '\(favoriteQuote)'")
} else {
    print("I don't have a favorite quote.")
}
```

這些程式碼是用於檢查一段名言實際上是否存在，如果存在就顯示名言。

Optional 型態讓我們乾淨俐落地處理根本不存在或可能不存在的值。

我必須在這裡對你坦承…我真的沒看到任何問題。這段程式碼看起來運作正常，是我漏掉了什麼問題嗎？

問題在於這段程式碼的做法不是非常快速。

你如果執行這段程式碼，會發現它確實可以運作，程式執行後一切正常，會印出字串 favoriteQuote 的內容，如下所示：

```
My favorite quote is: 'Space, the final frontier...'
```

如果使用者沒有喜愛的名言，程式還是可以運作，會將字串 favoriteQuote 的內容設為空值，並且印出以下訊息：

```
I don't have a favorite quote.
```

這樣的做法不管是在執行效率上，還是安全性上，都不是很好。空字串不能說是真的沒有喜愛的名言，其實還是有字串，只不過是空的。

我們可以利用 Optional 型態來解決這個情況，讓它幫我們表示**可能不存在**的某個內容。

請建立一個 Playground，試試看前一頁介紹的範例程式碼，應該可以正常運作。如果將 favoriteQuote 的定義完全刪除，會發生什麼情況？ `if` 陳述式會表現出怎樣的行為？

Optional 型態的來龍去脈

為何需要 Optional 型態

Optional 型態有時不是那麼容易理解，你或許搞不清楚該怎麼做，才能將 Optional 型態適當地放進你要寫的程式碼裡，所以我們是來這裡幫你的忙。

```
struct Person {
    var name: String
    var coffeesConsumed: Int
}
```

這個結構代表一個「人」。

這是 Josh，他 / 她是一個「人」。

這是 Tom，他 / 她也是一個「人」。

Josh 平常就喝很多咖啡，他 / 她今天已經喝了 5 杯咖啡，而且可能還會喝更多杯！Tom 是完全不喝咖啡的人，所以我們在幫他 / 她建立結構時，最好的處理就是說他 / 她喝 0 杯咖啡。

這是由 Person 結構組成的 Josh。

```
var josh = Person(name: "Josh", coffeesConsumed: 5)
```

這是由 Person 結構組成的 Tom。

```
var tom = Person(name: "Tom", coffeesConsumed: 0)
```

這個結構適合 Josh，合理表示了 Josh 的情況：Josh 的名字叫「Josh」，他 / 她已經喝了 5 杯咖啡。

但這個結構其實不適合表示 Tom 的情況，他 / 她不是真的喝了 0 杯咖啡，而是他 / 她根本不喝咖啡。

```
var tom = Person(name: "Tom", coffeesConsumed: 0)
```

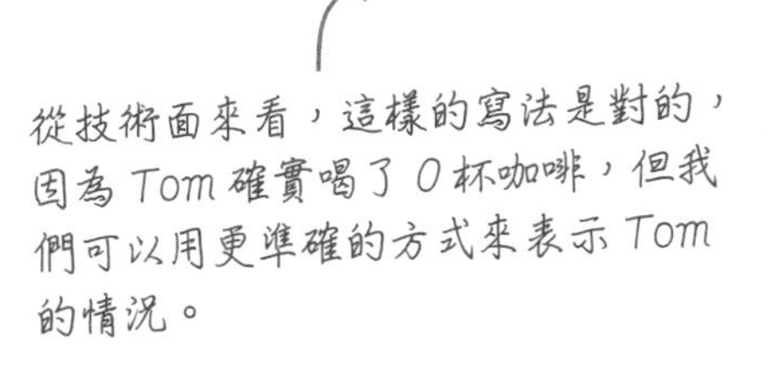

要解決這個問題，我們可以在結構裡加一個布林值屬性 consumesCoffee 或是其他類似的做法。在我們繼續介紹 Optional 型態之前，請先試試你是否能修正這個範例程式碼。

削尖你的鉛筆

請看看以下這些候選的資料清單，思考看看哪些是不錯的候選資料，適合使用 Optional 型態來儲存資料。

如果適合，為什麼？若不適合，原因又是什麼？

- ☐ 使用者在應用程式裡註冊時使用的國家首都名稱
- ☐ 打電話到澳洲時使用的國碼
- ☐ 通訊錄應用程式裡朋友的生日
- ☐ 使用者會說的語言清單
- ☐ 某個人的頭髮顏色
- ☐ 某個人名字的字元長度
- ☐ 被認養的小狗年齡
- ☐ 一本書的頁數

→ 解答請見第 261 頁。

利用 Optional 型態處理缺失的資料

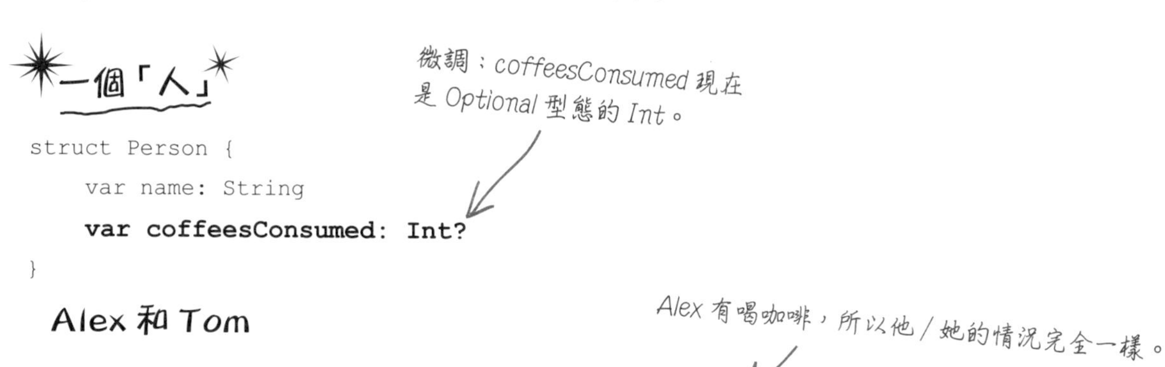


```
struct Person {
    var name: String
    var coffeesConsumed: Int?
}
```

Alex 和 Tom

Alex 有喝咖啡，所以他／她的情況完全一樣。

```
var alex = Person(name: "Alex", coffeesConsumed: 5)

var tom = Person(name: "Tom")
```

Tom 不喝咖啡，所以甚至不會再用到 coffeesConsumed，因為它是 Optional 型態的 Int。

好吧，這很合理，但它還能算是單純的 Int 型態嗎？既然 coffeesConsumed 現在已經變成 Optional 型態，我是否必須使用某種特別的方法，才能取得它的值？

沒錯，要取用 Optional 型態的值，你必須先解開它。

此處先以 Optional 型態的 `Int` 變數 `coffeesConsumed` 為例，這個變數值可能是整數（例如，5）或 nil（也就是什麼都不存在），所以**使用前必須先解開**。

我們可以預想到一堆情況是你可以對 **`Int`** 做，但不能用在 nil，例如，算術運算。如果 Swift 同意你這麼做，就會造成不安全的情況。

因此，在你享用 Optional 型態鮮嫩多汁的核心之前，你必須先解開它！

使用 Optional 型態的關鍵是解開它，必須先解開，才能安全使用。

Optional 型態的來龍去脈

為了學習如何解開 Optional 型態，我們要來看看剛剛才改造過的「Person struct」：

```
struct Person {
    var name: String
    var coffeesConsumed: Int?
}
```

再加上以下這兩個我們用「Person struct」創出來的人：

```
var alex = Person(name: "Alex", coffeesConsumed: 5)
var tom = Person(name: "Tom")
```

然後，請思考看看。如果將這兩個 Person 結構實體的屬性印出來，我們會看到什麼內容：

```
print("\(alex.name) consumed \(alex.coffeesConsumed) coffees."")
print("\(tom.name) consumed \(tom.coffeesConsumed) coffees.")
```

```
Alex has consumed Optional(5) coffees.
Tom has consumed nil coffees.
```

結果顯然不是很理想，程式印出了 Optional(5) 而不是 5。我們想要的數字雖然還在，卻被包在 Optional() 裡。

印出來的這個值的型態是 Optional<Int>，不是 Int。所以，如果我們想使用 Int，就必須先解開 Optional 型態：

使用 *if let* 來解開條件式裡的變數。

```
if let coffees = alex.coffeesConsumed {
    print("The unwrapped value is: \(coffees)")
} else {
    print("Nothing in there.")
}
```

如果此處的值不是 *Optional* 型態，就會指定給 *coffees*。

如果解開之後沒有找到值，就會執行 *else* 底下的程式碼。

削尖你的鉛筆 解答

題目請見第 258 頁。

- ☑ 使用者在應用程式裡註冊時使用的國家首都名稱
  - 這個候選資料適合使用 Optional 型態，因為使用者可能會輸入假的國家，所以國家名稱可能不存在。
- ☒ 打電話到澳洲時使用的國碼
  - 這個候選資料不適合使用 Optional 型態，這是一定會存在的事實。
- ☑ 通訊錄應用程式裡朋友的生日
  - 這個候選資料適合使用 Optional 型態，因為你可能不知道某個人的生日。
- ☒ 使用者會說的語言清單
  - 這個候選資料不適合使用 Optional 型態，因為每個人都會說一種語言。
- ☑ 某個人的頭髮顏色
  - 這個候選資料適合使用 Optional 型態，因為有人可能是禿頭。
- ☒ 某個人名字的字元長度
  - 這個候選資料不適合使用 Optional 型態，因為每個名字都一定會有長度。
- ☒ 被認養的小狗年齡
  - 這個候選資料不適合使用 Optional 型態，每隻小狗都一定會有年齡。
- ☒ 一本書的頁數
  - 這個候選資料不適合使用 Optional 型態，因為每本書至少都會有幾頁內容。

重點提示

- Optional 型態允許你處理實際上根本不存在的資料。
- 任何資料型態都能建立自身的 Optional 型態版本，包含你創的自訂型態。
- 使用「?」運算子，可以建立某個東西的 Optional 型態版本。
- Optional 型態可以儲存所有一般型態擁有的內容，或是 nil（這表示根本不存在任何值）。
- 取用 Optional 型態內的資料需要額外步驟，這個步驟就稱為「解開」。

削尖你的鉛筆

請思考以下這幾段程式碼，看看你是否能搞懂它們會印出什麼內容。如果程式碼無法印出任何內容，你能做最小限度的修改，讓它印出一些東西嗎？

☐
```
var magicNumber: Int? = nil
magicNumber = 5
magicNumber = nil
if let number = magicNumber {
    if(number == 5) {
        print("Magic!")
    }
} else {
    print("No magic!")
}
```

☐
```
var soupOfTheDay = "French Onion"
if let soup = soupOfTheDay{
    print("The soup of the day is \(soup)")
} else {
    print("There is no soup of the day today!")
}
```

☐
```
let mineral: String? = "Quartz"
if let stone = mineral {
    print("The mineral is \(stone)")
}
```

☐
```
var name: String? = "Bob"
if let person = name {
    if(person=="Bob") {
        print("Bye Bob!")
    }
}
```

解答請見第 265 頁。

解開 Optional 型態

「guard」關鍵字

Optional 型態的來龍去脈

❶ 有時候你會想繼續使用解開的 Optional 型態

在某些情況下，你會想百分之一百確定已經從 Optional 型態裡解出一個值，希望保留這個解開的值能繼續使用在其他作用範圍內。

❷ 關鍵字「guard」能幫你達成這個目的

語法跟先前解開 Optional 型態時使用的一樣，不過，要將其中的關鍵字「`if`」換成「`guard`」；「guard let」能解開 Optional 型態，或是在不符合判斷條件時，退出當前的作用範圍。

使用「guard let」解開 Optional 型態：

```
func order(pizza: String?, quantity: Int) {

    guard let unwrappedPizza = pizza else {
        print("No specific pizza ordered.")
        return
    }

    var message = "\(quantity) \(unwrappedPizza) pizzas were ordered."

    print(message)
}
```

如果 Optional 型態的字串 pizza 沒有值，程式就會立刻退出 order 函式。

放輕鬆

在多數情況下，你或許會比較想用 `if let` 來解開 Optional 型態。

「`guard let`」最好用的地方是解開函式或方法的一個 Optional 型態或是前三個 Optional 型態，而且之後的一切它都會安排妥當，若其中有任何一個 Optional 型態其實沒有值，就會退出那個方法。「`guard let`」令人安心，因為你知道所有的值都確實存在；換言之，「`guard let`」能在程式繼續往下執行之前，負責檢查是否符合某些與 Optional 型態有關的條件。「`guard let`」一定要與關鍵字「`return`」一起搭配使用。

強制解開

有謠傳說 Swift 的某個運算子很危險，甚至危險到…呃，不應該使用這個運算子…我還聽說這個運算子被稱為「崩潰運算子」，這究竟是怎樣的故事？

「崩潰運算子」並不是神話故事，它是真的。

「崩潰運算子」的真實名稱是「**強制解開**」(**force unwrapping**)，而這個運算子正如你所預期的…就是「**!**」。

在正常的情況下，享用 Optional 型態內鮮嫩多汁的值之前，通常需要進行必要的檢查和流程，可是，如果使用「強制解開運算子」，就會跳過所有檢查流程。

舉個例子，假設你有一個 Optional 型態的 String，如下所示：

```
let greeting: String? = "G'day mates!"
```

你可以像以下這樣的寫法，使用「**!**」運算子強制解開：

```
print(greeting!)
```

G'day mates!

與以下的寫法比較一下，如果沒有強制解開，字串還是 Optional 型態：

```
print(greeting)
```

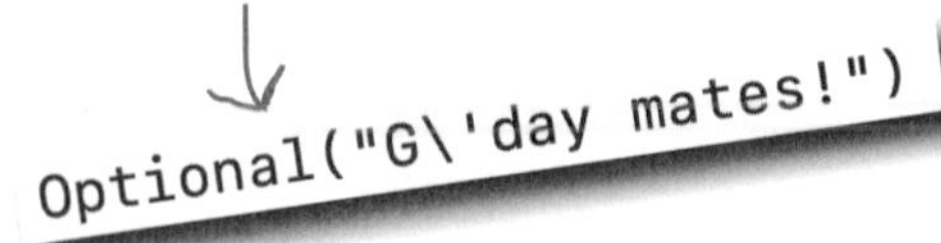

之所以會暱稱為「崩潰運算子」是有原因的。

只有當你百分之一百確定 Optional 型態裡面有值，你才可以使用強制解開，而且是依照你打算使用的方式來用這個值。

削尖你的鉛筆 解答

題目請見第 262 頁。

☑

```
var magicNumber: Int? = nil
magicNumber = 5
magicNumber = nil
if let number = magicNumber {
    if(number == 5) {
        print("Magic!")
    }
} else {
    print("No magic!")
}
```

印出「No magic!」

No magic!

☒

```
var soupOfTheDay = "French Onion"
if let soup = soupOfTheDay{
    print("The soup of the day is \(soup)")
} else {
    print("There is no soup of the day today!")
}
```

程式不會印出任何內容，因為是對單純的 String 型態使用「if let」，而非 Optional 型態的 String。

要修正這個問題，請將變數 soupOfTheDay 宣告為 Optional 型態的 String。

☑

```
let mineral: String? = "Quartz"
if let stone = mineral {
    print("The mineral is \(stone)")
}
```

印出「The mineral is Quartz!」

The mineral is Quartz

☑

```
var name: String? = "Bob"
if let person = name {
    if(person=="Bob") {
        print("Bye Bob!")
    }
}
```

印出「Bye Bob!」

Bye Bob!

強制解開 Optional 型態

有一個很棒的情境可以說明你實際上會想強制解開 Optional 型態的時機：當你硬寫一個值，而且你知道這個值一定有效，並且儲存為 Optional 型態的情況。

請思考以下的程式碼：

```
let linkA = URL(string:"https://www.oreilly.com")
```

Apple 函式庫提供的 `URL` 類別可以讓你表示網址，例如，前往某個網站的連結位址，此處範例的 URL 是儲存某個知名出版社的網址，這家出版社主要發行以動物為主題的技術書籍。這個 `URL` 是有效的格式（不論這個 URL 是否能運作，它依舊具有真實的功能性）：具有符號「`/`」和「`.`」，而且都放在正確的位置，格式完整。

然而，`URL` 不能肯定你一定會傳入格式完整而且正確的字串。請拿以下這個程式碼試試看：

```
let linkB = URL(string: "I'm a lovely teapot")
```

「I'm a lovely teapot」雖然是一個完全沒有問題的字串，卻是一個不合法、格式不完整的網址，所以 `URL` 只會將網址儲存為 nil。將這個 URL 指給 `linkB`，表示 `linkB` 是儲存一個具有 Optional 型態的 `URL`（如果 `URL` 可以儲存確實存在的網址或 nil，合理來說，它就是回傳 Optional 型態的 `URL`）。

因此，如果你嘗試用以下的程式碼：

```
print(linkB)
```

→ nil

…你看到的結果會是 nil，因為 `linkB` 儲存的內容是 nil。

可是，如果你嘗試使用 `linkA`，如下所示：

```
print(linkA)
```

→ Optional(https://www.oreilly.com)

…你會得到 Optional 型態的 `URL`。

如果你嘗試強制解開指給 `linkC` 的 `URL`，就會得到錯誤訊息：

```
let linkC = URL(string: "I'm a lovely teapot")!
```

→ Unexpectedly found nil while unwrapping an Optional value

因為使用「!」運算子，就是向 Swift 保證 Optional 型態裡面一定會有某個值，絕對不是 nil，但此處的 linkC 指向的 URL 內容就是 nil。

如果你知道自己強制解開的 `URL` 包含合法的網址，而且一切內容正常，當然就能順利運作：

```
let linkC = URL(string:"https://www.oreilly.com")!
print(linkC)
```

→ https://www.oreilly.com

冥想時間 —— 我是 Swift 編譯器

你的工作是扮演 Swift 編譯器，檢視以下這些使用 Optional 型態的程式碼，判斷程式碼是否可以編譯，或是會因為用到／沒用到 Optional 型態而發生程式錯誤／異常中斷的情況。請慢慢來，花點時間看看。此處假設以下每個程式碼片段都是獨立運作，互不相干。

A

```
typealias Moolah = Int
let bankBalanceAtEndOfMonth: Moolah? = 764
var statementBalance = bankBalanceAtEndOfMonth!
```

B

```
var moolah = 100
func addMoney(amount moolah: Int) -> Int? {
    return nil
}
var myMoney = (moolah + addMoney(amount: 10)!)
```

C

```
func countPasswordChars(password: String?) -> Int {
    let pass = password!
    return pass.count
}
print(countPasswordChars(password: "IAcceptTheRisk"))
```

D

```
struct Starship {
    var shipClass: String
    var name: String
    var assignment: String?
}
let ship1 =
     Starship(shipClass: "GSV", name: "A Very Bad Idea", assignment: "Contact")
let ship2 =
     Starship(shipClass: "GSU", name: "Lack of Morals", assignment: nil)
print("Assignment of \(ship2.shipClass) \(ship2.name) is: \(ship2.assignment!)")
```

解答請見第 280 頁。

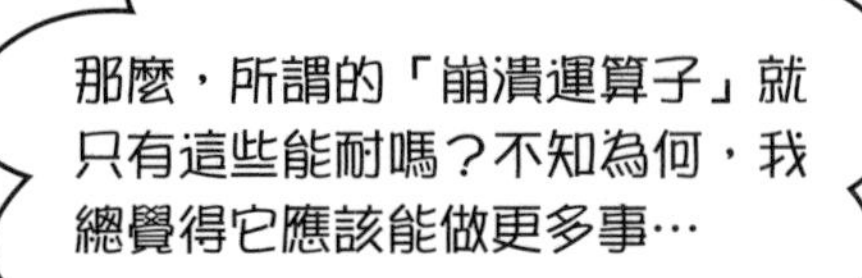

好吧，你還可以拿這個「崩潰運算子」做其他的事，像是自動解開（implicit unwrapping）。

以自動解開方式定義的值，會表現得它彷彿根本不是 Optional 型態，而且不需要解開，但骨子裡其實它還是 Optional 型態。

做法是在宣告型態時，在型態後面加上「!」運算子，如下所示：

```
var age: Int! = nil
```

當你使用會自動解開的 Optional 型態，其行為就像是它已經解開，但如果你使用的 Optional 型態裡面是 nil，就會發生程式異常中斷的情況。因此，使用時必須小心謹慎：

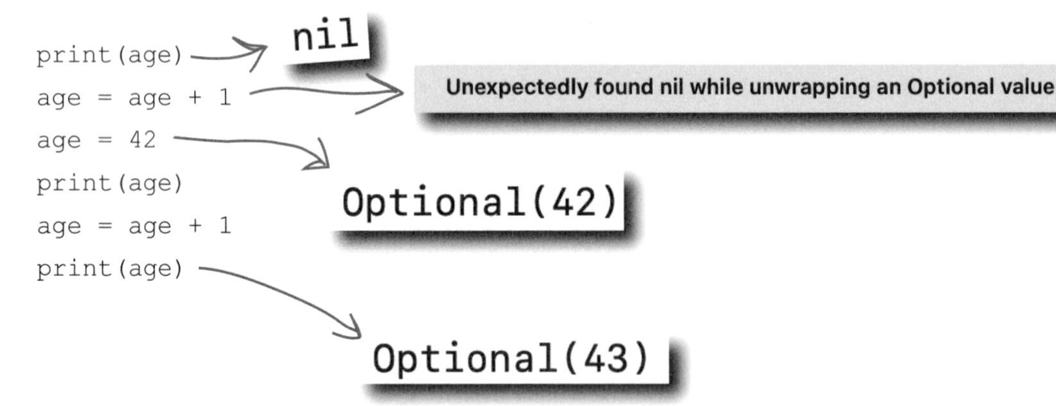

如果可以，請使用正常方式解開 Optional 型態。

如果你百分之一百確定不會有問題，因為你非常肯定 Optional 型態裡面一定有值，在這種情況下使用自動解開確實很有幫助。但或許你也猜到了，使用上還是要小心謹慎，儘可能沿用舊有的 Optional 型態，而且自己解開。

剖析 Optional 型態的連鎖性

Optional 型態的連鎖性（optional chaining）是 Swift 眾多好用的特性之一，從技術面來看，這項特性是讓你以稍微長一點的寫法來實作出便捷的功能。

問題

你正在寫一些程式碼處理陣列，陣列裡的內容是範例人物出席過的現場演奏會。

```
var bobsConcerts = ["Queen at Live Aid", "Roger Waters – The Wall"]
var tomsConcerts = [String]()
```

出於某個原因，你想從陣列裡取出這些範例人物第一次出席的現場演奏會，將其儲存為訊息內容的一部分，但希望以大寫顯示。所以，你寫了這段程式碼…

```
var message: String
if let bobFirstConcert = bobsConcerts.first {
    message = "Bob's first concert was \(bobFirstConcert.uppercased())"
}
```

解決方案

當你需要取用其他 Optional 型態間（或連鎖在一起）的多個 Optional 型態時，Optional 型態的連鎖性能幫助你縮短語法。要將多個 Optional 型態連鎖在一起，需要在其他變數的中間使用「?」運算子：

```
let bobsFirstConcert = bobsConcerts.first?.uppercased()
let tomsFirstConcert = tomsConcerts.first?.uppercased()
```

Swift 會檢查這個 *Optional* 型態鏈中間的屬性值是否存在，而非 *nil*；在這個範例中，屬性值是指演奏會陣列呼叫 *.first* 時的回傳值。如果屬性值為 *nil*，則 *Optional* 型態鏈裡剩下的部分就不會繼續執行，此處的剩餘部分是指呼叫 *uppercased()*；如果屬性值存在，就會繼續執行，彷彿這個 *Optional* 型態已經解開。

Optional 型態的連鎖性是使用簡潔、單行的程式碼，讓你直通一層層連鎖在一起的多個 Optional 型態。萬一多個連鎖層裡有任何一個 Optional 型態是 nil，整行程式碼就會被判斷為 nil。很方便，對吧？

認真寫程式

請看看以下這個程式碼。程式碼定義了兩個結構：Person 和 Song；Person 結構下有三個變數：name、favoriteSong 和 favoriteKaraokeSong，其中變數 favoriteKaraokeSong 為 Optional 型態，因為不是每個人都喜歡唱卡拉 OK。這個範例程式碼還創了幾個範例人物給你參考。

```
struct Person {
    var name: String
    var favoriteSong: Song
    var favoriteKaraokeSong: Song?
}

struct Song {
    var name: String
}
let paris =
      Person(name: "Paris",
            favoriteSong: Song(name: "Learning to Fly – Pink Floyd"),
            favoriteKaraokeSong: Song(name: "Africa – Toto"))

let bob =
      Person(name: "Bob",
            favoriteSong: Song(name: "Shake It Off – Taylor Swift"))

let susan =
      Person(name: "Susan",
            favoriteSong: Song(name: "Zombie – The Cranberries"))
```

「?」運算子表示這個變數是 Optional 型態。

以上的範例程式碼中創了三個 Person 結構的實體，請寫一些程式碼，利用 if 陳述式印出這三個實體的變數 favoriteKaraokeSong 的值。若 favoriteKaraokeSong 的值不存在，則印出訊息表示該範例人物沒有最愛的卡拉 OK 歌曲。

完成上面的練習後，請使用 Person 結構再多創幾個人物，試試看你是否能將這個程式碼轉換成函式。

有沒有任何方法可以讓我利用 Optional 型態，使物件無法建立？

有，這種方法稱為初始化失敗函式（failable initializer）。

假設你正在寫一個結構來表示形狀，一個形狀會有很多個邊，結構就只有這個屬性。

這個結構還具有一個 printShape() 方法，最終目標是讓程式在螢幕上畫出一個形狀，但現在只會印出一個形狀有幾個邊。

假設你正在寫的結構 Shape 如下所示：

```
struct Shape {
    var sides: Int
    func printShape() {
        print("Shape has \(sides) sides.")
    }
}
```

但如果我們不允許使用者以 Shape 結構創造出少於三個邊的形狀時，該怎麼做？不管怎麼說，少於三個邊實在很難建立出一個形狀，所以你或許應該避免這個情況發生。

此時就是初始化失敗函式派上用場的時機了！在 Shape 結構裡加入初始化失敗函式，如果有人試圖建立少於三個邊的形狀，你可以讓函式回傳 nil：

```
init?(sides: Int) {
    guard sides >= 3 else { return nil }
    self.sides = sides
}
```

初始化失敗函式的關鍵字「init」後面會加上「?」。

如果形狀的邊數沒有大於或等於 3，則 guard 陳述式會回傳 nil。

如果程式碼能執行到這一步，初始化函式就能安全地指定正常的屬性值。

不管形狀有效還是無效，現在你都可以安全建立：

```
var box = Shape(sides: 4)
var triangle = Shape(sides: 3)
var triquandle = Shape(sides: -4)
```

回傳 Optional<Shape>，有四個邊。

回傳 Optional<Shape>，有三個邊。

回傳 nil。

腦力激盪

請嘗試修改這個初始化失敗函式，當有人企圖建立一個超過 9 個邊的形狀時，則無法建立。

對 Optional 型態進行型態轉換

Swift 還提供了一個有用的關鍵字「**as?**」，對某個內容進行型態轉換（typecast）；如果轉換失敗，會回傳 `nil`，轉換成功，則回傳轉換過的型態。關鍵字「`as?`」的作用是讓我們檢查某個內容是否屬於某個 Optional 型態；如果是，就可以使用該型態，如果不是，就會得到 `nil`。

```
class Bird {
    var name: String

    init(name: String) {
        self.name = name
    }
}
class Singer: Bird {
    func sing() {
        print("\(self.name) is singing! Singing so much!")
    }
}
class Nester: Bird {
    func makeNest() {
        print("\(self.name) made a nest.")
    }
}
let birds = [Bird(name: "Cyril"), Singer(name: "Lucy"),
                            Singer(name: "Maurice"), Nester(name: "Cuthbert")]
for bird in birds {
    if let singer = bird as? Singer {
        singer.sing()
    }
}
```

Bird 類別，只有一個屬性「name」。

子類別 Singer 是針對會唱歌的鳥。

會唱歌的 Bird 類別下有 sing 方法。

子類別 Nester 是針對會築巢的鳥。

會築巢的 Bird 類別下有 makeNest 方法。

這個陣列裡有各種 Bird 子類別和原本的 Bird 類別。

我們希望只有屬於子類別 Singer 的鳥才會唱歌。

所以我們使用關鍵字「as?」，將陣列裡每個項目的型態轉換為子類別 Singer。如果是該項目轉換成功，為子類別 Singer，就會獲得值；如果不是，則會得到 nil。這是一個漂亮又安全的做法。

```
Lucy is singing! Singing so much!
Maurice is singing! Singing so much!
```

剖析空值合成運算子

現在我們要來學一個全新的運算子！一起來認識空值合成運算子（nil coalescing operator）。當你處理 Optional 型態的資料時，如果必須保證一定會有值存在，這個運算子就能派上用場。

問題

如果你的程式碼裡有一個 Optional 型態，而且裡面確實有資料…

```
var dogBreed: String? = "Beagle"
print("Look at that cute \(dogBreed!)!")
```

…當你使用這個 Optional 型態時，以「!」運算子強制解開，一切都會運作正常。

```
Look at that cute Beagle!
```

可是，萬一這個 Optional 型態裡沒有任何值存在，你會得到 nil…

```
var dogBreed: String?
print("Look at that cute \(dogBreed!)!")
```

…此時，如果你在使用這個 Optional 型態時，以「!」運算子強制解開，程式就會發生問題。

```
Unexpectedly found nil while unwrapping an Optional value
```

解決方案

```
var dogBreed: String?
print("Look at that cute \(dogBreed ?? "doggo")!")
```

利用空值合成運算子「??」解開 Optional 型態時，如果得到 nil，就會取代為程式碼提供的預設值。

```
Look at that cute doggo!
```

```
var dogBreed: String? = "Beagle"
print("Look at that cute \(dogBreed ?? "doggo")!")
```

```
Look at that cute Beagle!
```

泛型

寫出具有靈活性又可重複使用的程式碼很重要，而泛型（generic）正是為靈活性和可重複使用這兩項崇高的目標，做出精彩的貢獻。**利用泛型寫出來的函式和型態，可以和你需求中定義的所有其他型態一起運用。**

有一個很棒的例子可以說明泛型的作用，就是當你創新的資料型態時，這些資料型態會根據你的需求而採取不同的行動。Swift 內建的集合型態（例如，神奇的陣列）就是這樣創造出來的，所以，截至目前為止，其實你已經用過很多 Swift 利用泛型力量創造出來的東西。現在，我們也要來建立自己的集合型態。

接下來我們要建立的集合型態是**佇列（queue）**，這是一種資料型態，運作方式為先進先出（first-in first-out），與現實世界裡的排隊一樣。當你要將新的內容加入佇列裡，一定是加到佇列的尾端；當你要移除佇列裡的內容時，一定是從佇列的前端移除。

佇列的需求

❶ 將新項目推至佇列尾端的方法

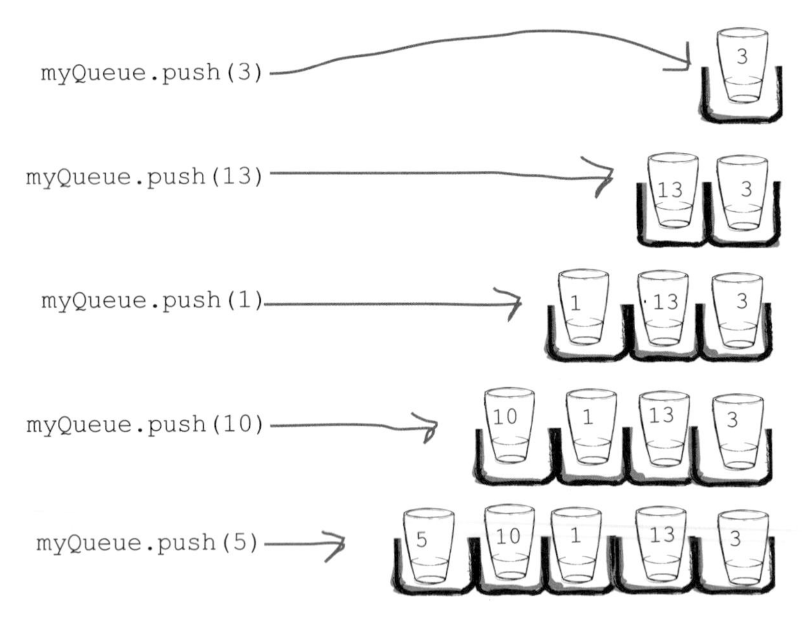

泛型佇列

❷ 將佇列前端的項目抽出然後移除的方法

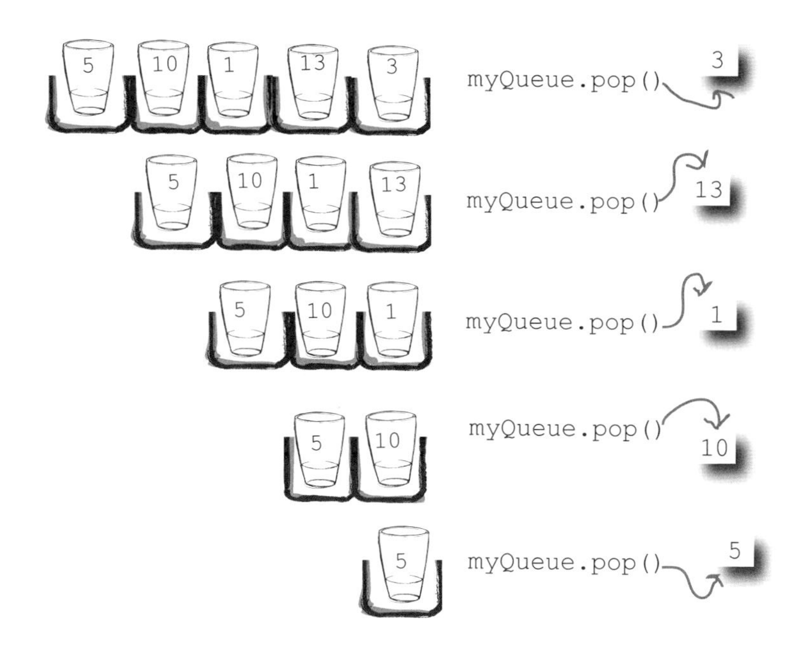

❸ 取得佇列裡項目個數的方法

```
myQueue.push(5)
myQueue.push(11)
myQueue.count
```

2

❹ 將任何型態（Int、String 等等）創造為佇列的能力

…泛型登場！

泛型佇列範例

這個泛型佇列範例展示了佇列的四項需求。

這一小塊就是泛型，泛型佔位符號的名字要放在 < 和 > 之間。

T 表示泛型型態可以為任何型態。

```
struct Queue<T> {
    private var arrayRepresentation = [T]()

    var count: Int {
        return arrayRepresentation.count
    }

    mutating func push(_ item: T) {
        arrayRepresentation.append(item)
    }

    mutating func pop() -> T? {
        if arrayRepresentation.count > 0 {
            return arrayRepresentation.removeFirst()
        } else {
            return nil
        }
    }
}
```

範例中建立的佇列「Queue」實際上是以陣列來表示佇列裡的內容，這個陣列的型態會是存在於T中的任何型態。

佇列「Queue」的屬性 count 會回傳陣列內的項目個數。

push 函式的功能是將型態 T 的項目加入佇列。

pop 函式的功能是從陣列前端回傳型態 T 的項目（如果項目存在）。

使用範例建立的佇列「Queue」

```
var stringQueue = Queue<String>()
stringQueue.push("Hello")
stringQueue.push("Goodbye")
print(stringQueue.pop()!)
```

此處的範例程式碼是創一個 String 型態的佇列。

將兩個字串推進佇列裡。

從佇列前端抽出字串，並且印出字串內容。

此處是強制解開 Optional 型態的結果，因為在這個範例中，我們百分之一百確定佇列裡面有某些內容，但是在實務環境裡，你還是應該使用正確的方法來解開 Optional 型態。

好問題，泛型的經典範例就是函式。

泛型函式適用於任何型態。

以下這個函式的功能是交換兩個整數值：

```
func switchInts(_ one: inout Int, _ two: inout Int) {
    let temp = one
    one = two
    two = temp
}
```

現在請想像一下，你遇到一個情況需要寫一個類似的函式來交換兩個 Double 型態、String 型態或任何其他型態的值。在一般情況下，你需要為每種型態寫幾乎一模一樣的函式，不過，你還可以加入泛型。

以下是我們重寫為泛型函式的交換函式：

```
func switchValues<T>(_ one: inout T, _ two: inout T) {
    let temp = one
    one = two
    two = temp
}
```

泛型不一定要稱為T，其實你可以隨意使用任何名稱，T 只是命名慣例，發揮你的創意吧！

現在你可以使用函式 `switchValues` 來交換任何成對的值，不論這兩個值的型態是什麼，函式 `switchValues` 都能處理：

```
var a = 5
var b = 11
switchValues(&a, &b)
print(a)
print(b)
```

問：我覺得，我應該了解 Optional 型態，其作用是讓我們表示某個東西，這個東西有可能以某個型態存在，也可能根本不存在，對嗎？

答：沒錯，你可以使用 Optional 型態來表示某個不存在或是存在的內容，而且好懂又容易使用。

問：我必須解開 Optional 型態才能取用其內部真正的值嗎？

答：是的，要取用 Optional 型態的值，你必須先解開它，做法是利用關鍵字「`if let`」或「`guard let`」。

問：我也可以強制解開 Optional 型態嗎？

答：可以，只要使用「`!`」運算子就能強制解開 Optional 型態。可是，如果你強制解開某個內容之後卻得到 nil（也就是裡面沒有任何值存在），那麼你的程式碼一定會發生異常中斷的情況。

問：自動解開 Optional 型態是不是有點像 Optional 型態會自動自己解開？

答：是的，你可以建立會自動解開的 Optional 型態，它的行為就像是會自己自動解開，但基本上，這種做法並不具有 Optional 型態的特別安全性。

問：何謂「Optional 型態的連鎖性」？如果 Optional 型態回傳 nil，基本上是不是就會對 Optional 型態進行某種處理，然後忽略程式碼？

答：你猜對了。Optional 型態的連鎖性是一種安全的做法，對於夾在某些非 Optional 型態變數之間的 Optional 型態，進行某種處理。

問：據我所知，空值合成這個方法是在 Optional 型態回傳 nil 的時候，提供已知的安全預設值？

答：正確答案。空值合成只是一種比較炫的說法，其作用就是「為 Optional 型態裡的空值提供預設值」。

問：如果我使用 Optional 型態建立一個物件，可以用初始化失敗函式來確保程式的安全性嗎？

答：可以，初始化失敗函式的做法是在定義初始化函式時，在關鍵字「`init`」後面加上「`?`」運算子，其概念是，如果發現程式以錯誤的輸入資料建立物件時，確定整個物件無法成功建立。

問：最後是型態轉換…這只是將一種型態轉換成另一種型態嗎？

答：你猜對了，型態轉換就是告訴 Swift，你希望換一個不同的型態來提供某個內容。

問：Optional 型態好像真的很有用，既然如此，為何其他程式語言沒有支援這項功能？

答：這個問題很棒，但我們也不知道箇中原因。

重點提示

- `nil` 表示值不存在。
- 對一個型態使用「`!`」運算子（例如，`Int!`），表示該型態的內容在使用前不需要解開，前提是你能確定相關變數值不包含 `nil`。
- 在關鍵字「`init`」後面加上「`?`」運算子可以建立初始化失敗函式，完全防止初始化函式因為傳入錯誤的資料而發生失敗。
- Optional 型態是確保 Swift 安全性的關鍵之一，其作用是讓你以安全的做法，處理可能缺失的資料。

「Optional 型態」填字遊戲

我們一起學到了很多關於 Optional 型態的知識。現在是時候進行一些強制性的樂趣了。看看你是否能找出這個填字遊戲中與 Optional 型態相關的術語。

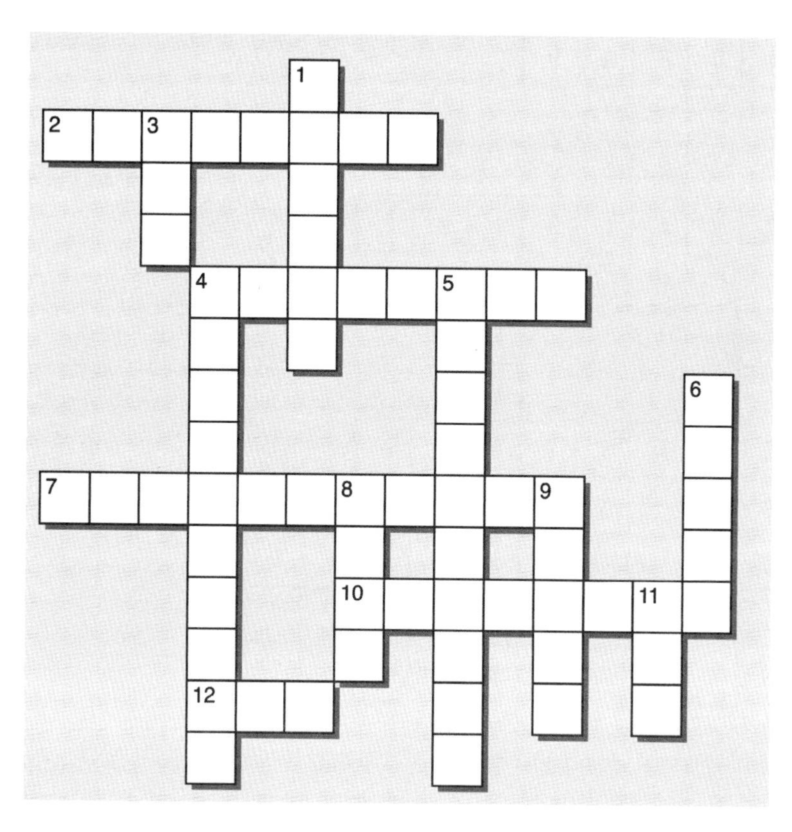

中文提示（縱向）

1. 你必須 ______Optional 型態，才能獲得裡面的值。
3. Optional ___ 是 ___ 支持 Optional 型態的特殊版本（這兩個空格是填同一個字）。
4. nil ________ 運算子在解開 Optional 型態時，會回傳確實存在的值或是預設值。
5. ________ 解開 Optional 型態的做法是，不需要解開就能取得裡面的值。
6. ______ 解開是將 Optional 型態轉換成非 Optional 型態。
8. Optional 型態是 Swift 幫助你寫出 ______ 程式碼的眾多特性之一。
9. ______ let 語法是讓你在解開 Optional 型態之後，還能繼續使用解開的值。
11. if ___ 語法用於解開 Optional 型態，如果無法解開，就會做某些其他處理。

中文提示（橫向）

2. _______ Int 可以儲存整數，或表示根本不存在的值。
4. Optional 型態 _______ 是取用 Optional 型態變數的捷徑。
7. 將某個資料型態作為（可能）不同的型態使用。
10. 初始化 _______ 函式不允許處理某個或許可行的情況。
12. 這個名稱表示缺失的值或不存在的值。

「Optional 型態」填字遊戲解答

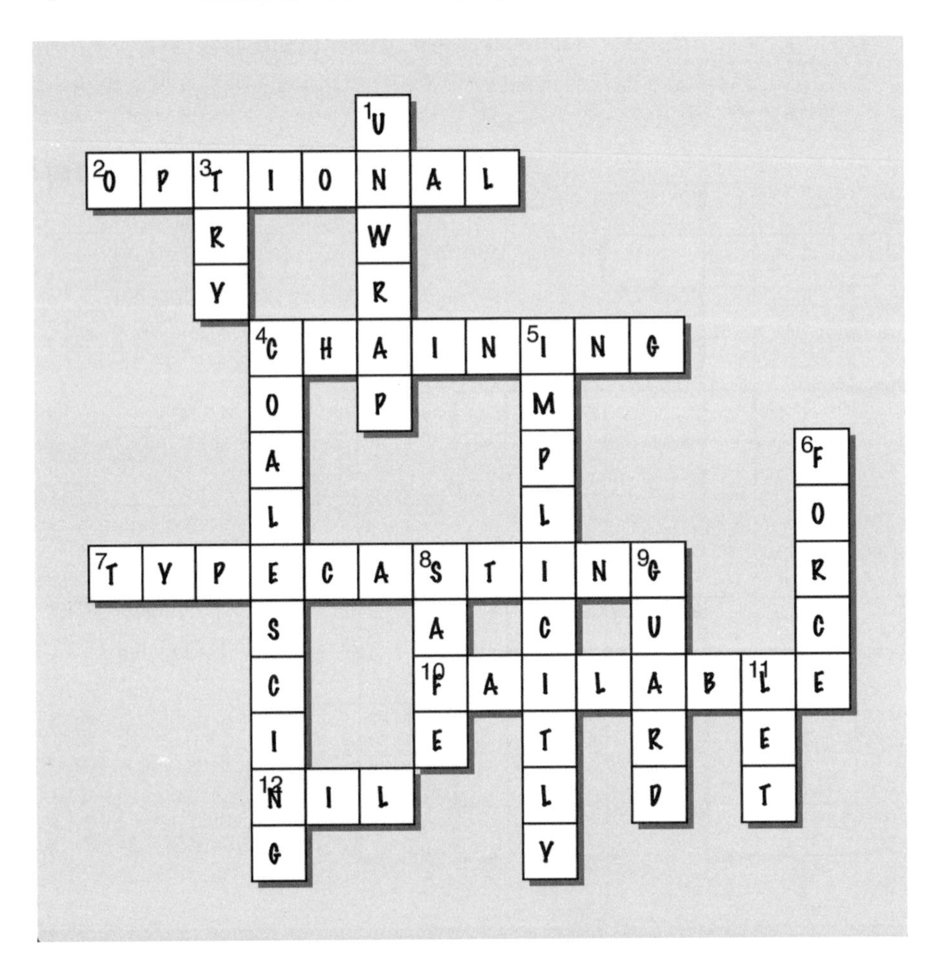

冥想時間——我是 Swift 編譯器解答

題目請見第 267 頁。

A 可正常運作。

B 無法正常運作，因為強制解開回傳值，其實是企圖解開一個 nil 值。

C 可正常運作。

D 無法正常運作，因為強制解開 ship2 的 assignment，其實是企圖解開一個 nil 值。

10 SwiftUI 入門

建立 Swift 使用者介面…非常快速

你的工具箱已經充滿 Swift 技術、功能和元件，現在該來好好地使用它了：我們將帶你從本章開始建立使用者介面（user interface，簡稱 UI）。也可以說是建立 Swift UI。本章會將所有一切整合在一起，創造出第一個真正的使用者介面。我們要**利用 Apple 平台的使用者介面框架 —— SwiftUI**，建立一個完整的體驗。此處會繼續使用 Playgrounds，至少一開始還是會用，但這裡所做的一切其實都是為了奠定基礎，讓你日後能開發真正的 iOS 應用程式。請做好心理準備：本章有滿滿的程式碼和大量的新觀念。深呼吸之後，請翻下一頁，我們要潛進 *SwiftUI* 的世界。

沒錯，它真的就是叫這個名字。這不是另一個冷笑話…或者至少該說，這是 Apple 的冷笑話，不是我們講的。

話說回來，UI 框架究竟是什麼？

Frank：所以，你們有人知道 UI 框架究竟是什麼嗎？

Judy：是一個給使用者介面用的…框架？

Jo：這是一套工具，用於在螢幕上繪製視覺元素。此處，我們稱這套工具為 SwiftUI，是以我們已經學過的 Swift 基礎知識一點一滴建構而成。

Frank：那麼，我們要如何使用這套工具？

Judy：這套工具好用嗎？

Jo：這套工具是讓你利用結構和屬性等等程式設計的方式來建構使用者介面。

Judy：那要怎麼利用結構來建構使用者介面呢？

Frank：我認為是利用程式協定，就是讓結構遵守某種支援 SwiftUI 的程式協定嗎？

Jo：你答對了，這正是 SwiftUI 的運作原理。

Judy：那麼，我可以使用哪些種類的 UI 元素？按鈕？還是什麼其他元素？

Jo：當然會支援按鈕元素 `Button`，其他元素還有用於輸入文字的 `TextField`、`List`、`Image` 視圖等等各種有用的 UI 元素。

Frank：如果必須以程式設計的方式建構使用者介面，如何才能正確地配置 UI 元素？我的意思是，其他程式設計工具在建立使用者介面時，都已經採用視覺方式，如果改用程式碼，我要如何正確設定 UI 元素的位置？

Jo：只要利用一些工具就能輕鬆定位和配置 UI 元素，例如，`NavigationView`、垂直排列的 `VStack` 和水平排列的 `HStack` 等等。在其他視圖裡嵌入視圖，就能十分精準地控制 UI 元素的位置。

Judy：我可以在哪些平台上使用 SwiftUI 來建構使用者介面？

Frank：我認為應該是用於 iOS、macOS、tvOS 和 watchOS。

Judy：就是所有的 Apple 平台…

Jo：沒錯，正是如此。雖然是 Apple 平台專用的工具，但真的非常好用，超級輕鬆就能製作出乾淨俐落又設計完全的應用程式。

Frank：好吧，你說服了我。那我該從哪裡開始學習 SwiftUI ？

Judy：還有我，我也被你說服了，我們一起學 SwiftUI 吧。

Jo：你們很幸運，下一頁就會介紹一些使用步驟…

我已經厭倦所有一切都是文字，
我想要圖形。該怎麼做才能取得
我想要的使用者介面？

SwiftUI 就是你需要的工具。

SwiftUI 以容易理解的 Swift 程式碼，讓你製作出圖形化使用者介面（Graphical User Interface，簡稱 GUI 或 UI）。

以下這個**完整的程式**，具有一個 Swift 使用者介面：

```
import SwiftUI
import PlaygroundSupport

struct ContentView: View {
    @State var count = 0

    var body: some View {
        VStack {
            Button(action: { self.count += 1 }, label: {
                Text("Press Here")
                .padding()
            })

            if count > 0 {
                Text("The button has been pressed \(count) times.")
            } else {
                Text("The button has not been pressed.")
            }
        }
    }
}
PlaygroundPage.current.setLiveView(ContentView())
```

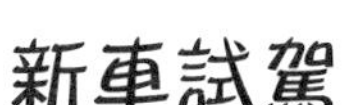

新車試駕

請新增一個 Playground，執行以上的程式碼，你會看到什麼結果？

第一個 SwiftUI 使用者介面

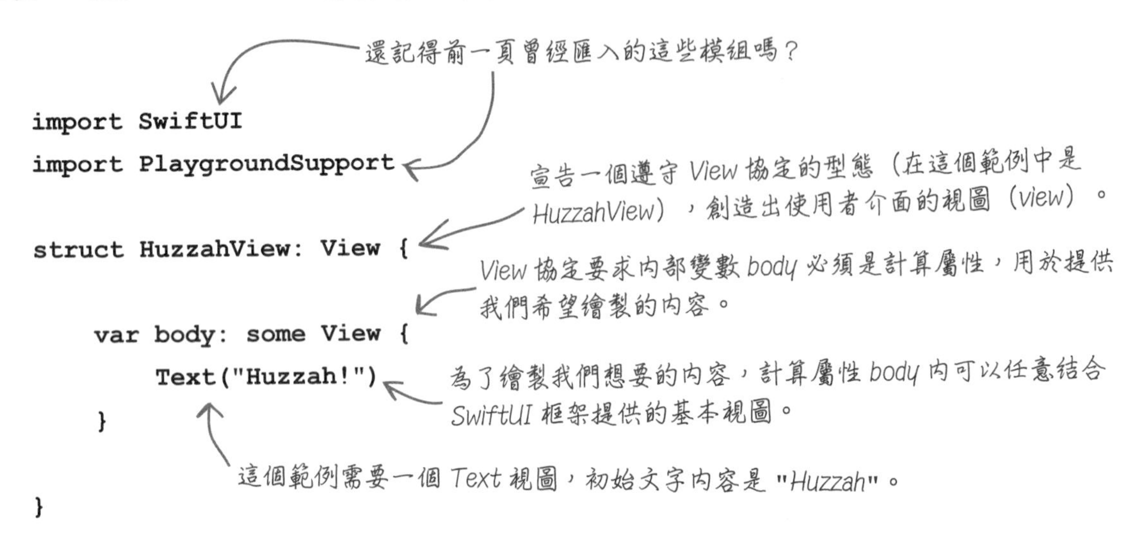


```
PlaygroundPage.current.setLiveView(ContentView())
```

Playground 需要顯示我們想看到的視圖，在這個範例中是「HuzzahView」。

執行程式碼，看看會發生什麼結果。

請創一個新的 Swift Playground，並且輸入上面的程式碼，然後執行 Playground。

Run My Code

這個使用者介面很醜，而且空間太大，但是可以運作！

Huzzah!

SwiftUI 是一種宣告式、回應式的 UI 框架，不僅能輕鬆閱讀程式碼，最重要的是，還能掌握使用者介面的長相。

剖析視圖

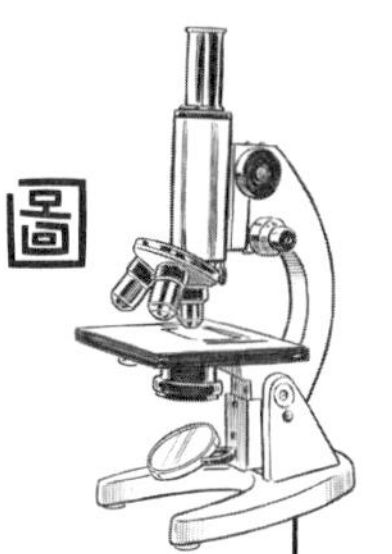

❶ 匯入 SwiftUI

必須先匯入 SwiftUI，這一行程式碼是告訴 Swift，我們要使用 SwiftUI 框架。

```
import SwiftUI
import PlaygroundSupport

struct HuzzahView: View {

    var body: some View {
        Text("Huzzah!")
    }

}
```

❷ 建立結構「HuzzahView」

建立一個結構，命名為 HuzzahView（這只是本書選的名稱），遵守程式協定 View；View 是 SwiftUI 內建的程式協定，用來在螢幕繪製內容。

❸「body」屬性

計算屬性 body 的型態為 some View，表示這個變數回傳（包含）的內容會遵守程式協定 View，關鍵字「some」則表示會回傳相同種類的視圖。

❹ 視圖裡的內容

此處的範例是使用 Text 視圖來顯示一些文字，符合 body 屬性的條件，回傳型態為 some View。

SwiftUI 雖然很簡單，但也很容易出錯。還好，這些錯誤也很容易修正！

比起 Swift 程式語言本身，SwiftUI 的要求更為嚴苛，因此，很容易犯下荒謬的錯誤，而且，得到的錯誤通常與實際上造成錯誤的那行程式碼無關。請放慢腳步，小心謹慎。

嗯，some View 這個語法是怎麼回事？我實在搞不清楚 some View 和視圖 View 有何差異？

此處要介紹一種所謂的不透明回傳型態（opaque return type）。

在解釋為什麼要使用這種回傳型態之前，我們先來看一些程式碼。body 屬性的回傳型態其實也可以使用具體的型態，只要遵守程式協定 View 即可，例如，假設我們以 Text 取代 some View，如下所示：

```
struct MyView: View {
    var body: Text {
        Text("Hello!")
    }
}
```

但是，因為 SwiftUI 的設計目的是讓你從多個視圖去組合出你需要的視圖，在現實世界裡，SwiftUI 的視圖很多，不只有 Text 而已，就算表面上只顯示 Text，背後還是會有 VStack 或 HStack 等等類似的 UI 定位元素。

這裡需要回頭看 Swift 的**泛型**。所有使用的內容只要是遵守程式協定 View，都是泛型型態；泛型型態會根據你給定的內容，變化成具體的型態。

例如，假設你的 VStack 裡有一個 Text 視圖和 Image 視圖，VStack 的型態就會被推論為 VStack<TupleView<(Text, Image)>>。

但是，如果你將 Image 視圖改成 Text 視圖，則型態會變成 VStack<TupleView<(Text,Text)>>。

所以，如果 body 屬性回傳視圖時是使用具體的型態，每當 body 內容改變，我們就必須手動改變型態。

因此，讓 body 回傳某種（some）型態的視圖，能大幅簡化情況。

如果將型態一層一層打開，還會變得更繁瑣、更複雜，所以不要太擔心這個部分！

```
var body: VStack<TupleView<(Text,Text)>> {
    VStack {
        Text("Hello!")
        Text("I'm more text!")
    }
}
```

問：有件事我不太了解，SwiftUI 是 Swift 程式語言的一部分嗎？

答：SwiftUI 是 Swift 程式語言支援的框架，是 Apple 公司的團隊開發出來的，設計的目的是讓你為 Apple 平台（iPadOS、iOS、tvOS、watchOS 和 macOS）建立使用者介面。SwiftUI 是一個專用、封閉原始碼的框架，只能在 iPad 版的 Playgrounds，或是在執行 macOS 的機器上利用 Playgrounds 或 Xcode，才能透過 Swift 程式語言來使用這個框架。這個情況未來有可能會改變，但現況就是如此。

問：所以 SwiftUI 與 Swift 不一樣，並沒有開放原始碼？

答：沒錯，SwiftUI 屬於封閉原始碼專案。

問：這表示我不能在 Linux 或 Windows 上，使用 SwiftUI 開發應用程式嗎？

答：截至目前為止，情況就是如此。SwiftUI 只能用來開發 Apple 平台的應用程式。

問：我聽說過一套工具叫 UIKit，這與 SwiftUI 有什麼關係嗎？

答：UIKit 是 Apple 針 對 iOS 和 iPadOS 開發的另一套 UI 框架，目前仍舊可以使用，而且還在持續更新，也是一套很棒的工具。UIKit 雖然可以跟 Swift 原生語言一起使用，但不是 Swift 原生框架。UIKit 與 SwiftUI 一樣，同為封閉原始碼，而且只限特定平台使用，但兩者略有不同。本書有少部分內容會用到來自 SwiftUI 的 UIKit 視圖，但本書不會教你使用 UIKit。

問：所以 SwiftUI 會取代 UIKit 嗎？

答：不會！因為 SwiftUI 是架構在 UIKit 之上開發而成（但也不是照單全收）。使用 SwiftUI 時，有時底層系統其實是使用 UIKit，但你不需要知道這一點。SwiftUI 的功能十分豐富，為 Swift 原生的框架，而且功能強大，至於 SwiftUI 是否使用 UIKit 來繪製你所建立的使用者介面，對你來說一點都不重要，因為你就只是使用 SwiftUI。

問：SwiftUI 的名字裡也有「Swift」…這是因為它是針對 Swift 而設計，還是因為它真的是個快速的 UI 框架？

答：SwiftUI 是真的很快。利用 SwiftUI 建立的所有視圖都會在底層系統最佳化，盡可能以最快的效率繪製，而且許多利用 Apple 支援的超快 Metal 框架還會使用圖形處理器（GPU）來繪製 UI。簡單來說：SwiftUI 的名稱由來是因為它快速的效能，而且是專為 Swift 而設計。

問：我應該找個時間把 UIKit 也學起來嗎？

答：如果你有興趣進一步開發 Apple 平台的應用程式，看完本書之後，你確實應該繼續學習 UIKit。不過，眼前第一要務真的應該先學習 SwiftUI。

問：我聽說 SwiftUI 是宣告式框架，這是什麼意思？

答：相對於命令式，SwiftUI 確實是屬於宣告式 UI 框架。本章稍後會確實探討 SwiftUI 採用宣告式框架的意義，但重點還是你定義一組規則和狀態，以及規則和狀態之間的移動方式，剩下的就交給 SwiftUI 搞定。

重點提示

- 使用 SwiftUI 框架需要匯入 SwiftUI。
- SwiftUI 的視圖屬於結構，遵守程式協定 View；View 是 SwiftUI 內建的程式協定。
- 使用者介面是由多個而且通常是巢狀的 SwiftUI 視圖組成。
- 使用者介面的程式碼和行為兩者會緊密結合在一起，而且 SwiftUI 高度依賴 Swift 的觀念，例如，程式協定。
- 某些常見的 SwiftUI 視圖提供了有用的 UI 元素，例如，`Button`；有些則是提供看不見的 UI 配置元素，例如，負責垂直排列的 `VStack` 和水平排列的 `HStack`。
- 只需要少少的程式碼，就能利用 SwiftUI 非常快速而且直覺地製作出簡單的使用者介面，但事情很快就會變得十分複雜，所以請放慢腳步，小心謹慎。

UI 建構元件

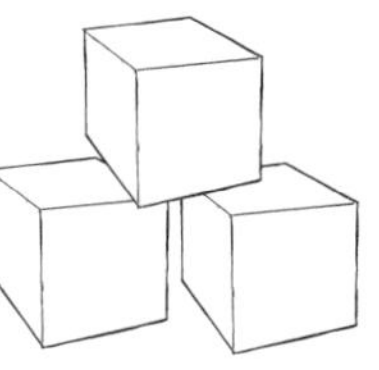

與所有厲害的工具套件一樣，SwiftUI 也有一整套元件，可以讓你組合出酷炫的介面。以下是其中幾個元件：

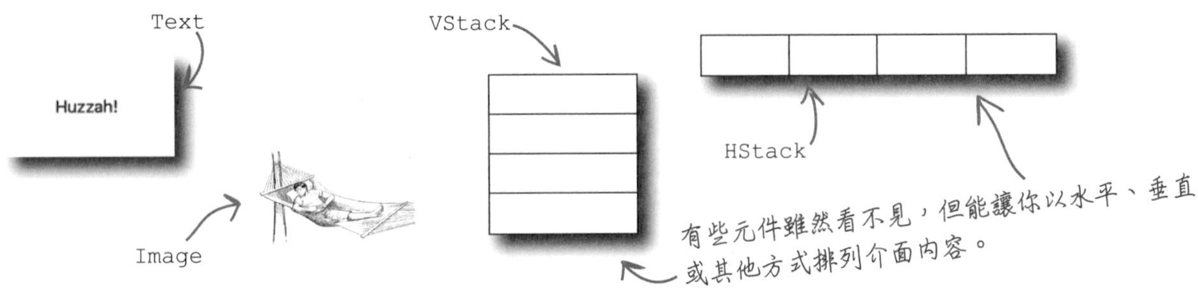

Text	Text 視圖能顯示一行以上的文字。使用者只能閱讀 Text 視圖裡的文字，不能編輯。
TextField	TextField 視圖提供可以編輯的文字視圖，能將文字的值與視圖綁在一起，而且視圖會隨使用者輸入的任何內容而更新。
Image	Image 視圖能顯示圖片，它的功能就只有這樣。
Button	Button 視圖能建立和顯示按鈕，具有一個標籤，作為按鈕上的文字；還具有一個動作，這是輕觸或點擊按鈕時呼叫的方法或閉包。
Toggle	Toggle 視圖負責切換開啟 / 關閉的狀態，具有一個布林型態的屬性以反映切換狀態。
Picker	Picker 視圖能讓你顯示一組互相排斥的值，當其中一個值被挑選之後，就會將這個資訊發送到某個地方。
Slider	Slider 視圖所建立的控制元件，能讓使用者在設定值的界線範圍內進行選擇，隨使用者移動滑桿更新元件所綁定的值。
Stepper	Stepper 視圖顯示的控制元件，能讓使用者遞增或遞減一個值。

建立清單，並且檢查清單…相當多次，讓清單完善

你已經多少了解 SwiftUI 的運作方式了，後續還會學到更多，不過，現在我們要先建立一個比之前的範例還要複雜一點的使用者介面。

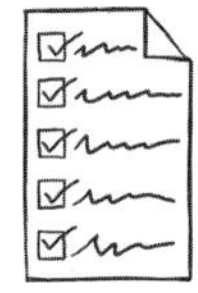

這是我們想開發的使用者介面：

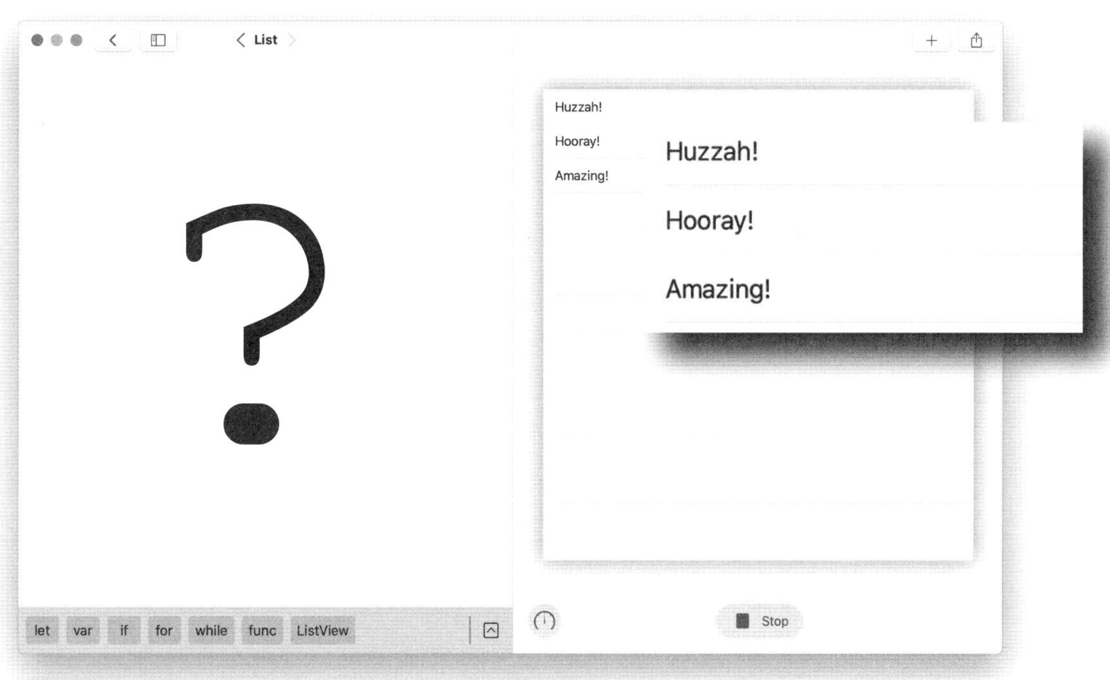

以下是製作這個 UI 的步驟：

1. **創建一個結構作為視圖**
   視圖結構必須遵守程式協定 View。

2. **實作程式協定需要的內容：body 屬性**
   這個介面遵守的程式協定 View，要求視圖結構必須包含一個稱為 `body` 的計算屬性。

3. **創建我們想要的清單介面**
   SwiftUI 提供 `List` 容器，會自動將好幾列資料排成一欄。

4. **在清單介面內放幾個 Text 視圖**
   利用 SwiftUI 的 `Text` 視圖，我們可以建立一些文字，顯示在清單裡。

請利用 SwiftUI，建立前一頁範例中的 List 視圖。你需要使用本書先前介紹過的一些概念，利用 SwiftUI，自己填補一些前一頁沒有提到的部分。

設定

與前面的章節一樣，我們會在 Swift Playground 環境中撰寫程式。所以先創一個 Playground，匯入模組 `SwiftUI` 和 `PlaygroundSupport`。

在我們的範例中，視圖結構名稱為 ListView，但你可以隨意命名。

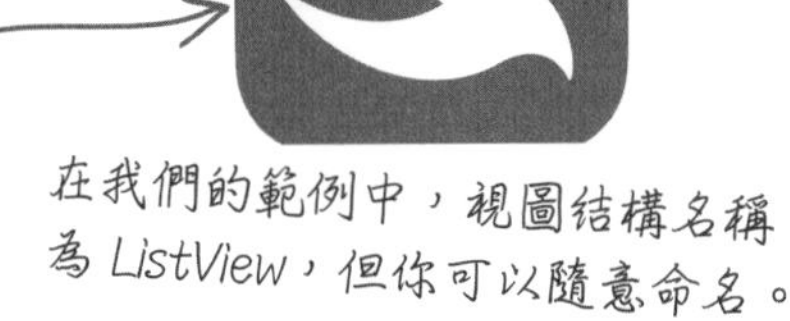

步驟一：建立視圖

我們一起來建立這個清單吧。首先，我們需要一個結構作為清單的視圖，這個結構需要遵守程式協定 `View`。

- 建立結構，並且幫這個包含清單的視圖取一個適合的名稱。
- 設定結構，讓結構遵守程式協定 View。

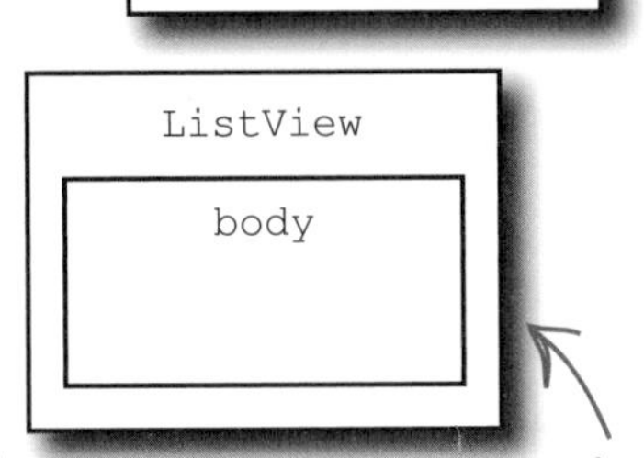

body 屬性的閉包回傳型態是「some View」，因為閉包回傳的特定型態必須遵守程式協定 View，但我們不需要關心這個型態是什麼。

步驟二：宣告 body 屬性

為了將某些內容實際顯示出來，我們需要 `body` 屬性，`body` 屬性也必須遵守遵守程式協定 View。

- 創一個名稱為 `body` 的變數，回傳型態為 `some View`，這個閉包的程式碼先暫時空白不寫。

步驟三：建立清單

要放入視圖本體的主要內容是一個清單，所以，這個步驟需要做的工作是在 `body` 屬性的閉包裡，新增這個清單。

- 創一個 `List` 容器，內容先暫時空白，留待下一個步驟填入。

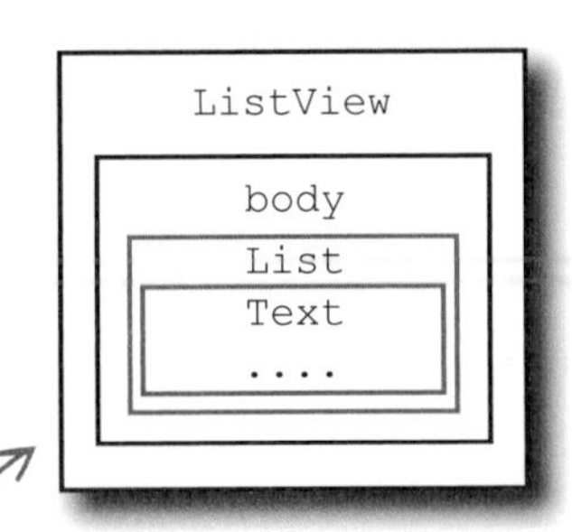

這個 List 容器會建立一個靜態清單，將任何遵守程式協定 View 的內容放進這個清單裡。

步驟四：將一些內容放進清單裡

我們建立的清單具有三個文字項目，以下就是我們要放進 `List` 容器裡的文字：

- 新增 `Text` 視圖，顯示 `"Huzzah!"`。
- 新增 `Text` 視圖，顯示 `"Hooray!"`。
- 新增 `Text` 視圖，顯示 `"Amazing!"`。

後續別忘了讓 Playground 顯示我們希望看到的視圖內容，在這個範例中就是指 ListView。

反映狀態的使用者介面

使用者介面如果不能反映出某種情況，則無法發揮太大的作用，例如，回應某種邏輯、計算、使用者提供的資料、來自遠端伺服器的資料等等⋯**某種程度來說，狀態對使用者介面非常重要。**

SwiftUI 的設計理念是，視圖是反映自身狀態的函式。建立視圖的程式碼和掌握視圖狀態的程式碼，兩者在 SwiftUI 裡密不可分，如同你之後會看到的，兩邊的程式碼通常會是同一個。

假想你正在開發一個應用程式，追蹤你消費的咖啡、茶和雞尾酒，需求如下：

- 應用程式有三個按鈕：一個按鈕上的標籤文字是「Coffee」（咖啡）、一個是「Cocktail」（雞尾酒），還有一個是「Tea」（茶）。
- 每個按鈕上都會顯示一個數字，屬於標籤的一部分。
- 按鈕上的數字是反映每種飲料的消費數量，輕觸按鈕時，數字會遞增。

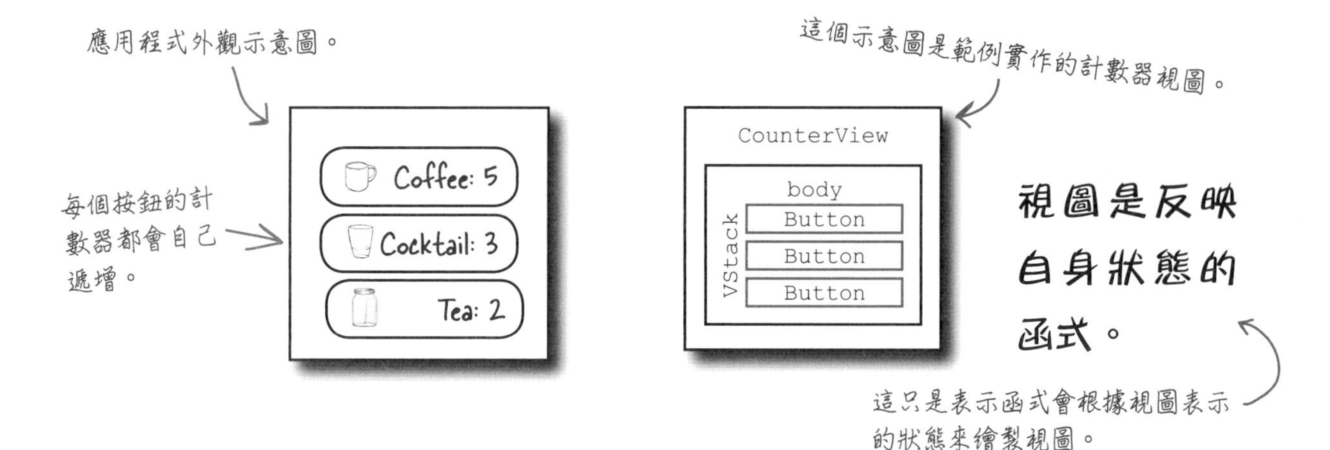

只有在程式碼執行期間才會保存的狀態。

這裡討論的狀態是指程式碼執行期間的程式碼狀態，而非不再執行相關程式碼之後，應用程式儲存的狀態。

這個狀態在程式碼執行期間，會儲存在裝置的隨機存取記憶體（RAM）裡，永遠不會寫入硬碟裡。如果程式碼停止執行或重新啟動，這個狀態就會重新設定為預設值。

按鈕是為按下而生

在我們帶你探索如何開發這個應用程式之前，你必須先了解 Button 視圖在 SwiftUI 裡的運作方式，其實與 Text 視圖的用法非常類似：

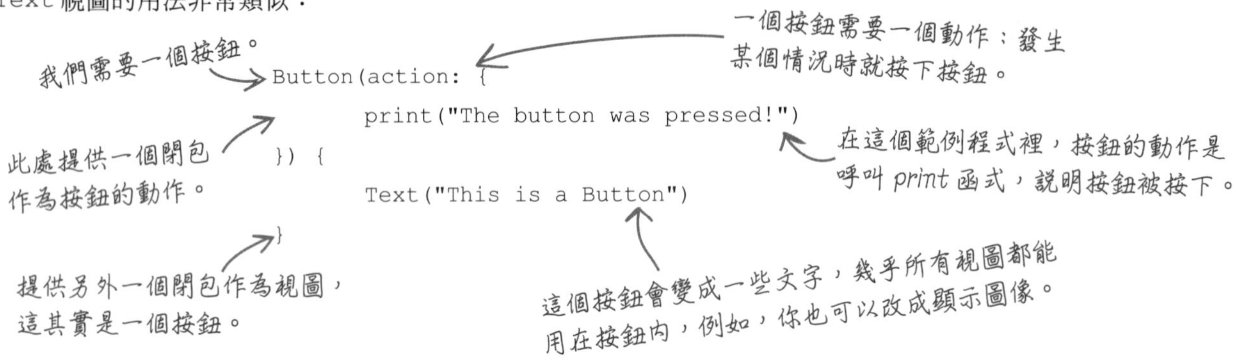

還有另外一種更簡短的語法可以用來產生純文字按鈕，這可能是你最常產生的按鈕類型之一，寫法如下：

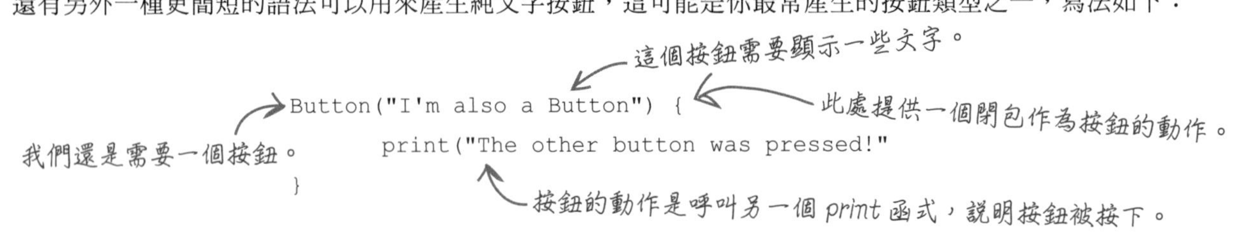

削尖你的鉛筆

請想想看，要寫哪些程式碼才能開發出我們到目前為止一直在討論的應用程式。根據你已經了解的知識和你需要的 SwiftUI 視圖，思考看看要怎樣在 SwiftUI 裡建立程式結構。

等你有想法之後，請將想法轉為實際的程式碼，試著在 Swift Playground 中實作出來。以下這些步驟或許有助於你發想：

- ☐ 建立 SwiftUI 的視圖結構，幫這個計數器應用程式取一個適合的名稱。加入結構需要的計算屬性 body，在這個屬性底下實作我們想要的視圖。
- ☐ 在視圖結構裡創三個變數，用來追蹤三個我們想追蹤的次數。這三個變數的值一定要從 0 開始計算。
- ☐ 在 body 屬性底下創一個 VStack，用於垂直排列使用者介面元素，一個疊一個。
- ☐ 在 VStack 裡建立三個 Button 視圖。每一個按鈕的標題名稱應該由表情符號、名字和次數組成，每個按鈕的動作應該是將相關的次數值加 1。

此處可以使用字串插值來組成按鈕的標題名稱。

等你完成之後（別忘了要使用 PlaygroundSupport 來顯示你的視圖），請翻到下一頁，我們會聊聊這個應用程式的解決方案。如果你現在還不知道要怎麼做，也不必為此擔心喔。

削尖你的鉛筆 解答

你寫的解決方案可能會與以下的程式碼類似，請與你實作的程式碼比較看看。本書的解決方案與你寫的程式碼類似嗎？以下這份程式碼為什麼無法正常運作？

```
import SwiftUI
import PlaygroundSupport

struct DrinkCounterView: View {
    var coffeeCount = 0
    var cocktailCount = 0
    var teaCount = 0

    var body: some View {
        VStack {
            Button("☕Coffee: \(coffeeCount)") {
                self.coffeeCount += 1
            }
            Button("🍸 Cocktails: \(cocktailCount)") {
                self.cocktailCount += 1
            }
            Button("🍵Tea: \(teaCount)") {
                self.teaCount += 1
            }
        }
    }
}
PlaygroundPage.current.setLiveView(DrinkCounterView())
```

此處匯入需要的所有模組。

建立 SwiftUI 的視圖結構。

這幾個視圖內的變數負責追蹤三個計數器的個別狀態，每個變數的初始值都是 0。

body 屬性。

VStack 包含三個按鈕，垂直排列其內部的所有元素。

利用字串插值，在每個按鈕的標題名稱中顯示相關次數…

將每個按鈕相對應的計數器變數值加 1。

要求 Playground 顯示我們已經建立的計數器視圖。

如果執行以上的程式碼，你應該會預期這份程式碼可以運作：根據我們到目前為止對 SwiftUI 的認識，所有一切似乎都很合理。這份程式碼以正確的方式建立了一個視圖，恰當地使用 VStack，讓三個 Button 視圖彼此垂直疊放在一起。每個按鈕負責顯示一個存放在視圖結構裡的計數器變數，在適當的時機遞增變數值。既然如此，這份程式碼為何無法正常運作？

線索就藏在你執行程式碼之後收到的錯誤訊息裡。

Left side of mutating operator isn't mutable: 'self' is immutable

削尖你的鉛筆 解答（續）

前一頁的錯誤訊息告訴我們：self 是不可變物件，在這個範例中，self 是我們建立的 BirdCounterView 結構。

因為 BirdCounterView 結構有可能被創為常數結構，而常數值不能改變，這項特性會延伸適用於常數結構下的屬性值。

如果常數結構內的方法想改變結構內的屬性值，該方法就必須套用關鍵字「mutating」（這是我們先前在第 6 章學過的概念）。

然而，此處的結構是 SwiftUI 視圖，body 為計算屬性，計算屬性不能套用關鍵字「mutating」。

可是，你需要方法來改變狀態變數的值，這時，你該如何解決這個問題呢？

你只要為屬性加上一個標記──屬性包裝器「@State」，就能修正這個情況：

```
@State private var coffeeCount = 0
@State private var cocktailCount = 0
@State private var teaCount = 0
```

屬性包裝器「@State」是確保 Swift 程式知道加上這個標記的屬性可以修改，而且要單獨儲存屬性值。此外，還應該加上存取控制標籤「private」，因為這些屬性只打算在視圖內使用。

如果你現在回頭去修改之前寫的程式碼，幫屬性加上標記「@State」和存取控制標籤「private」，應該就能順利執行，而且使用按鈕之後能正確地遞增計數器的次數。

Bird Counter

```
import SwiftUI
import PlaygroundSupport

struct BirdCounterView: View {
    @State var coffeeCount = 0
    @State var cocktailCount = 0
    @State var teaCount = 0

    var body: some View {
        VStack {
            Button("☕ Coffee: \(coffeeCount)") {
                self.coffeeCount += 1
            }
            Button("🍸 Cocktails: \(cocktailCount)") {
                self.cocktailCount += 1
            }
            Button("🍵 Tea: \(teaCount)") {
                self.teaCount += 1
            }
        }
    }
}
```

Coffee: 0
Cocktails: 0
Tea: 0

Stop

讓我們來看看你學到多少

同時顯示英吋和公分！

你已經掌握到 Swift 程式設計的要領，也熟悉了 SwiftUI 的建立元件，現在該來製作一些真正實用的東西了！

我們的目標是製作一個 SwiftUI 程式，讓我們能非常簡單地將英吋轉換成公分，程式看起來應該會像這樣：

現在你已經知道要怎麼使用屬性包裝器「`@State`」來處理與視圖有關的值，這裡就只剩下一個新觀念：使用 SwiftUI `Slider`（滑桿）。

建立 SwiftUI 滑桿視圖的方式，如下所示：

滑桿還需要設定一個封閉範圍，表示滑桿可以延伸的範圍。

```
Slider(value: $sliderValue, in: 1...10, step: 1)
```

滑桿必須設定一個變數，用於儲存滑桿目前的值。

最後一步是設定滑桿移動一步時，滑桿的值要改變多少。

與多數 SwiftUI 視圖的做法一樣，你也可以自訂 `Slider` 的樣式和主題。例如，假設你希望滑桿的醒目色調能改為紅色，可以參考以下的寫法：

```
Slider(value: $sliderValue, in: 1...10, step: 1)
  .accentColor(Color.red)
```

這個設定稱為修飾項目…

「$」語法是告訴 Swift 程式：將值與某個元素綁在一起，常用於 SwiftUI 裡。

或是為滑桿加上邊框，如下所示：

```
Slider(value: $sliderValue, in: 1...10, step: 1)
  .border(Color.red, width: 3)
```

這也是修飾項目。

腦力激盪

現在你已經知道怎麼建立 SwiftUISlider 了，所以我們幫你創了一個，名稱是 `SliderView`。你需要做的就是在 Swift Playground 裡，將前一頁介紹過的 SwiftUI 使用者介面實作出來。

首先，你需要將一個屬性標記上屬性包裝器「`@State`」，然後把這個帶有標記的屬性加到 `SliderView`。屬性型態是 Double，用於儲存滑桿表示的英吋數值。

在 body 屬性底下的 `VStack` 內，建立 `Slider` 視圖。將 `value` 設定成你建立的屬性，為 `range` 設定合理的範圍（可能是 0 到 100，而且沒有負數），`step` 設定為滑桿每次移動時，滑桿上的英吋值要遞增多少，例如，0.1。

最後，你還需要一些文字，用於說明換算的結果。你只需要加入屬性名稱（這個屬性是負責儲存英吋數值），我們已經為你提供其餘的程式碼。

```
import SwiftUI
import PlaygroundSupport

struct SliderView: View {
    [                                        ]

    var body: some View {
        VStack {
            [                                        ]
            Text("\([      ], specifier: "%.2f") inches is
                \([      ] * 2.54, specifier: "%.2f")
centimeters")
        }
    }
}

PlaygroundPage.current.setLiveView(SliderView())
```

格式化參數 specifier 是告訴 Swift，一個 Double 型態的值只要顯示到小數點後兩位，讓輸出結果保持簡潔。

在 Playground 裡執行上面的程式碼，你會發現程式碼能順利運作。使用滑桿選擇英吋數值之後，會看到換算成公分的結果：

38.60 inches is 98.04 centimeters

利用修飾項目

修飾項目的來龍去脈

❶ Swift 提供的 UI 建構元件基本上已經有許多精美視圖元素

但是，在多數情況下，我們想要的風格不僅於此，通常會希望視圖元素的風格能配合程式的設計與主題。因此，我們想自訂視圖元素，希望能改變元素的風格。

❷ 視圖修飾項目能讓你…修改視圖

將視圖修飾項目套用在視圖上，就是將視圖改變為某種規格，然後回傳你想要的視圖外觀。

使用視圖修飾項目：

```
Text("Big Red Text")
    .font(.headline)
    .foregroundColor(.red)
    .padding()
```

Big Red Text

修飾項目的順序（有時）很重要：

Big Red Text

```
Text("Big Red Text")
    .font(.headline)
    .foregroundColor(.red)
    .background(Color.green)
    .padding()
```

Big Red Text

```
Text("Big Red Text")
    .font(.headline)
    .foregroundColor(.red)
    .padding()
    .background(Color.green)
```

background（背景）屬性現在套用在更大的視圖上，因為 padding（邊距）屬性的順序在前。

腦力激盪

請看看上面的第一個背景範例，試著在padding屬性後再加入另一種背景顏色（使用綠色以外的顏色）。在你執行程式碼來找出答案之前，請先猜猜看，這個另外加入的背景顏色最後會出現在哪裡，以及它與其他背景顏色（綠色）之間的關係。

我的生活十分忙碌，所以我的待辦事項清單上有一條是要找一個待辦清單應用程式來用，但我一直忘記，因為我將待辦事項清單寫在一張餐巾紙上。你可以幫我製作一個應用程式嗎？拜託？

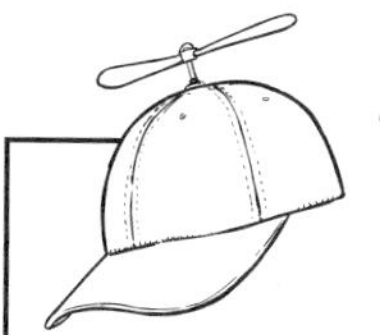

認真寫程式

待辦事項：發揮 SwiftUI 的作用

接下來，我們要為我們的朋友開發一個支援待辦清單的應用程式。為此，我們需要使用 Xcode；Xcode 是 Apple 為 Swift 程式語言（和其他語言）提供的漂亮開發環境，在 macOS 上運作。

跟著這些步驟，一起來開發一個你自己的待辦事項應用程式！我們會在接下來幾頁的內容裡，帶你看該怎麼做。

- [ ] 創一個新的 Xcode 專案，開發 iOS 系統的 SwiftUI。
- [ ] 產生一個新的型態，用於儲存待辦清單裡的項目。
- [ ] 確定每個待辦事項的識別碼都是唯一。
- [ ] 為這個應用程式建立使用者介面：一個文字欄位，用於新增待辦事項；一個按鈕，用於儲存待辦事項；以及一個清單，用於顯示所有的待辦事項。
- [ ] 實作：儲存待辦事項清單，持續保存這份清單的內容。

2:27

Todos

Add todo... +

Get a todo list app

Buy more coffee

Read Practical Artificial Intelligence with Swift book

Re-watch 30 Rock

Go for a swim

Find out if eels hunt in packs

這是我們接下來要開發的應用程式。看起來還不錯，對吧？

這個地方是讓使用者新增待辦清單的項目。

顯示所有已經加入這份待辦事項清單裡的項目。

創一個新的 Xcode 專案，開發 iOS 系統的 SwiftUI

閒聊夠了，那我們就一起來開發這個待辦事項清單。我們需要做的第一件事就是建立一個 Xcode 專案，尚未安裝 Xcode 的讀者，請先安裝好這套工具。

1. 啟動 Xcode。
2. 在「*Welcome to Xcode*」畫面中，選擇選項「**Create a new Xcode project**」（**建立新的 Xcode 專案**）。

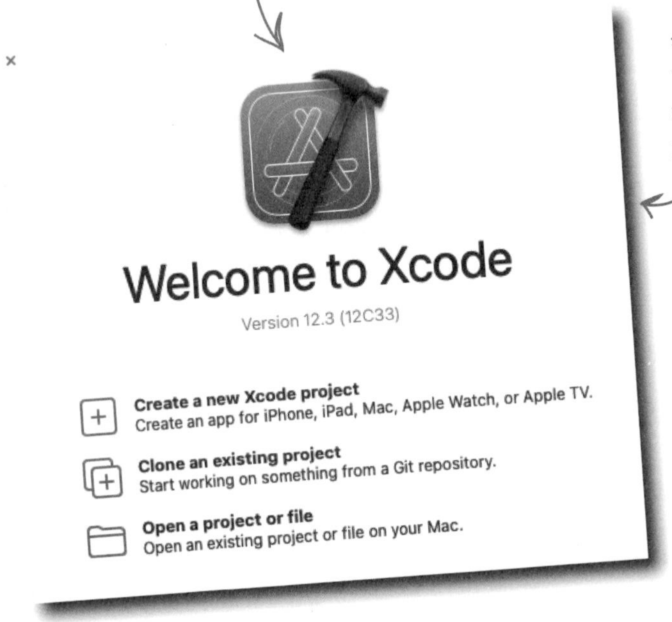

如果沒看到「Welcome to Xcode」畫面，一樣可以從選單 File -> New -> Project 來新增專案。

Welcome to Xcode
Version 12.3 (12C33)

Create a new Xcode project
Create an app for iPhone, iPad, Mac, Apple Watch, or Apple TV.

Clone an existing project
Start working on something from a Git repository.

Open a project or file
Open an existing project or file on your Mac.

重點提示

- Xcode 可以說是一個版本更大、更複雜而且功能十分豐富的 Playgrounds。
- Xcode 編譯出來的應用程式可以在 Apple 平台上執行，例如，iOS、iPadOS、macOS、tvOS 和 watchOS，再加上其他平台或網頁。
- Xcode 專案必須儲存到特定的位置，與你在 Playgrounds 底下的做法不同，專案不會自己神奇地出現在清單裡。
- Xcode 專案的資料夾下，包含一個檔案「*.xcodeproj*」，和特別命名的資料夾集合。
- 你不會直接處理 Xcode 專案的資料夾，而是透過 Xcode 的使用者介面。
- Xcode 的所有功能均已超出本書範圍，但只要你慢慢來，持續熟悉 Playgrounds 和 Xcode 兩邊一致的功能，就不會有問題。

❸ 在選擇專案範本的介面裡，找到「App」範本，選擇這個範本然後按下「Next」按鈕。

這裡可以選擇你希望應用程式是 Multiplatform（跨平台）、iOS、macOS 或 Apple 的其他平台。雖然這個待辦清單應用程式適用其中多數平台，不過，我們會建議你選擇 Multiplatform（跨平台）。

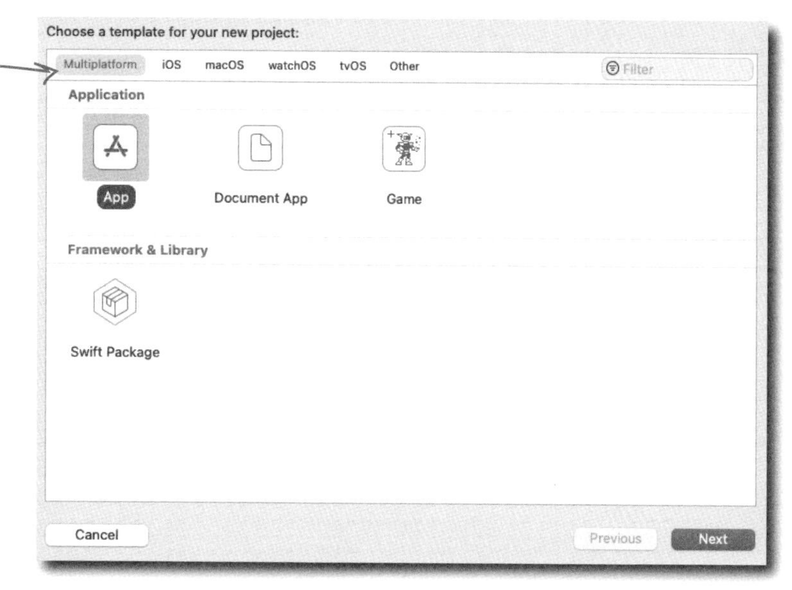

❹ 為應用程式設定「product name」（專案名稱）和「organization identifier」（組織識別碼），然後按下「Next」按鈕。

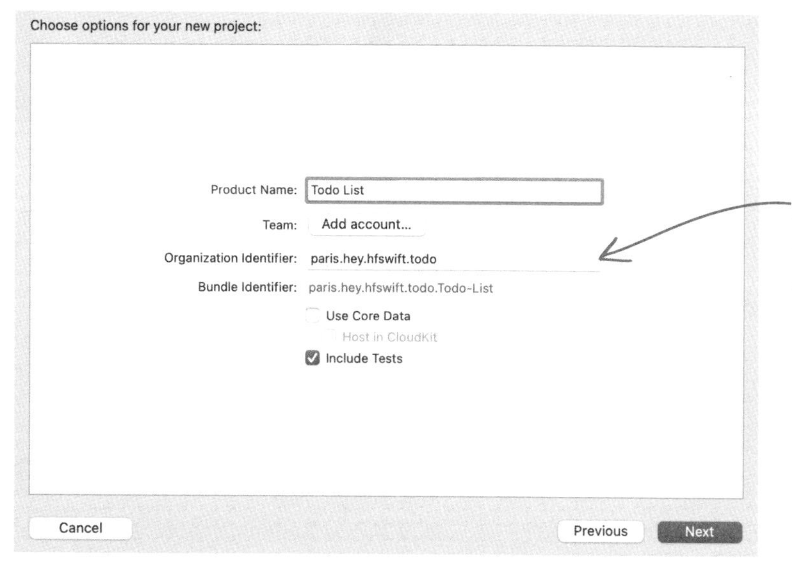

組織識別碼通常只是網站的網域名稱倒過來寫，應用程式的名稱會放在最後。如果你沒有架設網站，可以隨意填寫你喜歡的名稱。

❺ 選擇儲存專案的位置，然後按下「Create」按鈕。

☑ 創一個新的 Xcode 專案，開發 iOS 系統的 SwiftUI。

Xcode 開發環境簡介

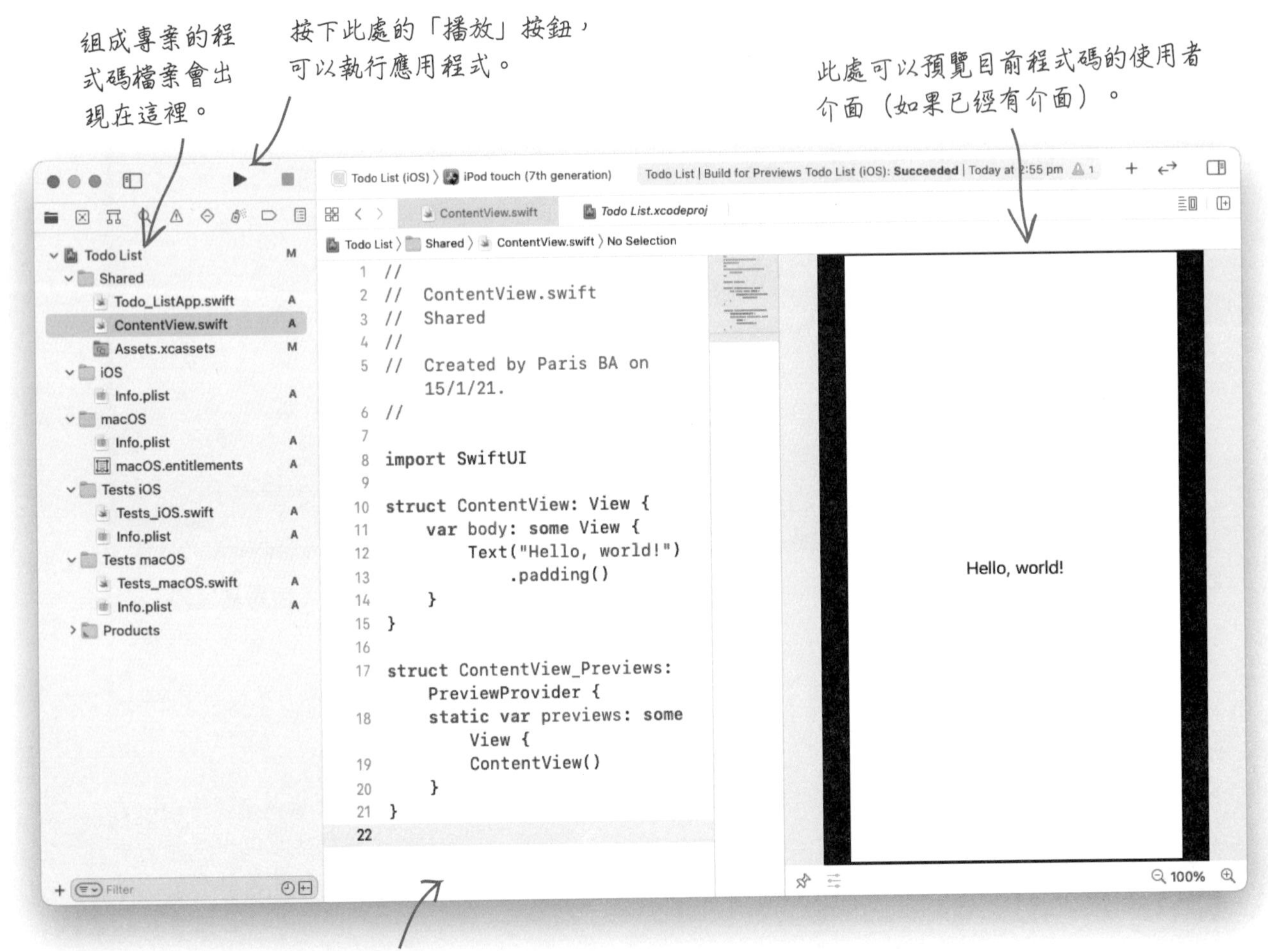

Xcode 令人混淆。

請別擔心，這是你從 Playgrounds 往前邁進的重要進展。Playgrounds 絕大部分的功能依舊存在於 Xcode，而且使用相同的介面元素來指示功能。你只要努力不懈，繼續寫程式，然後使用「播放」按鈕執行，就不會有問題。

產生一個新的型態，用於儲存待辦清單裡的項目

撰寫這個程式碼的第一步是創一個新的型態，用於儲存待辦事項清單裡的每一個項目。

❶ 新增一個 Swift 檔案，檔名為 *Item.swift*，用來儲存這個建立新的型態的程式碼。

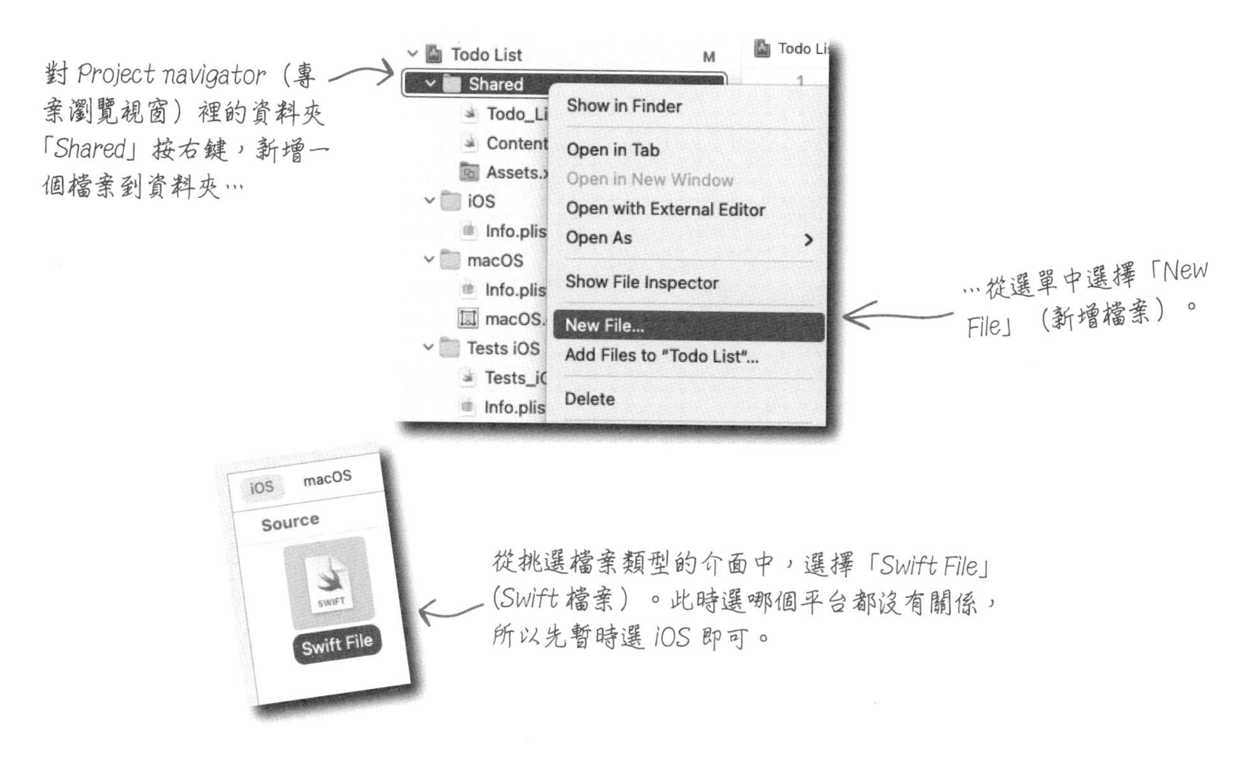

❷ 在檔案 `Item.swift` 裡，定義一個新的型態，名稱為 Item。

❸ Item 需要儲存的內容是：一個 String 型態的字串，表示待辦事項。

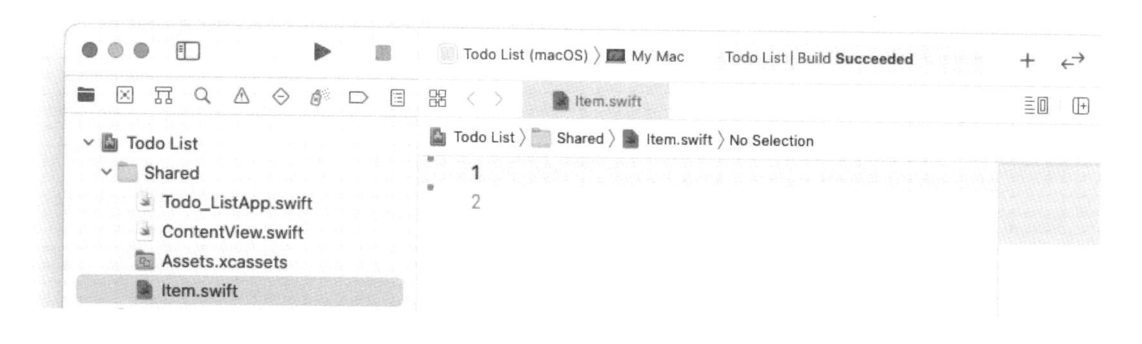

我們需要儲存的內容不只是字串而已

每個待辦事項都需要儲存一個 `String` 型態的值，包含待辦事項本身的內容，再加上某種（最終會是）唯一識別碼。

自創型態能讓我們為待辦事項加入 String 型態不支援的功能。

削尖你的鉛筆

該換你上場了。我們需要實作這個新的型態，前面已經給你需要的基本步驟，請試著在你創的新專案裡實作這部分的程式碼。

你或許會希望以結構來建立這個新的型態，而且這個型態需要（在第一階段）儲存一個字串，用於表示待辦事項。

創完新的型態之後，請新增一個方法，讓每個待辦事項擁有唯一識別碼。

削尖你的鉛筆 解答

我們需要一個型態來表示待辦事項。

最好的做法是利用結構：

```
struct Item {


}
```

我們需要在這個新的結構裡儲存一個字串，表示待辦事項，所以要新增一個屬性：

```
struct Item {
    var todo: String
}
```

大致上就是這樣！

☑ 產生一個新的型態，用於儲存待辦清單裡的項目。

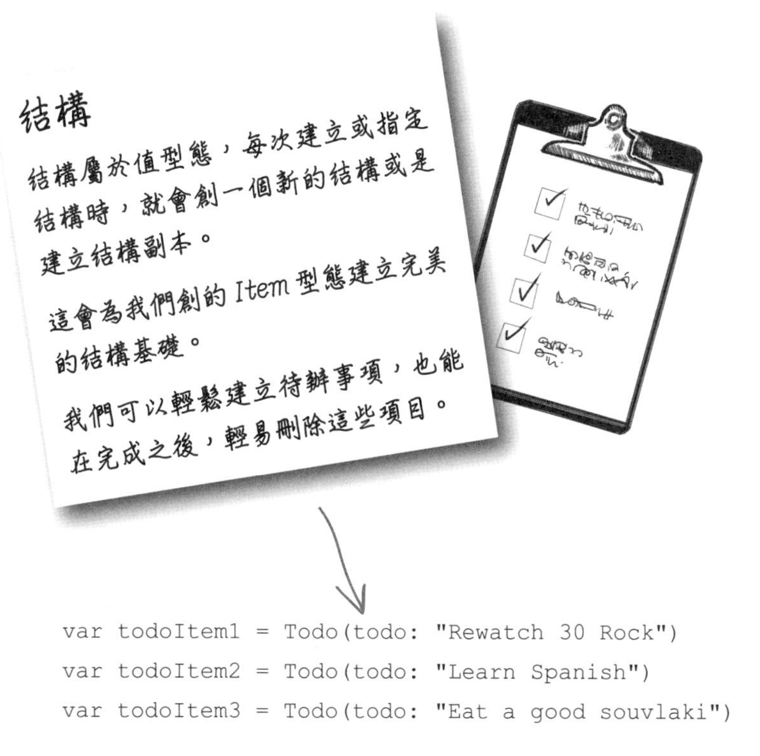


```
var todoItem1 = Todo(todo: "Rewatch 30 Rock")
var todoItem2 = Todo(todo: "Learn Spanish")
var todoItem3 = Todo(todo: "Eat a good souvlaki")
```

確定每個待辦事項的識別碼都是唯一

因為我們最終會保留應用程式啟動過程中待辦事項清單裡的資料，所以必須確定待辦事項清單裡的每個項目都具有固定 ID；也就是說，我們必須確定以 Item 型態建立的每個新實體都具有唯一的識別碼。

幸運的是，Apple 為我們提供了簡單的做法：Swift 內建的程式協定 Identifiable 就是為程式裡的元素提供唯一識別碼。

1. 請開啟檔案 *Item.swift*，找到實作 `Item` 型態的程式碼：

```
struct Item {
    var todo: String
}
```

要找到這個實作內容不難，因為檔案裡應該還沒有其他內容。

2. 宣告 `Item` 結構，讓結構遵守程式協定 `Identifiable`：

```
struct Item: Identifiable {
    var todo: String
}
```

3. 實作必要的屬性，以遵守程式協定 `Identifiable`：

```
struct Item: Identifiable {
    let id = UUID()
    var todo: String
}
```

UUID() 是 Apple 函式庫「Foundation」的一部分，提供通用唯一值，作為 Item 型態的 ID。

☑ 確定每個待辦事項的識別碼都是唯一。

遵守程式協定 Identifiable 探究

遵守程式協定 Identifiable 表示結構需要具有一個能成為識別碼的 `id` 屬性。結構型態必須自己實作這個部分，就像上面的範例程式碼。

我們呼叫 `UUID` 函式來支援識別碼生成一個很大、很長的唯一 ID，並沒有做什麼神奇的事。

為應用程式建立使用者介面

接下來，我們要為應用程式創造使用者介面：

1. 我們需要創一些有附加屬性包裝器 `@State` 的變數，用來保存應用程式的狀態。思考應用程式已經規劃好的使用者介面，搞清楚我們究竟需要保存哪些種類的狀態資訊。

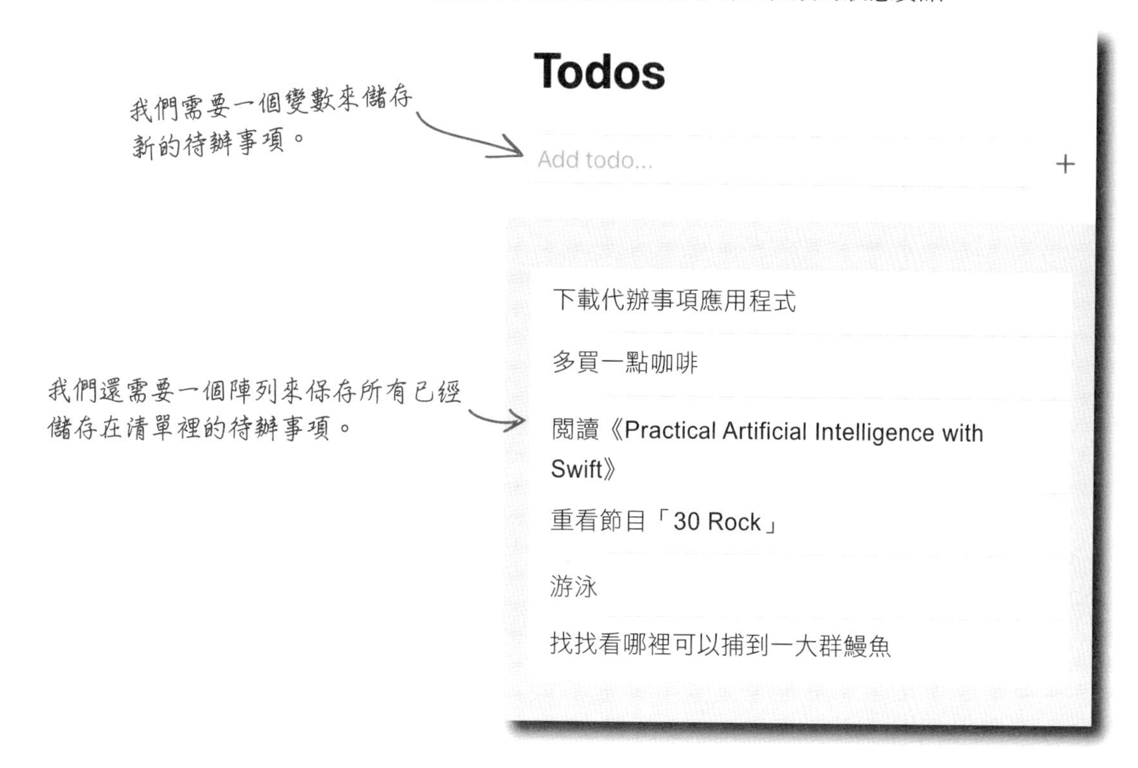

2. 新增兩個變數，用於追蹤檔案「*ContentView. swift*」裡的結構 `ContentView` 的狀態：

```
struct ContentView: View {
    @State private var currentTodo = ""
    @State private var todos: [Item] = []

    var body: some View {
        Text("Hello, world!")
            .padding()
    }
}
```

這個變數是負責儲存正在新增的待辦事項，初始值為空字串。

這個變數負責儲存一個有 Item 實體（這是用來儲存待辦事項的自訂型態）的陣列，用於處理清單。

為應用程式建立使用者介面（續）

這個步驟會比較繁瑣。ContentView 結構的主體內需要一個 NavigationView，其下有 VStack 和 HStack，HStack 裡面有 TextField 視圖和 Button 視圖，前者用於輸入新的待辦事項，後者則是儲存新的待辦事項。此外，還需將 NavigationView 的導覽列標題設為某個適合的名稱。

❸ 更新 ContentView 的主要程式碼內容，如下所示：

```
var body: some View {
 ❶ NavigationView {
     ❷ VStack {
         ❸ HStack {
             ❹ TextField("New todo..", text: $currentTodo)
                    .textFieldStyle(RoundedBorderTextFieldStyle())

             ❺ Button(action: {
                    guard !self.currentTodo.isEmpty else { return }
                    self.todos.append(Item(todo: self.currentTodo))
                    self.currentTodo = ""
                }) {
                    Image(systemName: "text.badge.plus")
                }
                .padding(.leading, 5)
            }.padding()
        }
        .navigationBarTitle("Todo List")
    }
}
```

腦力激盪

請實驗看看，使用不同的 .textFieldStyle 參數值來設計 TextField 視圖的風格。試試 SquareBorderTextFieldStyle、DefaultTextFieldStyle 和 PlainTextFieldStyle 這三個參數值，看看你比較喜歡哪一個？

這個使用者介面裡究竟發生了什麼事呢？

ContentView
body
NavigationView
VStack
HStack
TextField
Button

1 **NavigationView**

這個視圖是讓我們能以一大堆視圖來呈現使用者介面，還提供一個簡單的方法，讓我們能在螢幕頂端顯示一個漂亮的名稱，只要將「`navigationBarTitle`」設定為「`Todo List`」。

2 **VStack**

`NavigationView` 視圖內的所有內容都會放在 `VStack` 這個定位元素下，其作用是確保使用者介面會以舒適的方式、從螢幕上方往螢幕下方流動。

3 **HStack**

`HStack` 是我們目前放入 `VStack` 的唯一項目，我們利用 `HStack` 來顯示一個個水平排列的視圖元件，`HStack` 也負責在最後為介面留一些邊距。

4 **TextField**

放在 `HStack` 裡面的第一個視圖是 `TextField`，其功能是讓使用者輸入一些文字作為待辦事項。將標籤文字設定為「New todo...」（新增待辦事項），跟前面創的狀態變數「`currentTodo`」綁在一起，還有將 `textFieldStyle` 參數設定為 `RoundedBorderTextFieldStyle()`。

5 **Button**

再來是需要一個 `Button` 視圖，用於新增目前輸入的待辦事項。這個 `Button` 視圖具有一個閉包，用於觸發動作，確保變數 `newTodo` 是空值（表示使用者沒有輸入任何文字），或是將使用者輸入的 `newTodo` 內容作為待辦事項，新增到我們前面創的陣列 `todos`。最後是顯示一個 `Image` 視圖，作為按鈕的標籤，還有在 `Button` 視圖上方增加一些邊距。

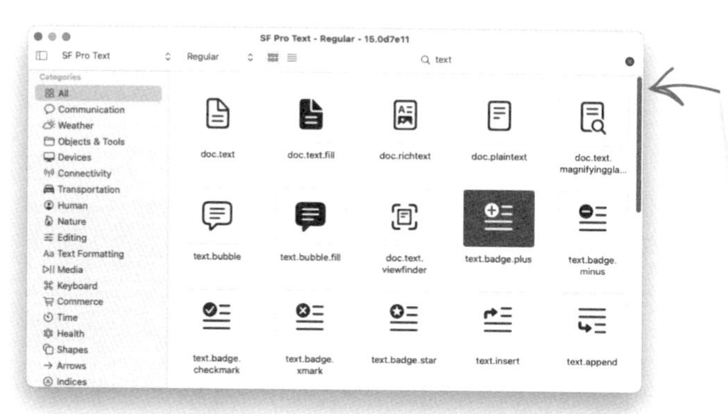

我們在 Button 視圖內以「Image(systemName: "text.badge.plus")」這行程式碼，叫出「text badge plus」圖示，這個圖片是來自於 Apple 提供的好用圖庫「SF Symbols」。「SF Symbols」擁有數百個不同的圖示，提供給 Apple 平台上開發的應用程式免費使用。

請前往 https://developer.apple.com/sf-symbols 下載應用程式，即可瀏覽這些圖示與符號！

Todo List
New todo..
如果你執行應用程式，現在它看起來就是長這樣，我們真的需要實際加入代辦清單…
Todo List (iOS) 〉 iPod touch (7th generation)
按下 Xcode 左上角的「播放」按鈕，可以在 iOS 模擬器中執行應用程式。
請確定你已經在此處為模擬器選擇 iOS 設備的類型。
我的待辦清單應用程式開發得如何了？你知道的，我不可能一直等下去，我的工作進度越來越落後了。

為應用程式建立使用者介面（續）

我們的應用程式看起來有點空，因為缺乏主要功能：List（清單），所以我們現在要來加入這個部分。List 會放在之前創的 VStack 裡面，可是會放在 HStack 外面，而且是接在 HStack 之後。

❹ 在 ContentView 的主體裡新增 **List**，更新程式碼如下所示：

```
var body: some View {
    NavigationView {
        VStack {
            HStack {
                TextField("New todo..", text: $currentTodo)
                    .textFieldStyle(RoundedBorderTextFieldStyle())

                Button(action: {
                    guard !self.currentTodo.isEmpty else { return }
                    self.todos.append(Item(todo: self.currentTodo))
                    self.currentTodo = ""
                }) {
                    Image(systemName: "text.badge.plus")
                }
                .padding(.leading, 5)
            }.padding()

            List {
                Text("This is something in my list!")
                Text("This is also in my list!")
                Text("And another thing!")
            }
        }
        .navigationBarTitle("Todo List")
    }
}
```

List 有自己的視圖。

List 裡的所有內容都會顯示在一份清單裡。

讓 List 實際顯示清單裡的待辦事項

5 為了讓 List 實際顯示清單裡的待辦事項，我們需要使用 ForEach，遍巡整個 todos 陣列裡的所有項目，然後將其中的每個項目都顯示為 List 視圖裡的一個 Text 視圖。首先是新增 ForEach：

```
List {
    ForEach(todos) { todoEntry in
        Text("This is something in my list!")
        Text("This is also in my list!")
        Text("And another thing!")
    }
}
```

ForEach 每遇一個 todos 陣列裡的項目，就會重複列出相同的三行文字，看起來有點忙，但用處不大，對吧？

Todo List
New todo..
This is something in my list!
This is also in my list!
And another thing!
This is something in my list!
This is also in my list!
And another thing!
This is something in my list!
This is also in my list!

6 如果你現在執行應用程式，會發現待辦事項清單裡的每個項目（這是你使用 TextField 和 Button 視圖新增的待辦事項），都會一次又一次地重複三行文字。所以，來試試看吧，程式碼又不會咬人。可惜的是，修改之後的程式碼看不到每個待辦事項的內容，讓我們一起來修正這個問題。請從 ForEach 移除原本寫的三個 Text 視圖，然後新增以下的程式碼：

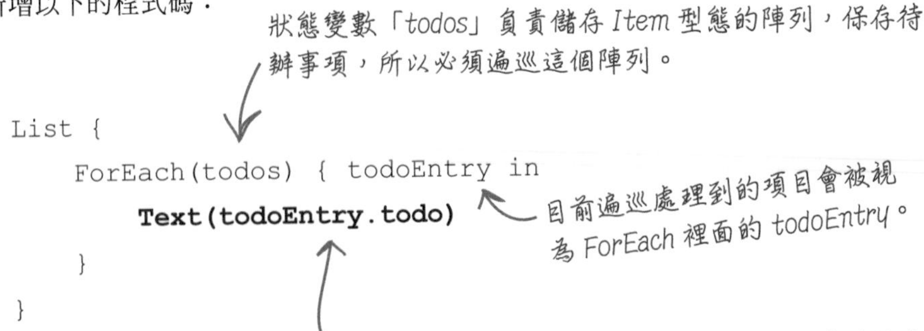


```
List {
    ForEach(todos) { todoEntry in
        Text(todoEntry.todo)
    }
}
```

因為 todos 包含 Item 型態的實體，所以我們知道這個實體具有名稱為 todo 的屬性，其所保存的字串是用於表示待辦事項。因此，我們將每個實體顯示為 List 視圖裡的一個 Text 視圖。

☑ 為這個應用程式建立使用者介面：一個文字欄位，用於新增待辦事項；一個按鈕，用於儲存待辦事項；以及一個清單，用於顯示所有的待辦事項。

新車試駕

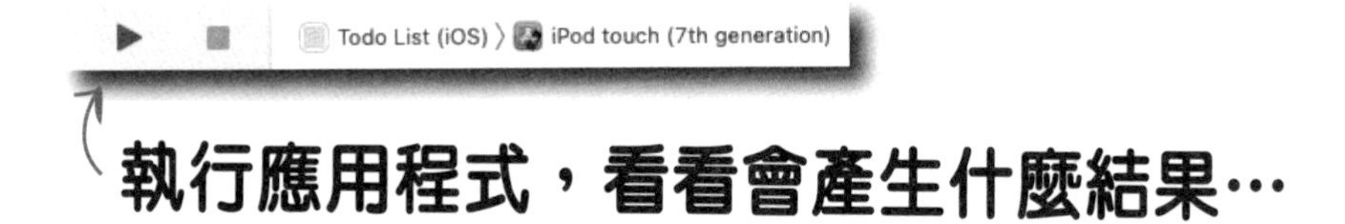

執行應用程式，看看會產生什麼結果…

實作待辦清單的儲存方法

❶ 現在我們必須回到檔案 *Item.swift*，更新 Item 型態，讓它可以被編碼和解碼，這只是改用一種很炫的方式來說儲存和載入。為了讓 Item 型態可以編碼和解碼，唯一必須做的事，就是遵守程式協定 Codable：

```
struct Item: Identifiable, Codable {
    let id = UUID()
    var todo: String
}
```

幕後花絮

讓資料可以編碼或解碼，非常適合用於將資料儲存到硬碟、透過網路傳送資料或是將資料傳給應用程式介面（API）。

Codable 是一個**型態別名**，集合兩個程式協定 Encodable 和 Decodable，讓你的型態可以輕鬆地在自身結構與外部表示之間相互轉換。換句話說，就是要求 Swift 幫我們把型態編碼成一種序列化格式，或是從序列化格式解碼回原來的型態，例如，JSON 格式，這樣通常就能將資料型態儲存到硬碟裡。

這個程式協定背後的運作原理是，Swift 創造出程式碼，讓這個程式碼可以對遵守程式協定 Codable 的型態實體進行編碼和解碼。

對於遵守程式協定 Codable 的型態，其儲存屬性也必須遵守程式協定 Codable。幸好，Swift 標準型態全都已經遵守程式協定 Codable，例如，String、Int、Double、Array 等等。

如果是屬性遵守程式協定 Codable，則在屬性宣告的同時，型態也會自動遵守程式協定 Codable。

這個寫法的意義：

```
struct Item: Identifiable, Codable {
    let id = UUID()
    var todo: String
}
```

與以下寫法完全相同：

```
struct Item: Identifiable, Encodable, Decodable {
    let id = UUID()
    var todo: String
}
```

可是，如果基於某些理由，你只需要編碼或解碼，也可以只挑選 Encodable 或 Decodable 其中一個程式協定。

❷ 接下來，我們要回到檔案「*ContentView.swift*」，在 ContentView 結構中創三個方法：

❶ **save()**

我們需要一個方法可以對 todos 陣列裡的所有 Items 實體進行編碼，並且儲存。

```
private func save() {
  UserDefaults.standard.set(
    try? PropertyListEncoder().encode(self.todos), forKey: "myTodosKey"
  )
}
```

UserDefaults 允許你將少量資料儲存在裝置裡，當作使用者個人資料的一部分，可以簡化並且加快儲存簡單內容的程序。使用語法如下：

```
UserDefaults.standard.set("Data to be stored", forKey: "keyName")
```

所以，save 方法使用 try，嘗試取得 todos 陣列的編碼形式，並且使用鍵值「myTodosKey」來儲存資料。

❷ **load()**

我們還需要另一個對應方法，從儲存的資料裡載出所有 Item 實體，放回 todos 陣列。

```
private func load() {
  if let todosData = UserDefaults.standard.value(forKey: "myTodosKey") as? Data {
    if let todosList
        = try? PropertyListDecoder().decode(Array<Item>.self, from: todosData) {
      self.todos = todosList
    }
  }
}
```

load 方法從 UserDefaults 讀出資料時，也要使用相同的鍵值「myTodosKey」，要求轉為 Data 型態。獲得 Data 型態的資料後，load 方法會嘗試以 PropertyListDecoder 解碼，取出儲存在 UserDefaults 裡的資料，然後放回 todos 陣列。

Swift 的 Data 型態能讓你儲存原始位元組，非常適合用於儲存或載入資料，或者是透過網路傳輸資料。

3 **delete(at offset: IndexSet)**

最後，我們還需要一個方法，用來從清單和儲存資料的副本中，刪除單一待辦事項。

```
private func delete(at offset: IndexSet) {
  self.todos.remove(atOffsets: offset)
  save()
}
```

delete 方法接受一個參數 offset，參數型態為 IndexSet。IndexSet 型態是用於儲存唯一整數值的集合，表示另一個集合裡元素的索引值；基本上就是儲存一個有序的整數集合，表示一個集合型態的位置。

在這個範例中，我們採用 IndexSet 型態的參數 offset，從 todos 陣列中移除一個或多個項目。

然後呼叫 save 方法，如此而已！

削尖你的鉛筆

又該換你上場了。看看你是否能在程式碼裡找到適合的地方，可以呼叫我們剛剛才完成的所有方法。

新增待辦事項時，我們需要呼叫 save()。

NavigationView 視圖出現時，我們需要呼叫 load()。

刪除 List 裡面的項目時，我們需要呼叫 delete()。

以下幾點是為了幫助你思考：

- List 視圖具有一個名為 onDelete 的方法，以 perform 作為參數，接受一個方法作為引數。呼叫這個方法時會自動傳入參數 IndexSet，表示選擇刪除的項目。
- 同樣地，NavigationView 視圖（和所有其他視圖）具有一個名為 onAppear 的方法，以 perform 作為參數，接受一個方法作為引數。

解答請見第 318 頁。

實作：儲存待辦事項清單，持續保存這份清單的內容。

大致上就是這樣，你可以準備測試這個出色又嶄新的待辦事項應用程式了。

Todo List (iOS)
iPod touch (7th generation)
請執行應用程式，測試看看！
你可以新增待辦事項，也可以在待辦事項上滑動，然後輕觸 delete 按鈕來刪除待辦事項，應用程式關閉之後再重新啟動，還是會顯示你的待辦事項清單，資料竟然沒有不見！這實在是太神了。
2:27
Todos
Add todo...
+
Get a todo list app
Buy more coffee
Read Practical Artificial Intelligence with Swift book
Re-watch 30 Rock
Go for a swim
Find out if eels hunt in packs

嘿，你開發的這個應用程式相當不錯呢，對吧？我很好奇你是否還能幫我加點其他功能，我有很多朋友也需要這類的應用程式。

題目請見第 316 頁。

```
var body: some View {
    NavigationView {
        VStack {
            HStack {
                TextField("New todo..", text: $currentTodo)
                    .textFieldStyle(RoundedBorderTextFieldStyle())

                Button(action: {
                    guard !self.currentTodo.isEmpty else { return }
                    self.todos.append(Item(todo: self.currentTodo))
                    self.currentTodo = ""
                      self.save()
                }) {
                    Image(systemName: "text.badge.plus")
                }
                .padding(.leading, 5)
            }.padding()

            List {
              ForEach(todos) { todoEntry in
                Text(todoEntry.todo)
              }.onDelete(perform: delete)
            }
        }
        .navigationBarTitle("Todo List")
    }.onAppear(perform: load)
}
```

所以，UI 框架不過爾爾？

Frank：所以，UI 框架就這樣而已？

Judy：這個框架並沒有讓我驚艷。

Jo：我倒是印象深刻。我的意思是，以前我就對這個 UI 框架印象深刻，現在覺得更厲害了，這個框架確實很棒。

Judy：那麼，我們接下來要拿這個框架做什麼？

Frank：沒錯，我們下一步的目標是什麼？我覺得好像還太早了，感覺我好像學到夠多的知識，能做出一點有影響力的東西，但又不足以開發出什麼特別大的程式。

Jo：別害怕，下次我們會開發比待辦事項應用程式還大的程式，甚至可以與網際網路連接！你會發現 SwiftUI 的規模即使變得更大、更複雜，依舊非常敏捷快速。

Judy：我想學習如何連接到網際網路，這聽起來非常有用，可以下載東西和做一些等等諸如此類的事…

Frank：我也是！

Jo：太好了，我們一起繼續學習！

重點提示

- SwiftUI 屬於宣告式 UI 框架，圍繞 Swift 的優勢和功能設計而成。
- 使用 SwiftUI 可以開發適用於 Apple 平台的 UI 導向應用程式。
- 必須匯入 SwiftUI 模組才能使用。
- SwiftUI 視圖的建立方式是宣告一個結構（命名慣例為 `<SomethingView>`），讓結構遵守程式協定 View。
- 程式協定 View 是 SwiftUI 核心的一部分，在螢幕上繪製 SwiftUI 製作的內容都必須採用程式協定 View。
- 在視圖結構內，宣告名稱為 body 的計算屬性，其型態為 `some View`。
- 「`some View`」型態表示其回傳內容會遵守程式協定 View，但永遠都只能回傳同一種視圖（就算視圖都遵守程式協定 View，也不能有時回傳某一種類型的視圖，有時又回傳另一種類型）。
- SwiftUI 元素的程式碼要寫在計算屬性 body 裡面，例如，`Text("Hello")` 是顯示帶有文字 "Hello" 的 `Text` 視圖。
- 某些 SwiftUI 的視圖元素無法看見，只是用來配置介面裡的內容，例如，`VStack` 和 `HStack`。
- SwiftUI 雖然功能強大，但如果沒有讓視圖依照正確的順序出現，你就會開始感受到它不穩定的一面，請特別注意檢查一切是否到位。

「Swift」填字遊戲

我們將你在本章學到的 SwiftUI 知識，全都有技巧地隱藏在這個填字遊戲裡。在繼續下一章的內容前，先以此轉換心情吧。

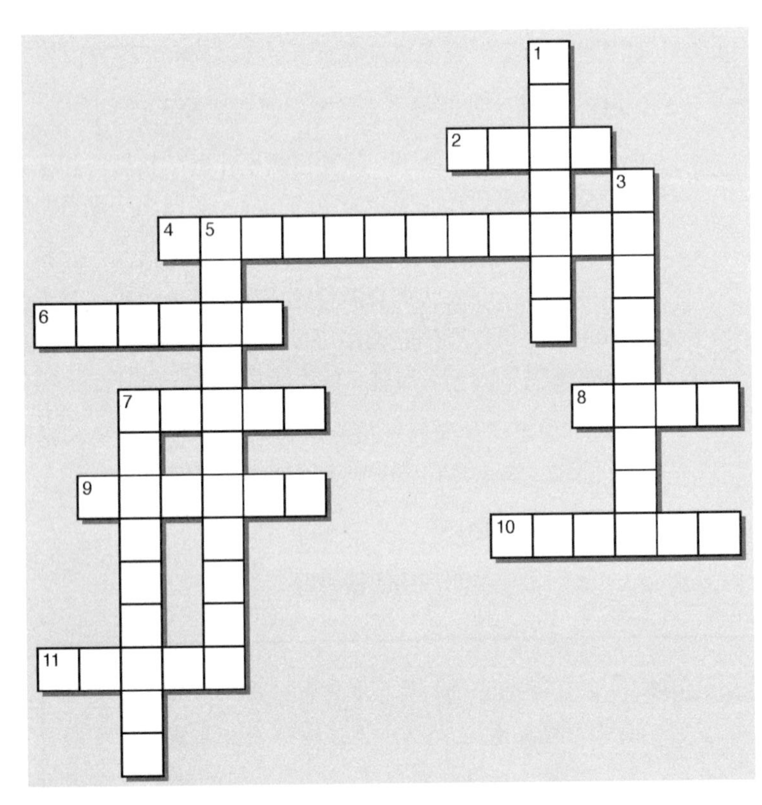

中文提示（橫向）

2. _____ 屬性是用於儲存視圖的內容。

4. 這個程式協定是用在需要有固定 ID 的項目。

6. _____ 是用於水平排列介面元素。

7. 帶有 ______ 標記的屬性表示其變數與使用者介面有關。

8. SwiftUI 視圖遵守程式協定 _____ 。

9. _____ 是用於垂直排列介面元素。

10. ______ 視圖建立的介面元件，能讓使用者在設定值的界線範圍內進行選擇。

11. 當你針對 Apple 平台寫 Swift 程式，這個 IDE 是主要環境。

中文提示（縱向）

1. 這項程式協定允許資料內容儲存到硬碟裡，以及從硬碟裡載出資料內容。

3. ______ 是 SwiftUI 視圖的類型之一，提供可以編輯的文字區域。

5. SwiftUI 屬於 _________ 框架（相對於命令式）。

7. _______ 圖庫包含許多有用的圖示和符號。

解答請見第 324 頁。

請注意：游泳池中的每一行程式碼都只能使用一次！或是根本不會用到。

你的**工作**是從游泳池中取出程式碼，然後放進下方 Playground 裡相對應的空白行數。同一行程式碼**不能**重複使用，而且不一定會用到所有的程式碼。**目標**是製作一份能產生如右圖結果的程式碼。

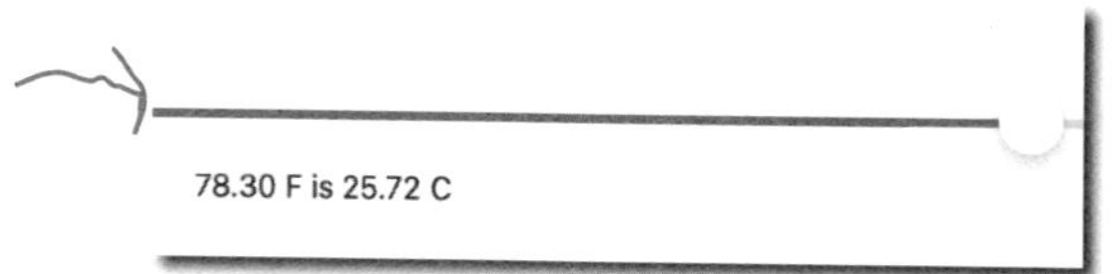

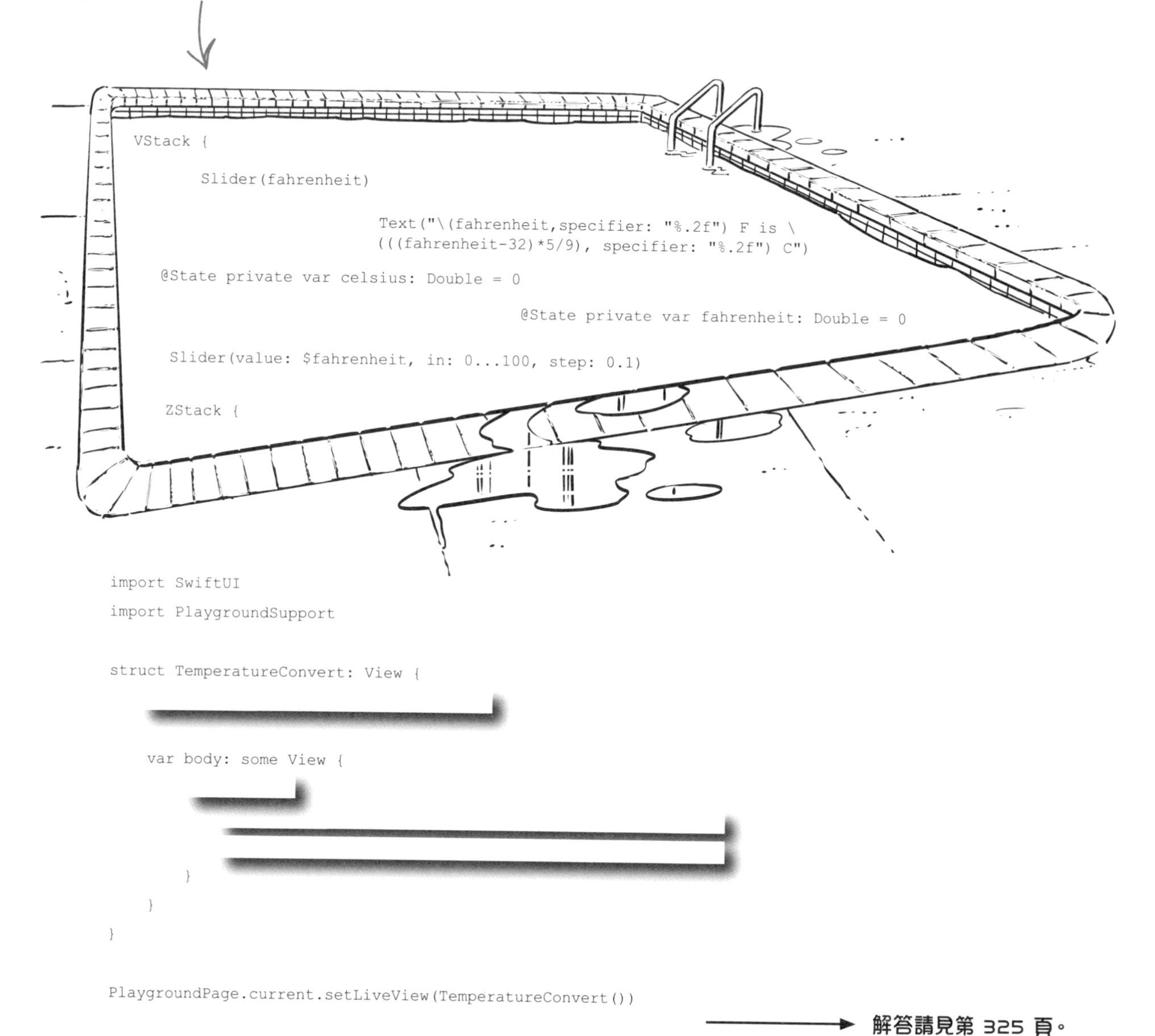


```
import SwiftUI
import PlaygroundSupport

struct TemperatureConvert: View {
    ________________________

    var body: some View {
        ________
            ______________________________
            ______________________________
        }
    }
}

PlaygroundPage.current.setLiveView(TemperatureConvert())
```

解答請見第 325 頁。

冥想時間 —— 我是 Swift 編譯器

本頁和下一頁的每一段程式碼都是 Swift 程式碼，表示 SwiftUI 視圖。你的工作是扮演 Swift 編譯器，判斷此處的每一段程式碼是否能執行。如果無法編譯，是出了什麼問題嗎？

假設每個程式碼片段都是在 Playground 環境中執行，正確地匯入 SwiftUI 模組，而且使用這行命令。

```
PlaygroundPage.current.setLiveView(MyView())
```

A

```
struct MyView: View {
    var dogs = ["Greyhound", "Whippet", "Italian Greyhound"]
    @State private var selectedDog = 0

    var body: some View {
        VStack {
            Text("Please select your favorite dog breed:")
            Picker(selection: $selectedDog, label: Text("Dog")) {
                ForEach(0..<dogs.count) {
                    Text(self.dogs[$0])
                }
            }
            Text("\(dogs[selectedDog]) is your favorite breed.")
        }
    }
}
```

B

```
struct MyView: View {
    var body: some View {
        Image(systemName: "star.fill")
            .imageScale(.large)
            .foregroundColor(.yellow)
    }
}
```

C

```
struct MyView: View {
    var body: View {
        VStack {
            Text("Hello")
            Text("SwiftUI!")
        }
    }
}
```

D

```
struct MyView: View {
    var body: some View {
        List {
            Text("This is a list!")
            Text("Hello")
            Text("I'm a list!")
        }
    }
}
```

E

```
struct MyView: View {
    @State private var lovelyDayStatus = true

    var body: some View {
        Toggle( isOn: $lovelyDayStatus) {
            Text("Is it a lovely day?")
        }

        if(lovelyDayStatus) {
            Text("It's a lovely day!")
        } else {
            Text("It's not a lovely day.")
        }
    }
}
```

F

```
struct MyView: View {
    @State private var coffeesConsumed = 0

    var body: some View {
        Stepper(value: coffeesConsumed) {
            Text("Cups of coffee consumed: \(coffeesConsumed)")
        }
    }
}
```

解答請見第 325 頁。

「Swift」填字遊戲解答

提示請見第 320 頁。

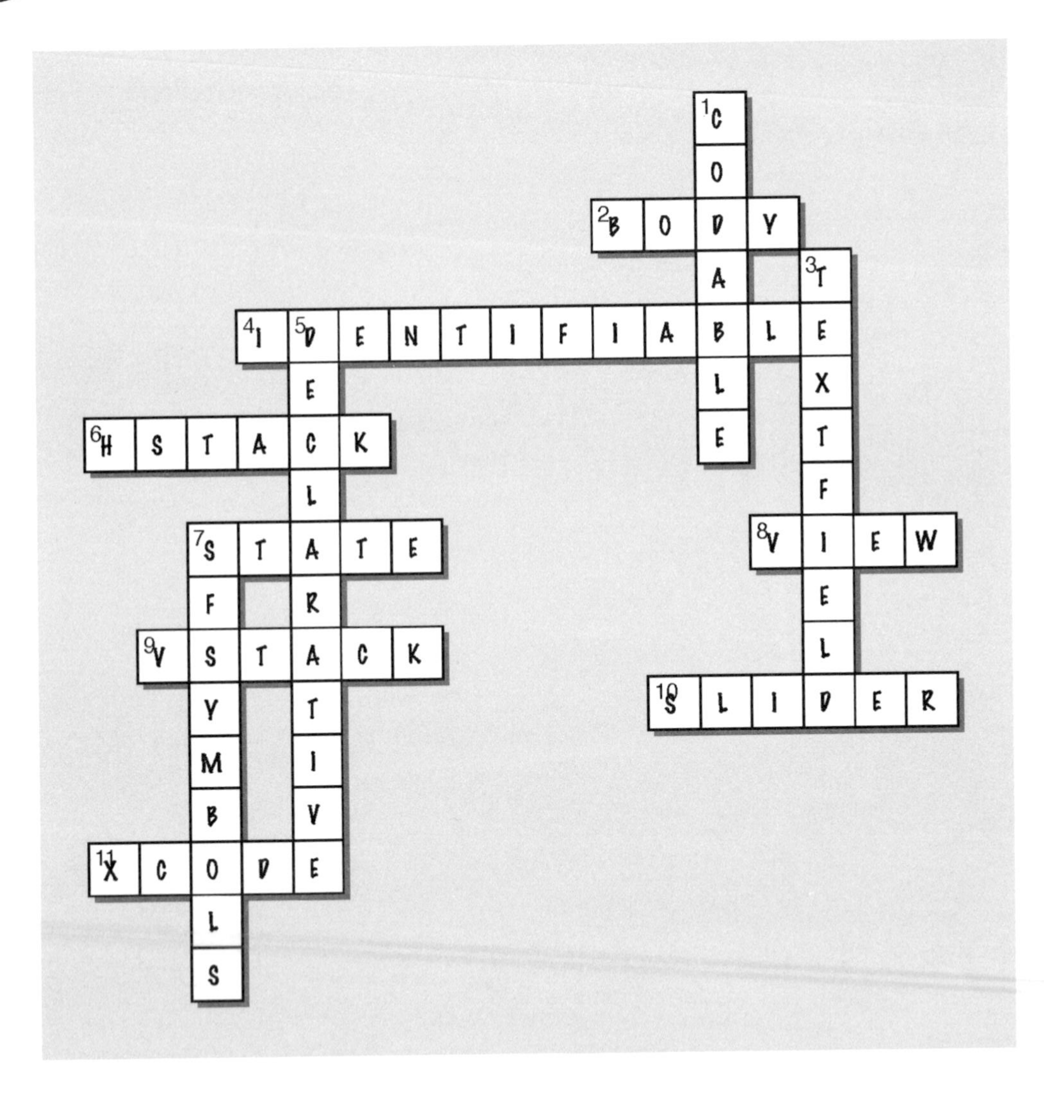

池畔風光解答

題目請見第 321 頁。

```
import SwiftUI
import PlaygroundSupport

struct TemperatureConvert: View {
    @State private var fahrenheit: Double = 0

    var body: some View {
        VStack {
            Slider(value: $fahrenheit, in: 0...100, step: 0.1)
            Text("\(fahrenheit,specifier: "%.2f") F is \
              (((fahrenheit-32)*5/9), specifier: "%.2f") C")
        }
    }
}

PlaygroundPage.current.setLiveView(TemperatureConvert())
```

冥想時間——我是 Swift 編譯器解答

題目請見第 322 頁。

A、B、D 和 E 均可正常運作。

C 的 body 屬性缺少關鍵字「some」。

Stepper 函式裡的變數 coffeesConsumed 缺少 $。

11 SwiftUI 應用

能畫圓、做計時器、設計按鈕——天啊，SwiftUI 也太強了吧！

所有組成彩虹的 UI 元素。

不僅僅只有按鈕和清單，SwiftUI 能幫你實現更多想法，你還可以使用形狀、動畫等等元件！本章會帶你看一些 **SwiftUI建構使用者介面的進階方法**，並且讓介面與資料來源連動，而不只是連結使用者產生的內容（例如，待辦事項）。SwiftUI 能**建立回應式使用者介面**，處理來自四面八方的**事件**。本章會使用 Apple 的 IDE「Xcode」，主要內容是開發 iOS 應用程式，但你學到的一切知識也能用於開發 iPadOS、macOS、watchOS 和 tvOS 上的 SwiftUI。接下來就請和我們一起探索 SwiftUI 的奧秘！

Swift 的 UI 框架能做什麼酷炫的設計？

Frank：既然我們已經了解什麼是 UI 框架了…

Judy：我們甚至還開發了一個相當不錯的待辦事項應用程式…

Jo：但我們還能做些什麼？

Frank：我想我們可以開發另一個應用程式！

Judy：對啊，沒錯，我們可以開發另一個應用程式，而且應該可行。但是，有哪些功能我們還沒學到嗎？這個框架的功能很多，遠超出我們到目前為止所學到的內容，不是嗎？

Jo：嗯，確實如此，有一些更進階的 SwiftUI 概念都還沒探討。

Judy：那我們要不要用其中的一、兩個概念來開發一些內容？

Jo：我還想了解如何利用 Swift 來製作網站，我聽說做法相當容易。

Frank：對耶，來做個網站！我的意思是，我們能將 SwiftUI 用在網站製作上嗎？

Judy：不行，沒辦法，但有另外一個 Vapor 框架，可以讓我們利用 Swift 來製作網站。我想我們很快就能達成。

SwiftUI 能幫我們開發一款會議用的計時器。

SwiftUI 擁有各種好用的開發元件，能讓我們用來開發計時器。

圓圈很適合表現計時器，或許我們可以讓計時器看起來像是一個逐漸減少的圓圈。

認真寫程式

開發計時器

我們正在跟時間賽跑…（真的沒時間…讓你慢慢來）。

我們要為執行長開發一款公司高層專用的計時器應用程式。此處我們要再次使用 Xcode，這是 Apple 提供的整合開發環境（IDE），專門用於開發 Swift 和 SwiftUI 的程式。為了開發這款公司高層專用計時器，我們必須完成以下步驟：

- [ ] 創一個新的 Xcode 專案，開發 iOS 系統的 SwiftUI。
- [ ] 建構公司高層專用計時器應用程式的基本元素。
- [ ] 做一些設定，讓使用者介面可以正常運作。
- [ ] 建立所有組成使用者介面的元件。
- [ ] 將所有元素結合在一起！
- [ ] 讓計時器更新使用者介面，這樣一切都能正常運作。

請跟著這些步驟，開發你自己的公司高層專用計時器。

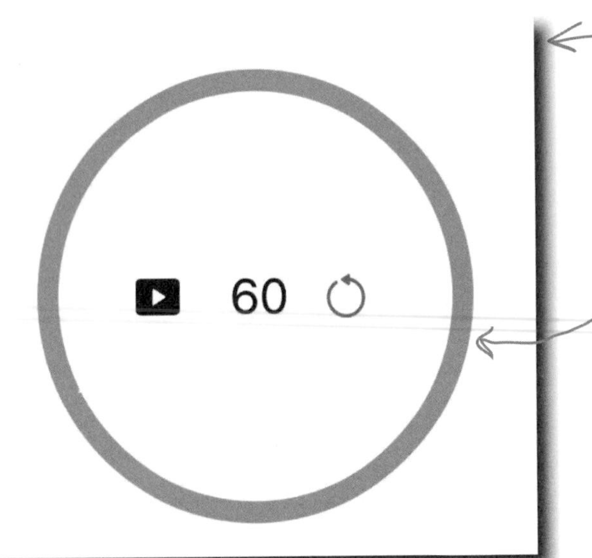

這款公司高層專用計時器的外觀如圖所示。

這個圓圈表示我們正在計算的…時間，圓環的部分會隨時間縮短而減少。

一起開發這款應用程式吧…

創一個新的 Xcode 專案，開發 iOS 系統的 SwiftUI

我們又需要建立一個 Xcode 專案，與前一章的做法非常類似（事實上，根本完全一樣）。

❶ 啟動 Xcode。

❷ 在「*Welcome to Xcode*」畫面中，選擇選項「**Create a new Xcode project**」（建立新的 Xcode 專案）。

如果沒看到「Welcome to Xcode」畫面，一樣可以從選單 File -> New -> Project 來新增專案。

❸ 在選擇專案範本的介面裡，找到「App」範本，選擇這個範本然後按下「Next」按鈕。

這裡可以選擇你希望應用程式是 Multiplatform（跨平台）、iOS、macOS 或 Apple 的其他平台。雖然這個待辦清單應用程式適用其中多數平台，不過，我們會建議你選擇 Multiplatform（跨平台）。

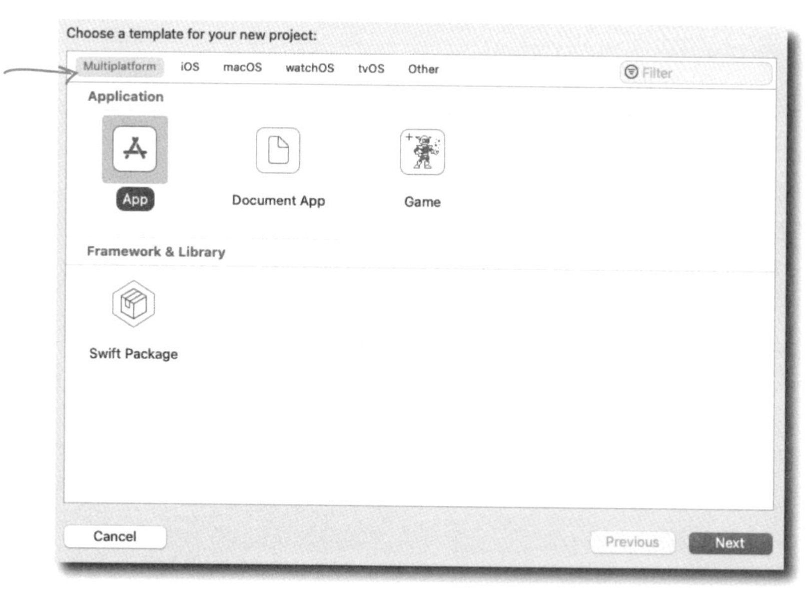

創一個新的 Xcode 專案，開發 iOS 系統的 SwiftUI（續）

❹ 為應用程式設定「product name」（專案名稱）和「organization identifier」（組織識別碼），然後按下「Next」按鈕。

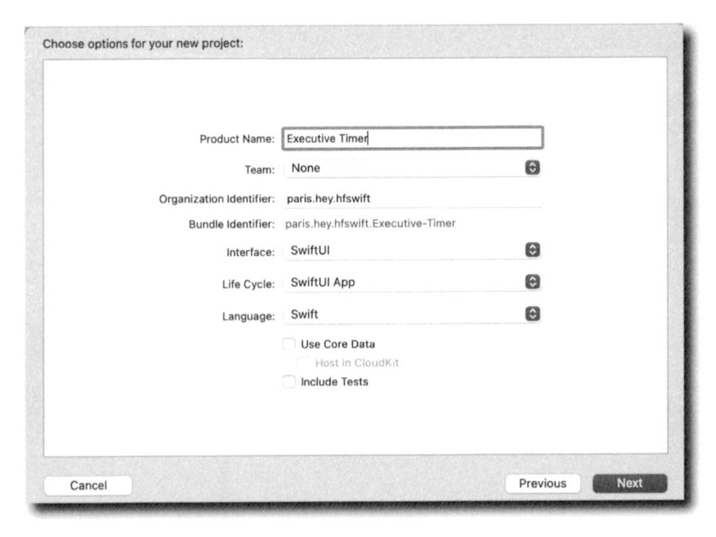

❺ 選擇儲存專案的位置，然後按下「Create」按鈕。

☑ 創一個新的 Xcode 專案，開發 iOS 系統的 SwiftUI。

重點提示

- 在 Xcode 環境中選擇 SwiftUI 專案的各項設定，不需要做什麼特別的事，因為 Xcode 為每種類型的專案都提供一組適當的預設值，適用你想建立的專案。由於我們想利用 SwiftUI 製作 iOS 應用程式，所以為專案選擇這些設定。
- 我們也可以使用完全相同的程式碼，製作出適用於 macOS、甚至是 watchOS 的計時器應用程式（SwiftUI 會簡化這部分的工作），不過，因為本書希望維持簡單明瞭的教學內容，所以才堅持開發 iOS 版程式。如果你有空練習，這會是很好的學習，搞清楚如何讓你的計時器應用程式跨平台執行！
- 為了呈現計時器應用程式的部分介面，我們會使用一些基本形狀。因為我們想要一個圓形的計時器，但 SwiftUI 並沒有搭配任何一個建構元件能自然呈現一個圓形的計時器：我們必須自己製作一個，而且我們即將開始製作。

公司高層專用計時器——使用者介面與功能

這款公司高層專用計時器的外觀如下圖所示，而且具有以下功能：

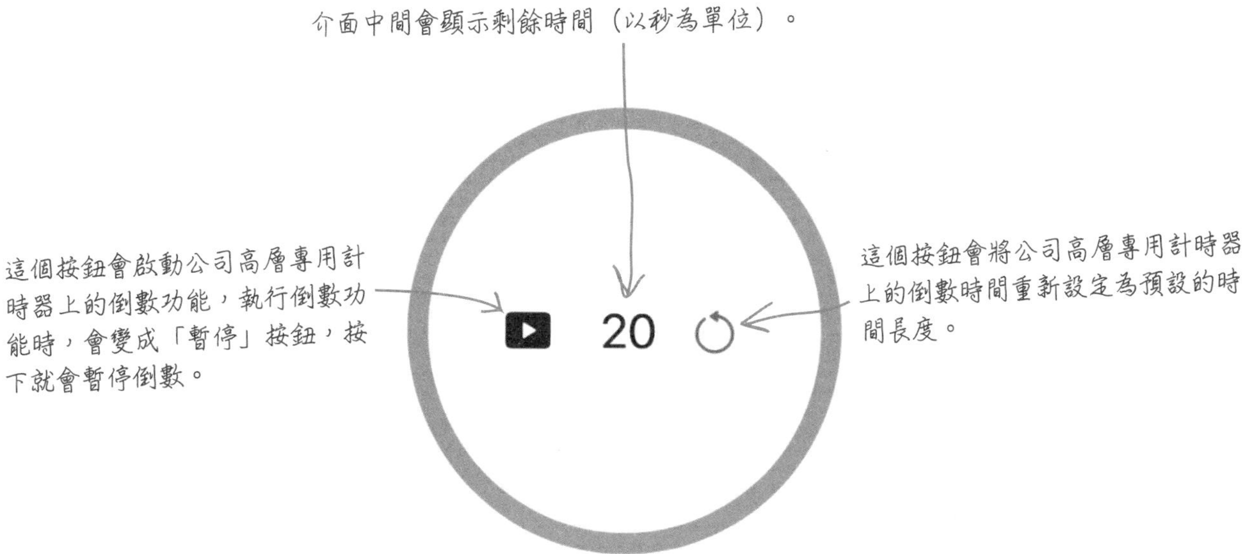

在計時器各種狀態下，使用者介面外觀如下所示：

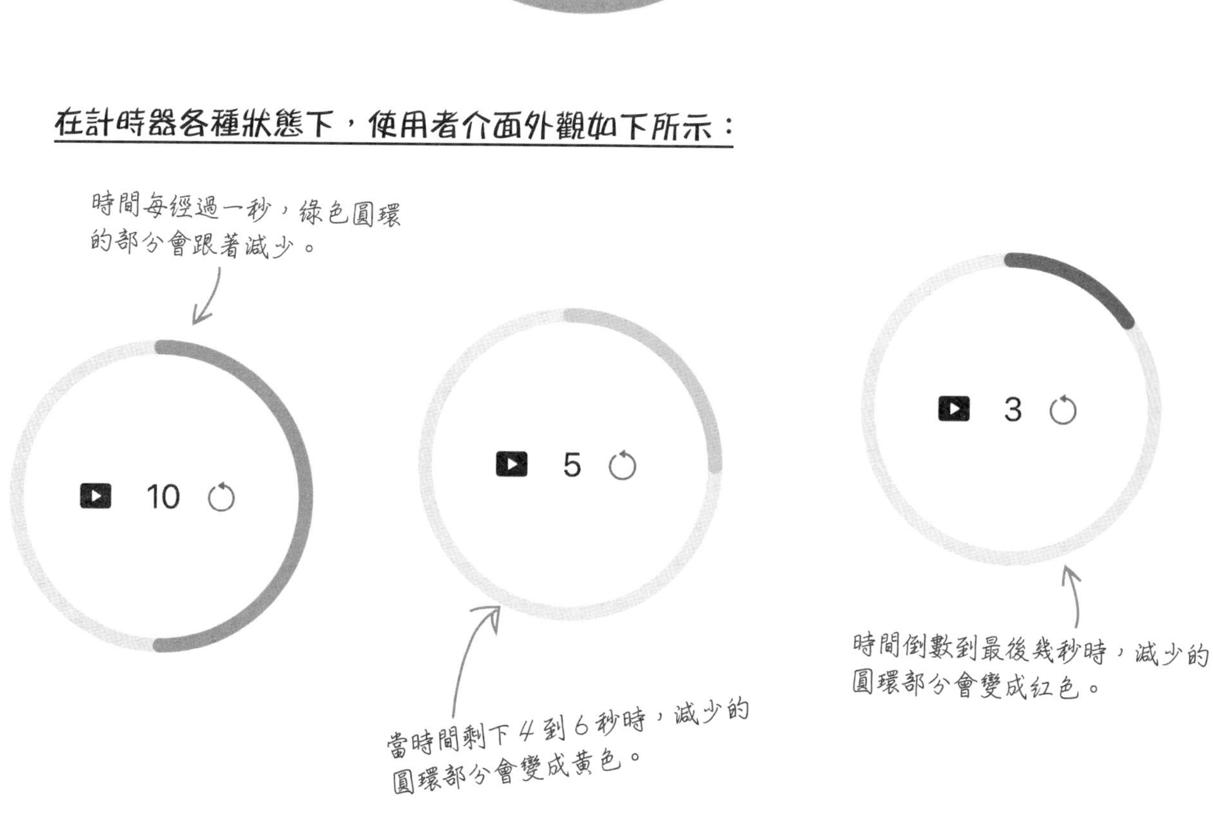

建構應用程式的基本元素

為了製作這款公司高層專用計時器，我們必須做一點點的設定。我們會先建立幾個地方來儲存狀態，再來是計時器本身的製作，然後設定一些使用者介面，實際在螢幕上繪出計時器。

1. 設置一個地方來儲存預設時間，換句話說，這個時間就是公司高層專用計時器開始倒數的時間。這裡會用到 `CGFloat` 型態，其實就是 `Float` 型態，只是用在與圖形有關的東西上，例如，使用者介面：

```
let defaultTime: CGFloat = 20
```

這裡的時間是以秒為單位。

2. 使用關鍵字「`@State`」創幾個屬性，用於儲存與使用者介面相關的狀態元素：

這個布林值是反映計時器是否正在使用中。

```
@State private var timerRunning = false
@State private var countdownTime: CGFloat = defaultTime
```

這個 CGFloat 型態的變數是用於儲存還剩下多久的倒數時間。

計時器會從 defaultTime 開始倒數：不管剩下的倒數時間還有多久，都會從這個預設時間長度開始倒數。

3. 建立 `Timer`，你知道的，這樣公司高層專用計時器才能真正倒數計時：

```
let timer = Timer.publish(every: 1, on: .main, in: .common).autoconnect()
```

幕後花絮

上面程式碼中的 `Timer` 是使用 `publish` 方法建立，同時指定時間間隔（在這個範例程式中是 1 秒），以及在主迴圈中執行。由於是使用 `publish` 方法建立 `Timer`，這個方法會隨時間流逝（實際上是每隔 1 秒）發布（或發出）計時器的資料。

Swift 有各種方法可以接收發布者（publisher）的資料，包含透過 SwiftUI 視圖接收，視圖會在每次收到資料後進行更新。

Combine 是 Apple 提供的函式庫，發布者（publisher）是其中一部分。本書不會涵蓋 Combine 函式庫的所有內容，但它確實提供了許多有用的函式，能讓你從應用程式的其他地方接收資料。

☑ 建構公司高層專用計時器應用程式的基本元素。

UI 組成元件

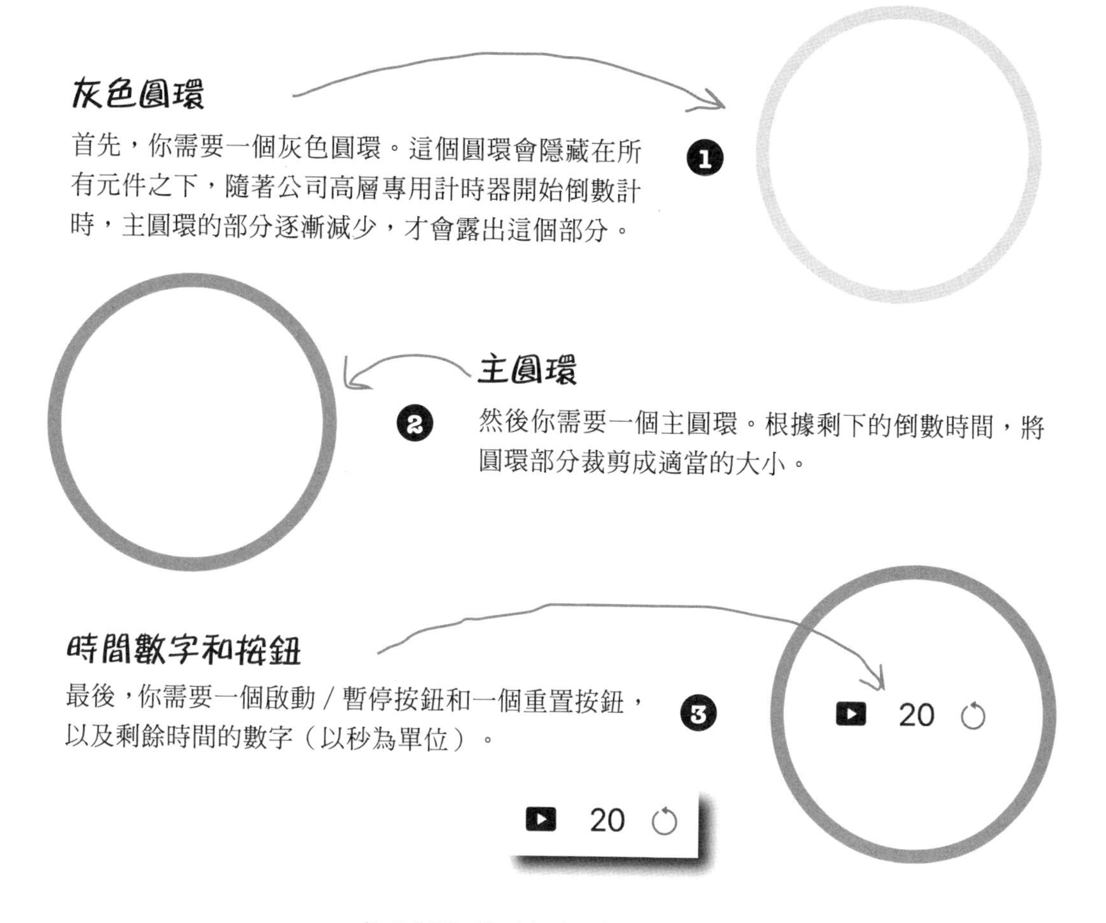

我們稍後就會來寫這些介面元件的程式碼⋯

腦力激盪

請新增一個 Playground 專案，使用 SwiftUI 繪製一些形狀。

建議你從三角形開始畫起：

```
Triangle()
    .stroke(Color.green, style:
      StrokeStyle(lineWidth: 5, lineCap: .round, lineJoin: .round))
    .frame(width: 300, height: 300)
```

公司高層專用計時器——設定 UI

現在我們要對使用者介面做一些設定，讓介面繪製計時器。

❶ 創一個**閉包**，讓閉包根據 countdownTime 的狀態，回傳正確的顏色：

```
let countdownColor: Color = {
    switch (countdownTime) {
        case 6...: return Color.green
        case 3...: return Color.yellow
        default: return Color.red
    }
}()
```

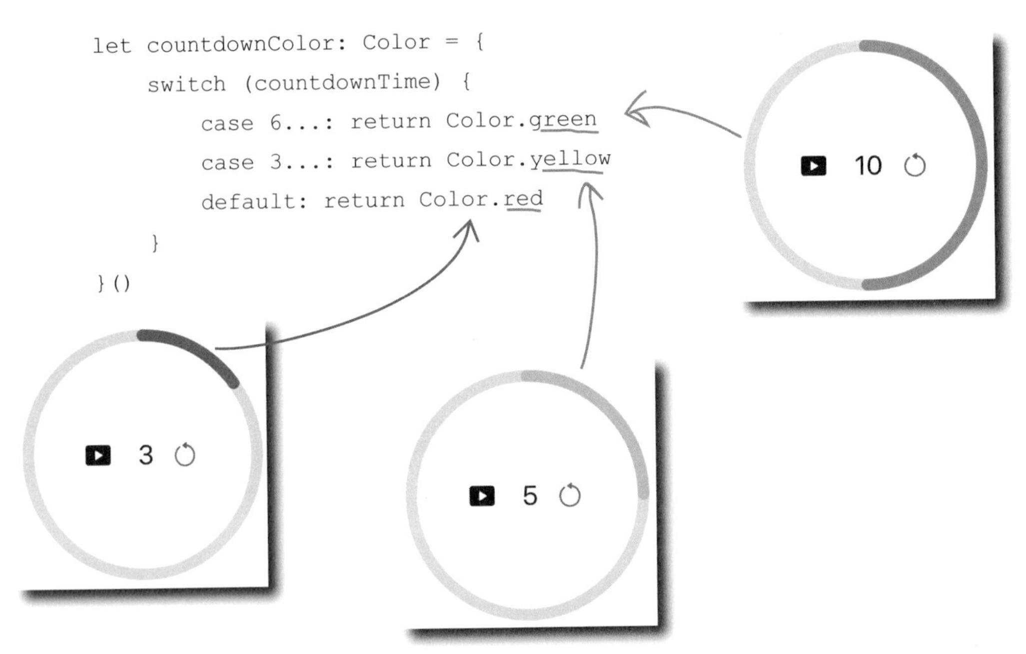

❷ 定義 strokeStyle，這樣日後嘗試計時器的新外觀時，就會輕鬆許多：

```
let strokeStyle = StrokeStyle(lineWidth: 15, lineCap: .round)
```

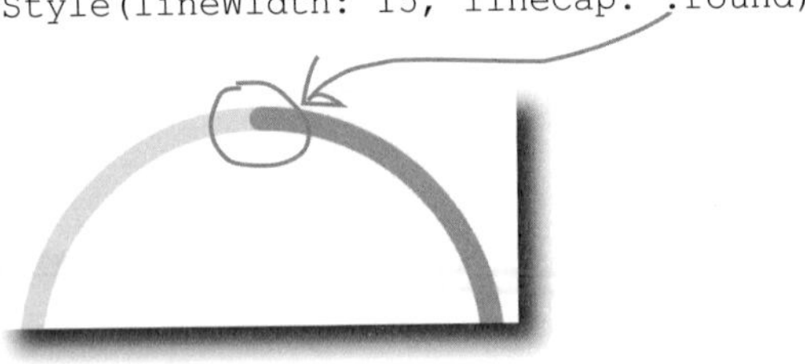

❸ 定義 buttonIcon，這樣計時器才能根據 timerRunning 的狀態，讓啟動和暫停按鈕在適當的時間切換正確的圖示。

```
let buttonIcon = timerRunning ? "pause.rectangle.fill" : "play.rectangle.fill"
```

此處為三元運算子。

☑ 做一些設定，讓使用者介面可以正常運作。

撰寫 UI 程式碼

❶ 撰寫灰色圓環程式碼

為了繪製灰色圓環，我們必須先畫…一個灰色圓圈！因為這個灰色圓圈是靜止不動的 UI 元素，會放在所有元素之下，所以它其實不需要做任何事，只要待在那裡就好。

SwiftUI 具有大量好用的 UI 視圖建構元件，例如，`Text`、`Image`、`VStack` 和 `HStack`，除此之外，SwiftUI 也有大量的基本形狀供你使用，例如，`Rectangle`、`Ellipse`、`Capsule`、`RoundedRectangle` 和 `Circle`。

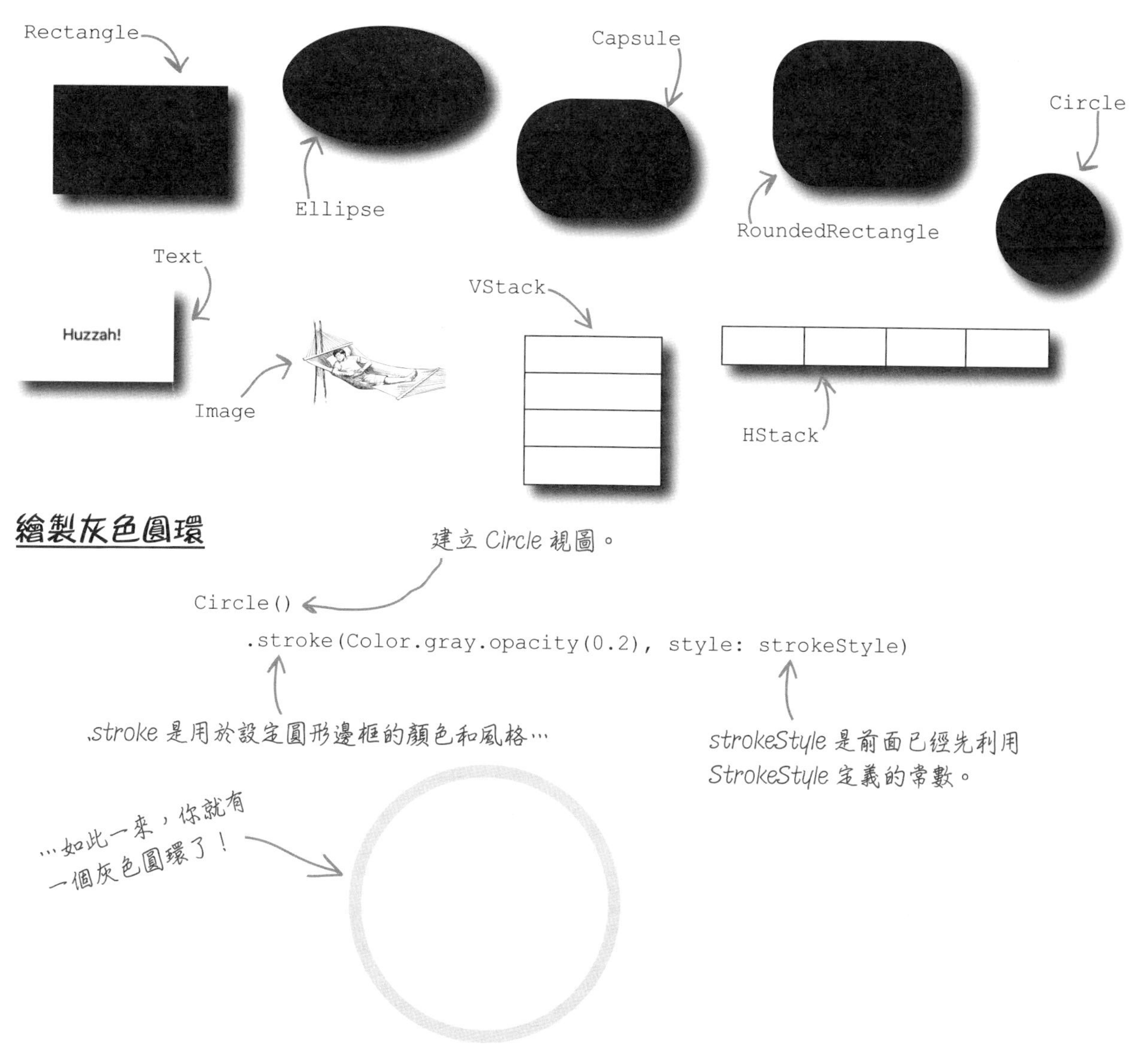

❷ 撰寫主圓環程式碼

主圓環的程式碼會比灰色圓環複雜一點，需要根據剩下多少倒數時間，減少圓環顯示的部分，而且當顯示的部分減少時，還要呈現漂亮的動畫。

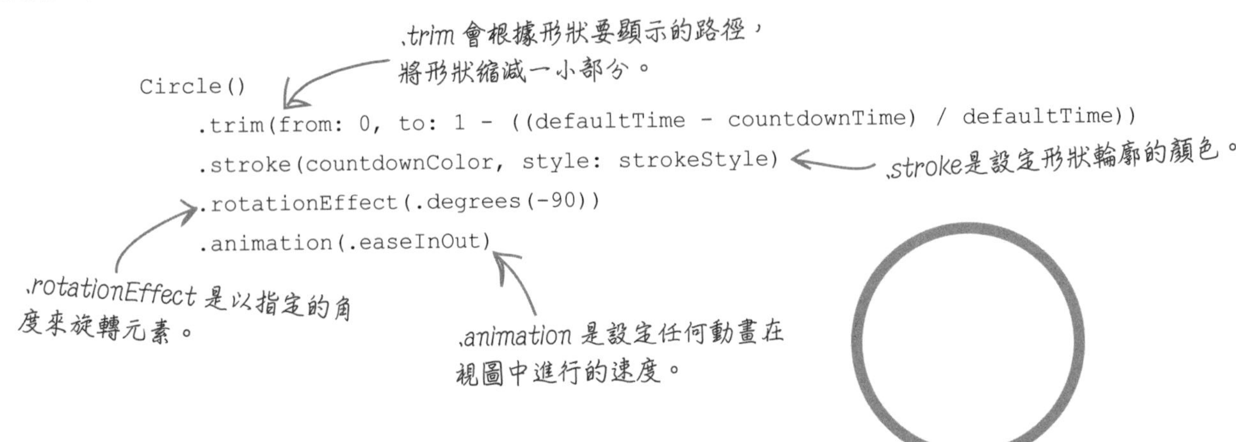


```
Circle()
    .trim(from: 0, to: 1 - ((defaultTime - countdownTime) / defaultTime))
    .stroke(countdownColor, style: strokeStyle)
    .rotationEffect(.degrees(-90))
    .animation(.easeInOut)
```

❸ 撰寫時間數字和按鈕程式碼

顯示時間數字和按鈕的時候，不會與前面畫兩個圓環一樣用到形狀，而是使用先前製作待辦事項清單時用過的元件。

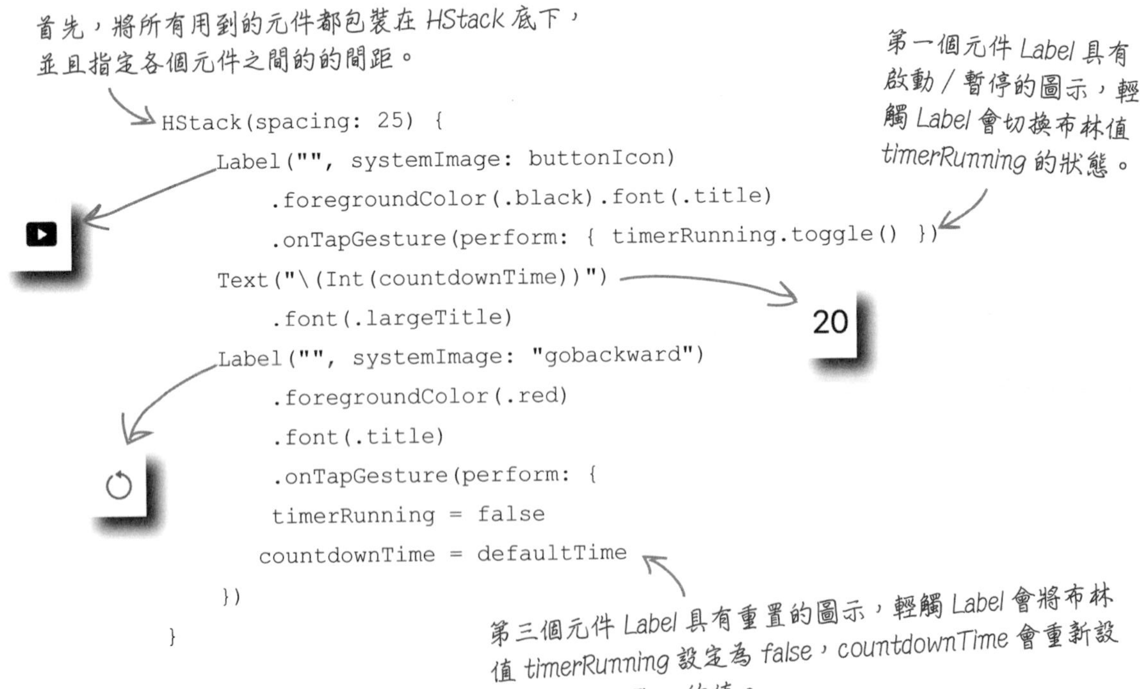


```
HStack(spacing: 25) {
    Label("", systemImage: buttonIcon)
        .foregroundColor(.black).font(.title)
        .onTapGesture(perform: { timerRunning.toggle() })
    Text("\(Int(countdownTime))")
        .font(.largeTitle)
    Label("", systemImage: "gobackward")
        .foregroundColor(.red)
        .font(.title)
        .onTapGesture(perform: {
        timerRunning = false
        countdownTime = defaultTime
    })
}
```

☑ 建立所有組成使用者介面的元件。

削尖你的鉛筆

請看看以下這些 SwiftUI 程式碼片段。針對以下每一段程式碼，請畫出你認為程式碼會輸出的內容；若你認為程式碼不會繪製出任何內容，請試述錯誤原因為何，並且試著修正錯誤。

假設以下程式碼均有匯入 SwiftUI 和 PlaygroundSupport 模組，請在 Playground 中執行以下這些繪製視圖的程式碼：

```
PlaygroundPage.current.setLiveView(ShapeView())
```

☐

```
struct ShapeView: View {
    var body: some View {
        VStack {
            Rectangle().padding()
            Ellipse().padding()
            Capsule().padding()
            RoundedRectangle(cornerRadius: 25).padding()
        }
    }
}
```

☐

```
struct ShapeView: View {
    var body: some View {
        VStack {
            Circle()
            Circle()
        }
    }
}
```

☐

```
struct ShapeView: View {
    var body: some View {
        VStack {
            RoundedRectangle(cornerRadius: 100).padding()
        }
    }
}
```

→ 解答請見第 343 頁。

組合三個部份的程式碼

請思考看看，ZStack 的作用是什麼？我們稍後再來討論。

為了建立我們需要的視圖，必須在 ZStack 定位元素中，將全部三個元素依照順序組合在一起：

```
ZStack {
    Circle()
        .stroke(Color.gray.opacity(0.2), style: strokeStyle)
    Circle()
        .trim(from: 0, to: 1 - ((defaultTime - countdownTime) / defaultTime))
        .stroke(countdownColor, style: strokeStyle)
        .rotationEffect(.degrees(-90))
        .animation(.easeInOut)
    HStack(spacing: 25) {
        Label("", systemImage: buttonIcon)
            .foregroundColor(.black).font(.title)
            .onTapGesture(perform: { timerRunning.toggle() })
        Text("\(Int(countdownTime))")
            .font(.largeTitle)
        Label("", systemImage: "gobackward")
            .foregroundColor(.red)
            .font(.title)
            .onTapGesture(perform: {
            timerRunning = false
          countdownTime = defaultTime
        })
    }
}.frame(width: 300, height: 300)
```

此處是將 ZStack 的邊框設定為一個 300x300 的漂亮正方形，可見這個倒數計時的圓圈並不是太大。

☑ 將所有元素結合在一起！

等一下，這裡的 ZStack 是什麼？前面用過的 HStack 是以水平排列的方式配置視圖，VStack 則是以垂直排列的方式配置，但我不懂 ZStack 要做什麼！

ZStack 的作用類似 HStack 或 VStack，但不是作用於水平軸或垂直軸，而是作用在 Z 軸上，也就是：深度。

在這個公司高層專用計時器應用程式的範例中，我們需要用到 `ZStack`，因為我們希望將灰色圓環放在所有元件之下，再將主圓環放上去（如此一來，當主圓環顯示的部分減少時，才會露出灰色圓環），時間數字和按鈕則是放在所有元件之上。

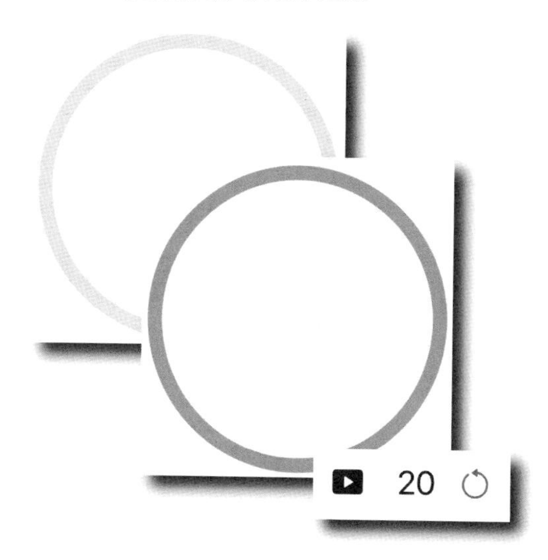

腦力激盪

請新增一個 Swift Playground，加入幾個 `Text` 視圖，可能是放在 `HStack` 或 `VStack` 定位元素裡，也可能兩者都放，如果希望介面更漂亮一點，可以再放張圖片。然後，嘗試將這些元素全都包裝在 `ZStack` 裡面，看看會產生什麼結果。`ZStack` 裡的每個元素內都有幾個 `Text` 視圖，試試看將這些元素互相插入。

很快你就會感受到 `ZStack` 會如何運作！

畫龍點睛

這個應用程式的最後一塊拼圖是為視圖加入事件動作「`onReceive`」，讓視圖可以回應我們之前建立的計時器，並且使用接收到的訊息，採取相應的動作：

這個部分的程式碼是我們在前面已經建立的三個視覺元件，為了讓範例程式碼可以容納在本頁裡，所以先刪除這個部分。

```
ZStack {
  ❶❷❸
}.frame(width: 150 * 2, height: 150 * 2)
.onReceive(timer, perform: { _ in
  guard timerRunning else { return }
      if countdownTime > 0 {
          countdownTime -= 1
      } else {
          timerRunning = false
          countdownTime = defaultTime
      }
  })
```

.onReceive 是視圖提供的實體方法，其作用是讓你指定視圖要回應的發布者，以及發布者發送資料時要執行的方法。

perform 參數是用於指定要執行的方法，當指定發布者（在這個範例中是指 timer）發送某些內容時就會執行。

此處執行的方法是一個閉包，這個閉包會監視 timerRunning，也就是只有在計時器運作時才會繼續執行。如果計時器的時間大於 0，countdownTimer 的值會減 1；如果小於 0，則關掉計時器或是將計時器的時間重置為預設值。

☑ 讓計時器更新使用者介面，這樣一切都能正常運作。

現在你可以準備測試這款公司高層專用計時器！

利用發布者（publisher）

`timer` 其實是一個可變狀態，用來指示公司高層專用計時器的使用者介面要做什麼：使用者介面需要顯示計時器上剩餘的秒數，以及更新圓環顯示的部分，以反映剩餘時間。

`onReceive` 方法負責告訴 SwiftUI，我們希望從指定的發布者（在這個範例中是指 `timer`）那裡接收它發出的內容，並且在接收到這個內容之後**執行**（**perform**）某一個函式。

我們**執行**（**perform**）的動作會更新 `countdownTime` 的值，使用者介面再拿這個值來繪出介面的狀態。

新車試駕

削尖你的鉛筆 解答

題目請見第 339 頁。

利用分頁式視圖設計簡潔 UI

嘿，我喜歡的 iOS 應用程式大部分都有漂亮的分頁式視圖，所以，我要怎樣才能在 SwiftUI 裡弄出這種介面？我只是想不通其中的運作方式，你能幫個忙嗎！？

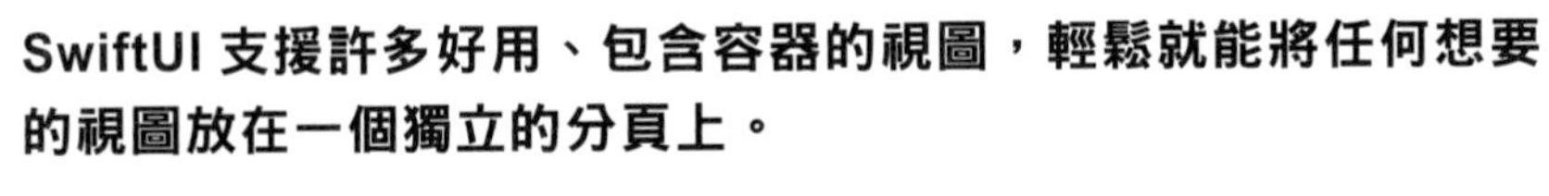

SwiftUI 支援許多好用、包含容器的視圖，輕鬆就能將任何想要的視圖放在一個獨立的分頁上。

如此好用又**包含容器的視圖**（**container view**），`TabView` 就是其中一個。 無庸置疑，`TabView` 的功能就是讓你將不同的視圖放在應用程式裡不同的分頁上。

使用 `TabView` 需要兩個步驟：

❶ 不論你需要多少不同的視圖，都必須先建立

每個分頁都需要顯示某些內容，所以你必須確定你有一些視圖可以放入每個分頁裡。

❷ 建立 TabView 元件來控制多個視圖

使用 SwiftUI 的容器視圖 `TabView`，可以儲存分頁內容，以及顯示分頁的使用者介面。

❶ 不論你需要多少不同的視圖（存在分頁裡），都必須先建立

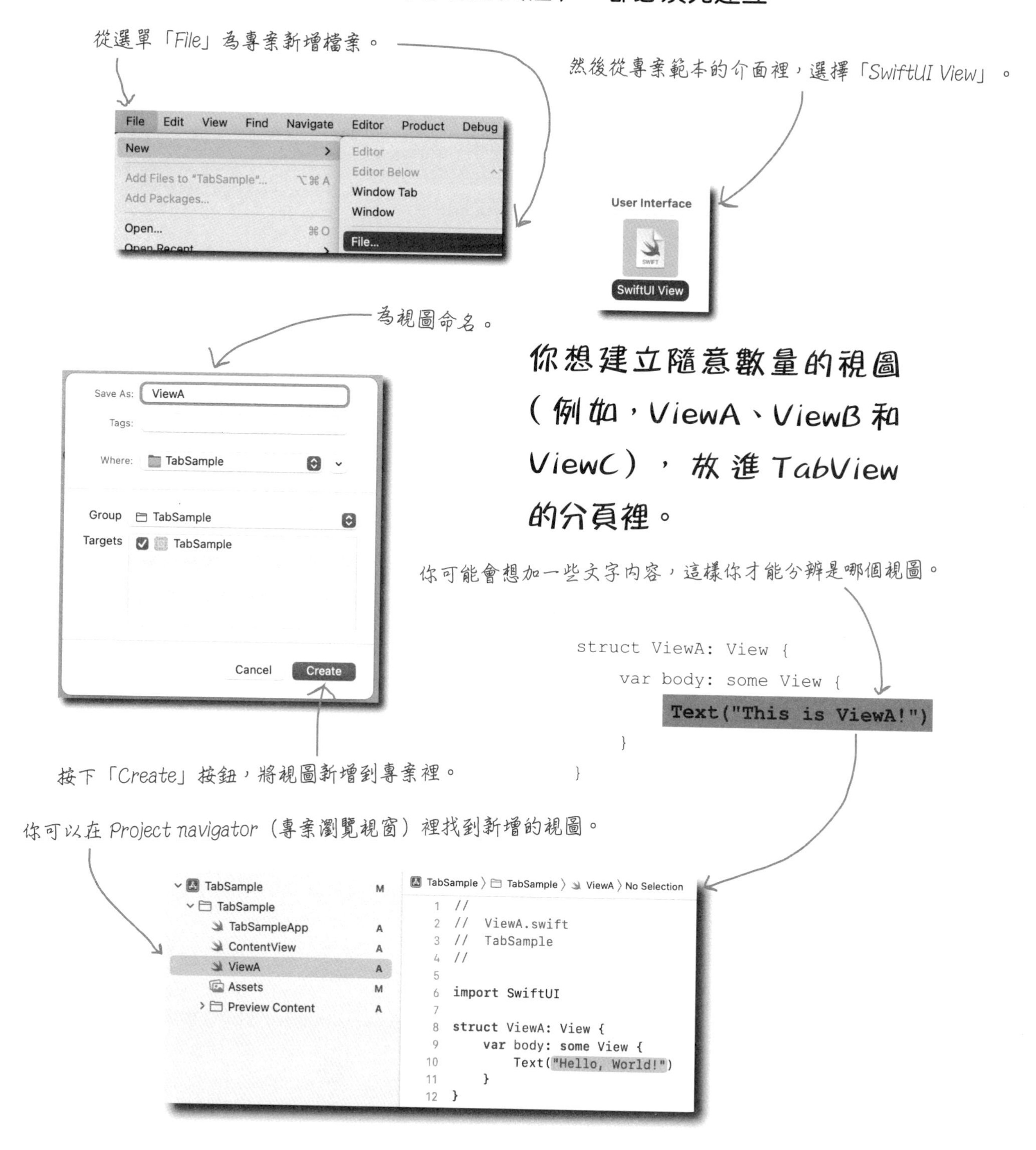

❷ 建立 TabView 元件來控制多個視圖

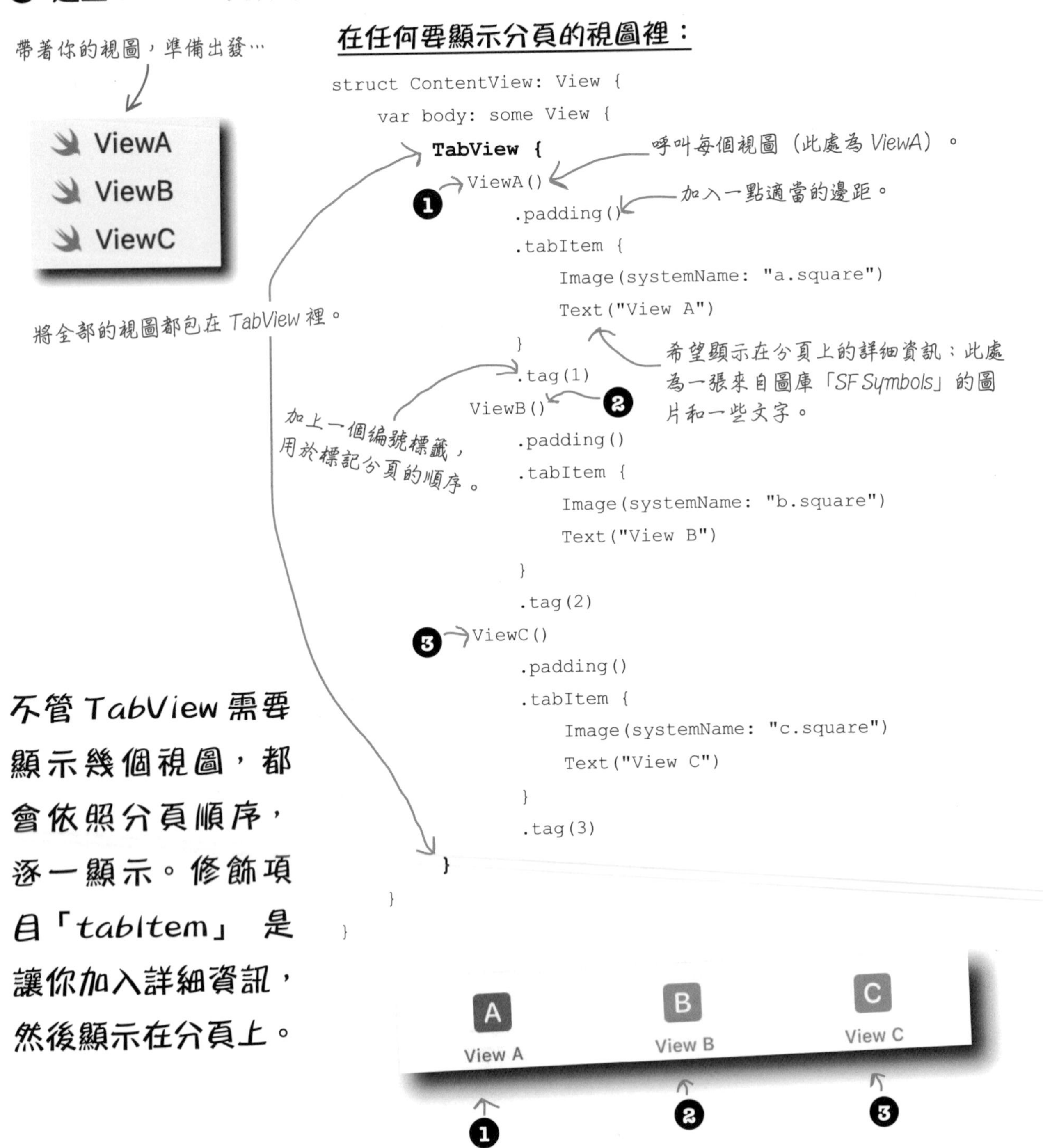

產生分頁

如果你創了三個視圖和一個包含這些視圖的 TabView，最後應該會看到以下的結果：

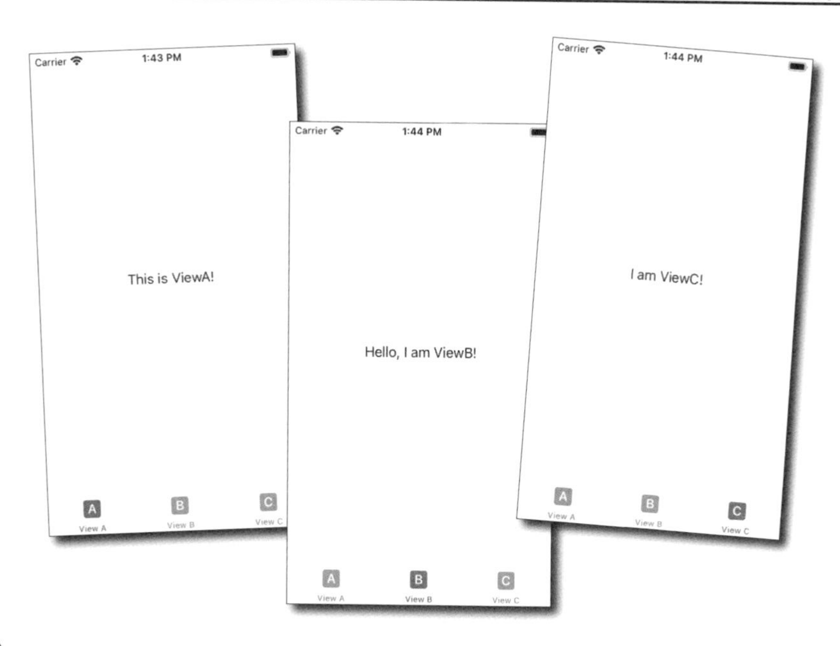

導入 Label 視圖

我們還可以改用 Label 視圖來取代前面 Image 和 Text 視圖的組合用法，只用一個 Label 視圖就能結合圖片和一些文字。

所以，我們可以將其中一個分頁的程式碼改寫如下：

```
Label("View B", systemImage: "b.square")
```

取代原本的程式碼：

```
Image(systemName: "b.square")

Text("View B")
```

新車試駕

請更新範例中三個分頁的程式碼，改用 Label 視圖來取代 Image 視圖和 Text 視圖一起使用的做法。

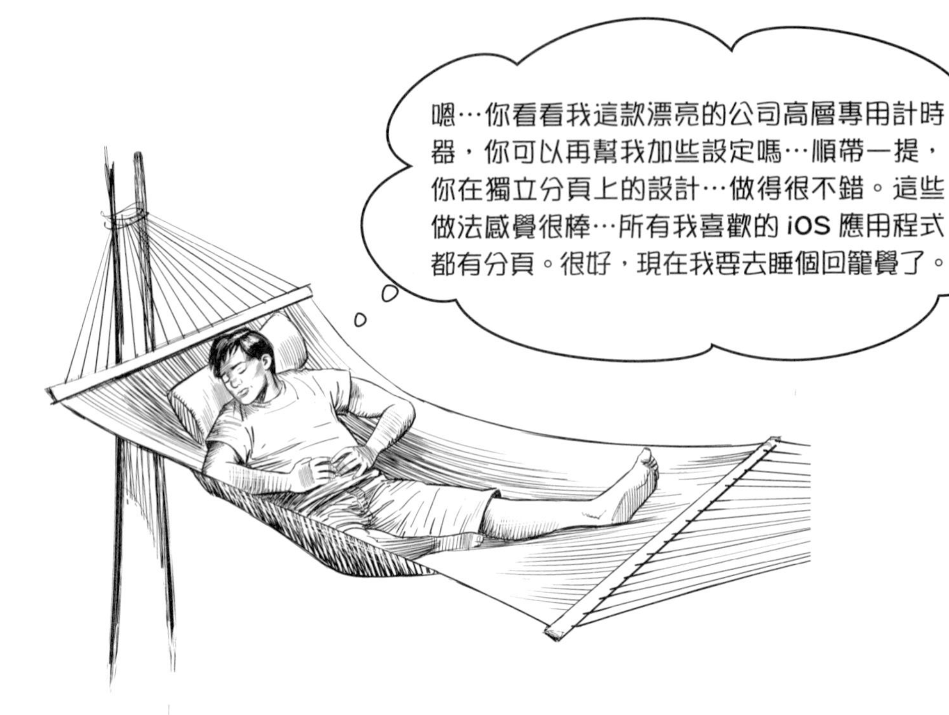

這很簡單！只要用視圖把計時器包起來，在 TabView 裡新增一個視圖，作為 `Settings`（設定）分頁。

你需要開發的所有內容，都已經知道該怎麼做了，先假設 `Settings`（設定）視圖是空的（後續會再回頭製作這個部分）。

習題

請更新你的公司高層專用計時器，讓計時器有兩個分頁，一個負責計時器，另一個用於 `Settings`（設定）視圖。要達成這個目的，你必須著手進行以下步驟：

- ☐ 將顯示計時器的 ContentView，改名為 TimerView。必須同時修改兩個地方的名稱，一個是原本的 ContentView 結構（改為 TimerView），另一個是原本的 ContentView 檔案（請利用 Xcode 介面裡的側邊欄）。
- ☐ 在專案裡新增一個「SwiftUI View」檔案，命名為 ContentView。
- ☐ 在新的 ContentView 檔案裡，新增一個 TabView 和一個顯示 TimerView 的分頁。
- ☐ 在專案裡新增一個「SwiftUI View」檔案，命名為 TimerSettingsView。
- ☐ 將 TimerSettingsView 加進新建立的 ContentView 的 TabView 裡，作為第二個分頁。

習題解答

更改公司高層專用計時器裡現有的 ContentView 檔案名稱：

在 Xcode 視窗左側的 Project navigator（專案瀏覽視窗）裡，選擇 ContentView 檔案。

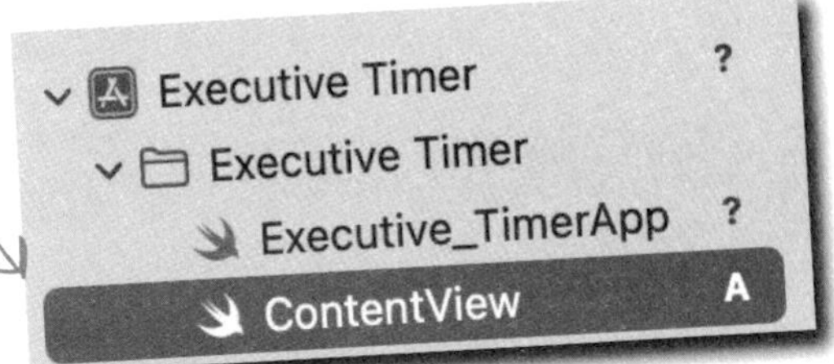

在 Xcode 視窗右側的 File Inspector（檔案檢視器）裡，將檔案名稱從「ContentView.swift」改成「TimerView.swift」。

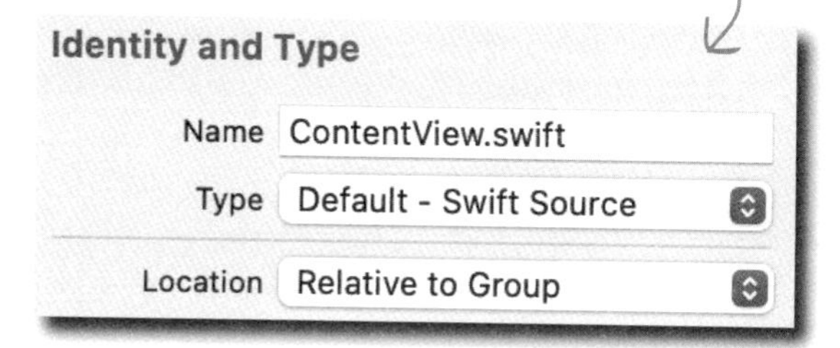

更改公司高層專用計時器裡現有的 ContentView 結構名稱：

在重新命名為「TimerView.swift」的檔案裡，將程式碼中的視圖結構名稱從「ContentView」改成「TimerView」。

```
struct ContentView: View {
```

```
struct TimerView: View {
```

重新命名的 TimerView 結構，如下所示：

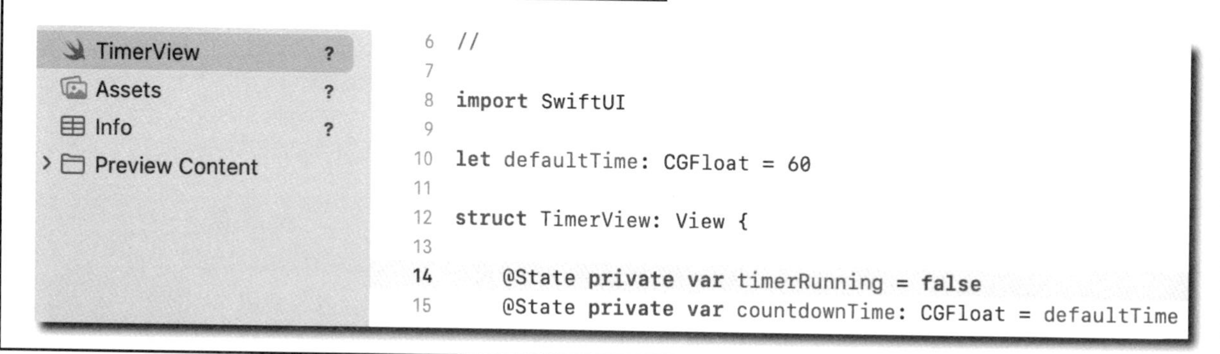

產生新的 ContentView 結構來顯示分頁

為了顯示分頁，需要新增一個具有 TabView 的視圖，這個新視圖的名稱是 ContentView，是用來取代之前的 ContentView（就是我們剛剛改名為 TimerView 的視圖）。

從 Xcode 的「File」選單的子選單中，選擇 File。

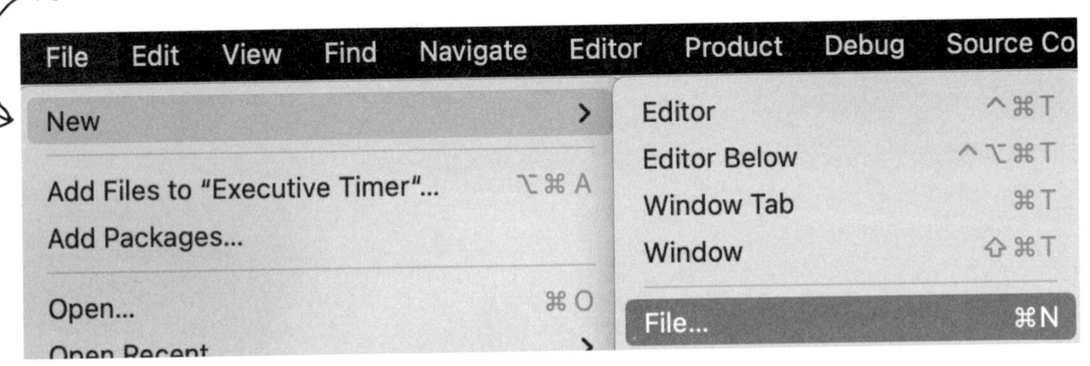

在下一個畫面選擇要加入專案的檔案型態，請選擇「SwiftUI View」。

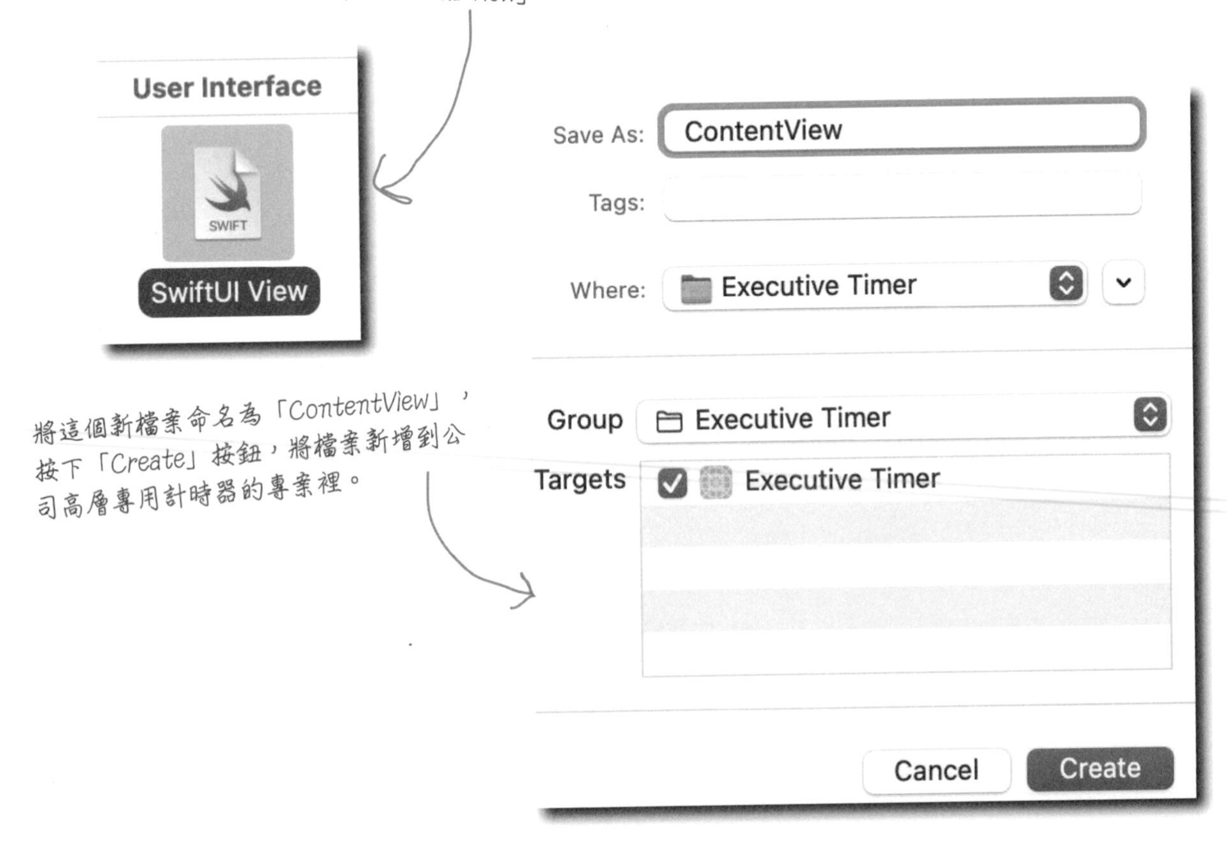

將這個新檔案命名為「ContentView」，按下「Create」按鈕，將檔案新增到公司高層專用計時器的專案裡。

建立 TabView 元件和產生分頁

我們需要在這個全新的「ContentView」檔案裡，建立一個 TabView，TabView 新增如下：

```
import SwiftUI

struct ContentView: View {
    var body: some View {
        TabView {

        }
    }
}
```

在 TabView 內新增一個**分頁**，用於顯示計時器：

```
TimerView()
    .padding()
    .tabItem {
        Image(systemName: "timer")
        Text("Timer")
    }
    .tag(1)
```

建立 TimerView 的實體。

❶ 創一個空的視圖「TimerSettingsView」

你不需要修改已經提供的程式碼，除非你想顯示其他不同的內容。接下來我們會實際建立計時器設定分頁的內容。

```
import SwiftUI

struct TimerSettingsView: View {
    var body: some View {
        Text("Hello, World!")
    }
}
```

Executive Timer
Executive Timer
Executive_TimerApp
ContentView
TimerSettingsView
TimerView
Assets
Info
Preview Content

❷ 在 ContentView 的 TabView 裡，新增第二個分頁

ContentView 結構目前的內容如下所示，而且只有一個分頁（就是 TimerView），接著我們要加入 TimerSettingsView（這個視圖目前是空的）：

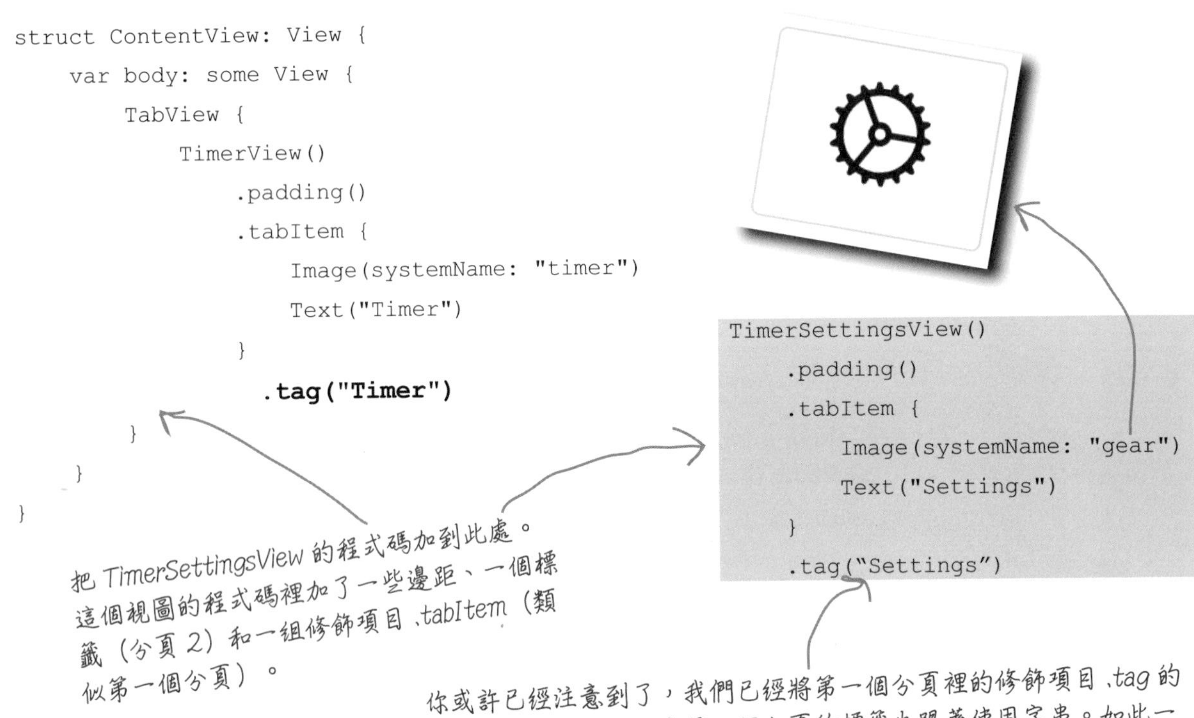

```
struct ContentView: View {
    var body: some View {
        TabView {
            TimerView()
                .padding()
                .tabItem {
                    Image(systemName: "timer")
                    Text("Timer")
                }
                .tag("Timer")
        }
    }
}
```

```
TimerSettingsView()
    .padding()
    .tabItem {
        Image(systemName: "gear")
        Text("Settings")
    }
    .tag("Settings")
```


你或許已經注意到了，我們已經將第一個分頁裡的修飾項目 .tag 的內容更新為字串，此處第二個分頁的標籤也跟著使用字串。如此一來，程式碼裡的其他地方就能透過這些標籤名稱，更簡單地引用這些分頁。

基本上，我們的工作算是完成了！這款公司高層專用計時器現在有分頁了：

- [x] 將顯示計時器的 ContentView，改名為 TimerView。必須同時修改兩個地方的名稱，一個是原本的 ContentView 結構（改為 TimerView），另一個是原本的 ContentView 檔案（請利用 Xcode 介面裡的側邊欄）。
- [x] 在專案裡新增一個「SwiftUI View」檔案，命名為 ContentView。
- [x] 在新的 ContentView 檔案裡，新增一個 TabView 和一個顯示 TimerView 的分頁。
- [x] 在專案裡新增一個「SwiftUI View」檔案，命名為 TimerSettingsView。
- [x] 將 TimerSettingsView 加進新建立的 ContentView 的 TabView 裡，作為第二個分頁。

執行新款的公司高層專用計時器

好吧，我們可以說是，也可以說不是。

若要盡顯 SwiftUI 的風采，我們還能再寫一本深入淺出系列的書籍。

這種對 SwiftUI 淺嚐即止的做法是打算讓你在所有方面都涉獵一點：讓你熟悉基礎知識，如此一來，日後當你處理 SwiftUI 的其他部分，你才會知道自己在做什麼。

這種做法很聰明，對吧？

「Swift」填字遊戲

我們將你在本章學到的 SwiftUI 知識和幾個有關的概念，全都有技巧地隱藏在這個填字遊戲裡。在朝最後一章邁進之前，先以此轉換心情吧。

中文提示（橫向）

3. Apple 支援的圖庫，包含許多圖示和符號。
6. 函式庫，可和 Swift 一起搭配處理非同步事件。
7. 浮點數型態，但用於圖形方面。
8. 類別，作用是以特定速度做某件事。

中文提示（縱向）

1. 使用 SwiftUI，控制一個內容轉換到另一個內容。
2. UI 元素，幫助重疊的視圖疊在彼此的上方。
4. 這個方法是讓視圖回應發布者發出的某些內容。
5. 某個能定時發出自身值的東西。

「Swift」填字遊戲解答

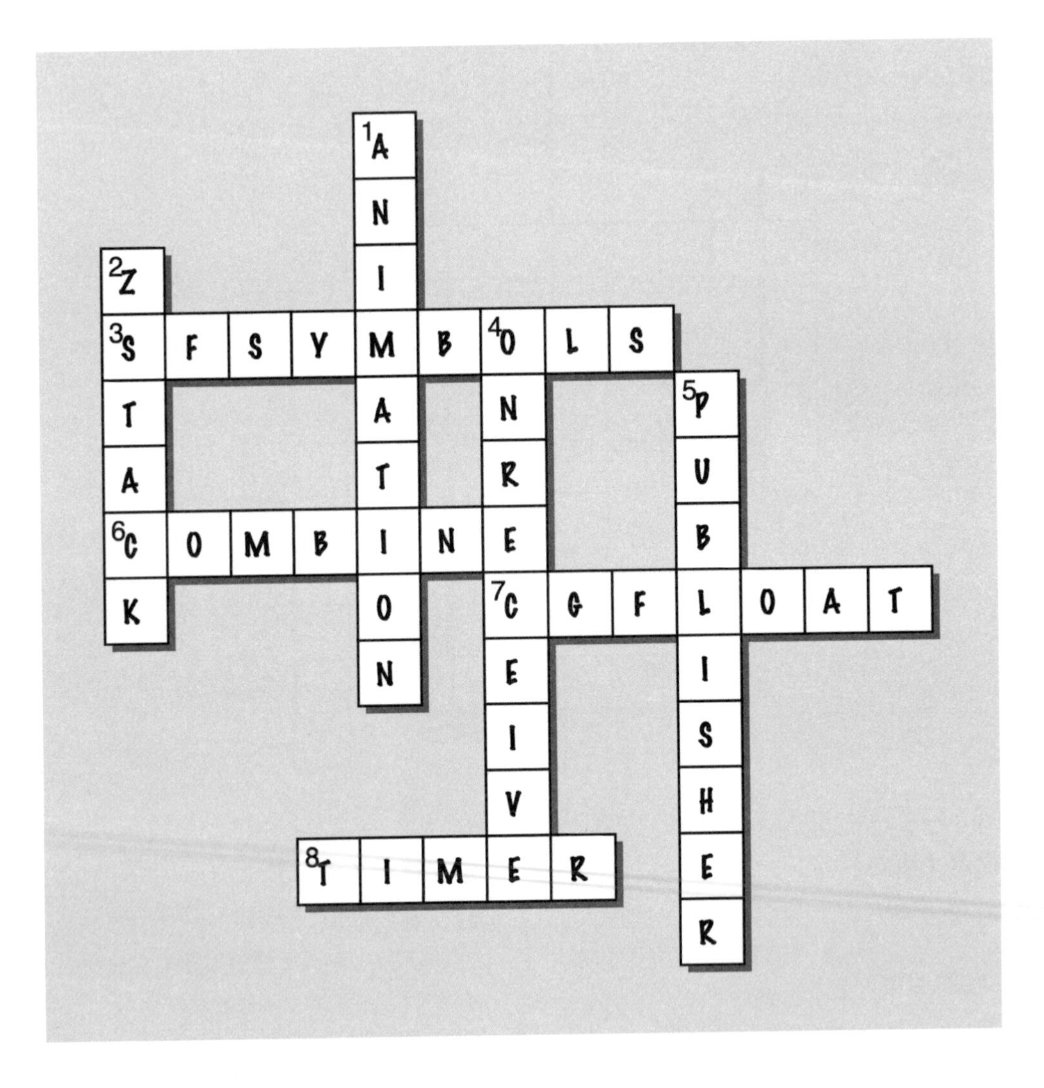

12 超越應用程式、網頁

整合所有知識

讓我們再一起度過最後一個章節…

你已經完成很多 Swift 程式，也用過 Playgrounds 和 Xcode。我們早就知道最後**終須一別**，而這個時刻終於來臨。縱使有太多不捨，但我們知道你的努力已經獲得回報。本章是我們要一起看的最後一章（至少是在這本書裡），我們將帶你**對許多學到的觀念進行最後的巡禮**，一起建構幾個 Swift 程式，確定你已經步上軌道，並且給你一些**指引**，**告訴你下一步要做什麼**，也可以說是我們出給你的回家作業。接下來的內容很有趣，本書將結束在最精彩的一章。

這個章節相當於偵探小說裡的經典場景，名偵探將大家召集到客廳，準備總結案情。

旅程終將結束…

START

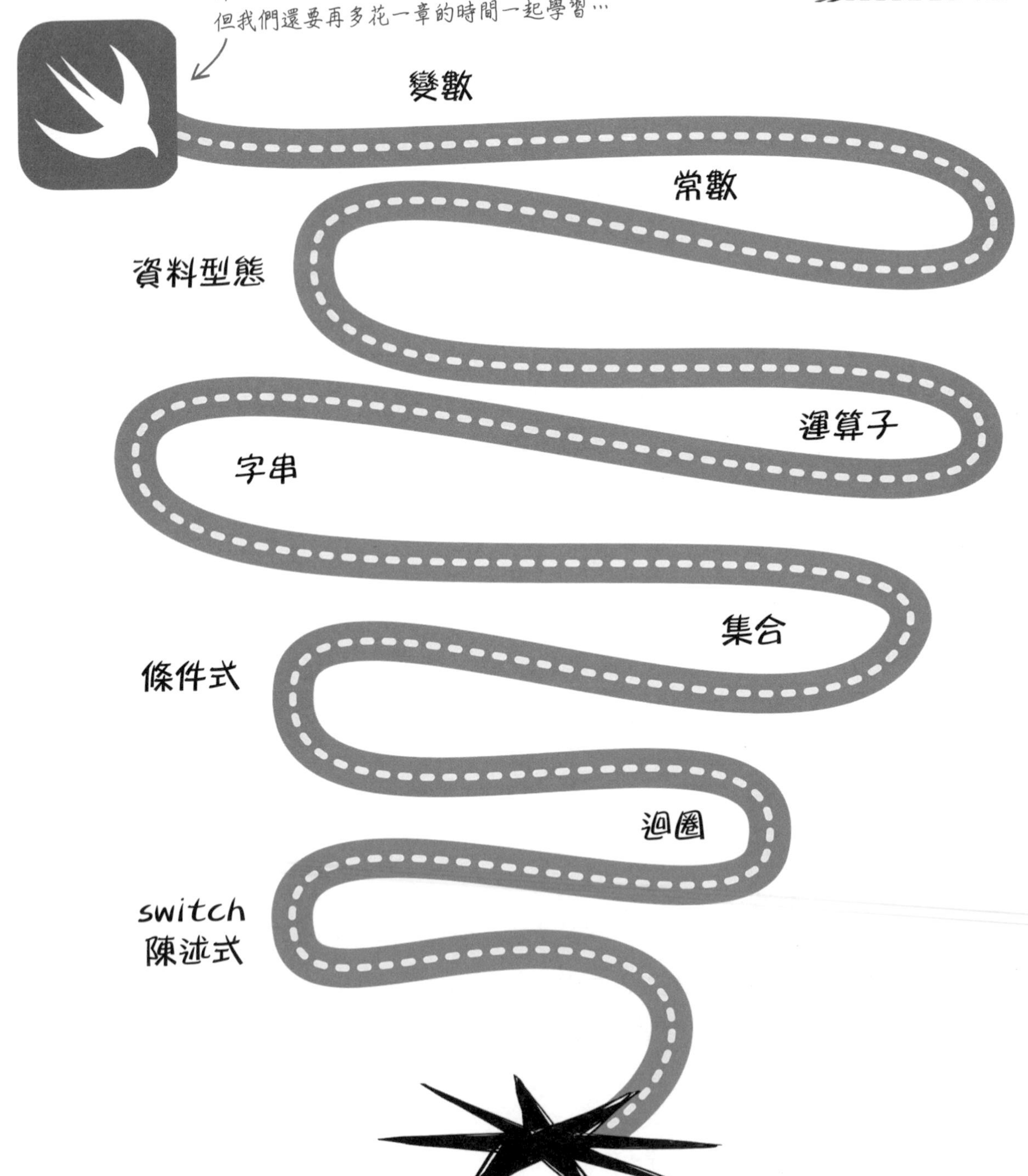
雖然你已經學到很多 Swift 程式語言的知識，
但我們還要再多花一章的時間一起學習…
變數
常數
資料型態
運算子
字串
集合
條件式
迴圈
switch
陳述式

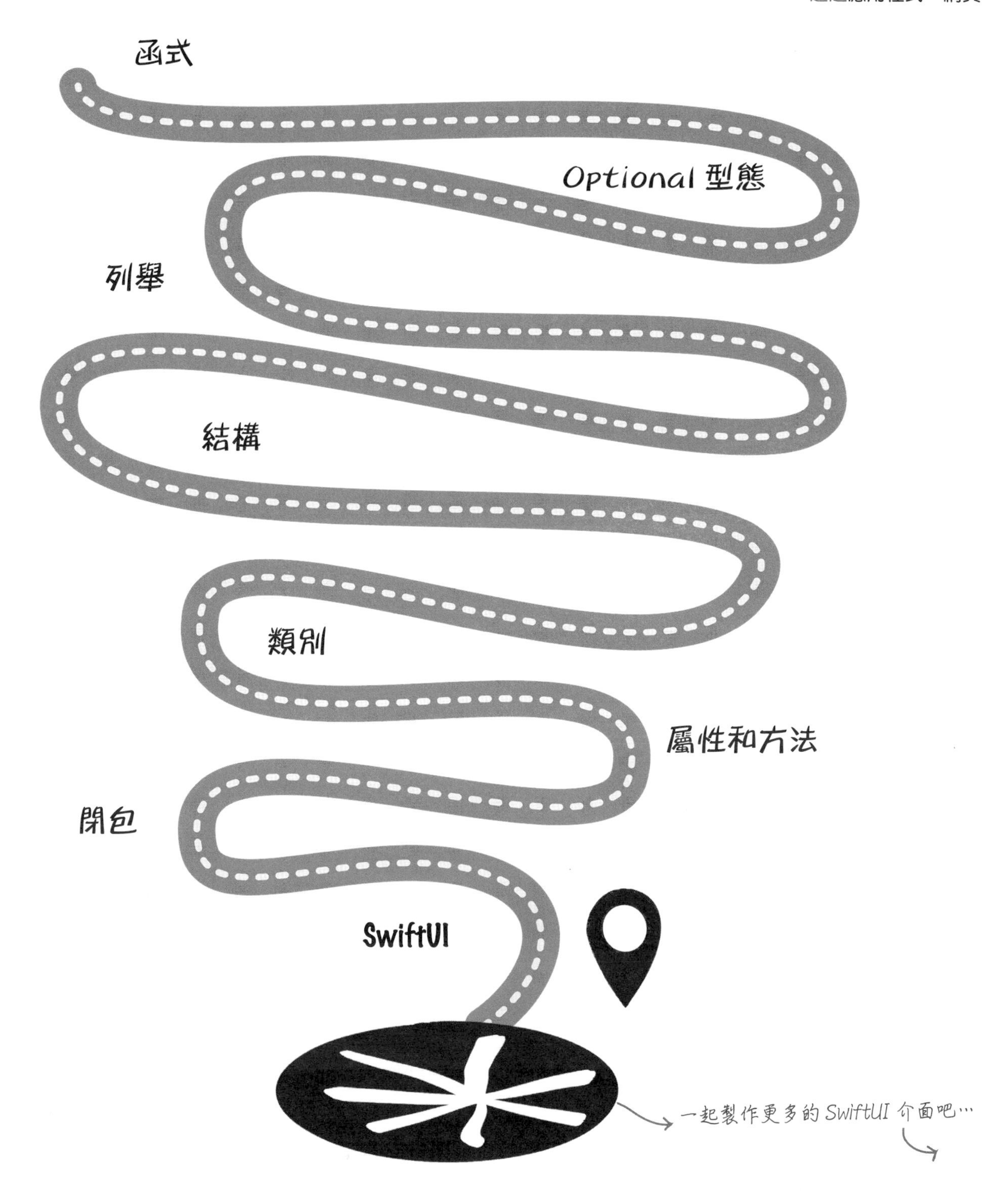
函式
Optional 型態
列舉
結構
類別
屬性和方法
閉包
SwiftUI
一起製作更多的 SwiftUI 介面吧…

類似這樣的畫面？

5:14

Welcome to Swift Pizza

Order Everything
Our whole menu is available in the app.

Buy Gift Cards
Buy a gift card, check card balance, and more.

Customize Pizzas
Pick and choose ingredients to make your dream pizza.

Welcome

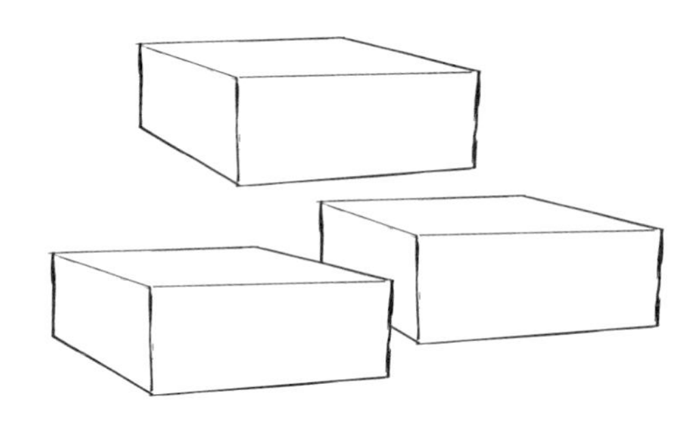

利用 SwiftUI，輕鬆就能建構出一個美美的歡迎畫面。

現在就讓我們一起來看看，如何利用 SwiftUI 的建構元件來製作歡迎畫面。

組成歡迎畫面的基本建構元件，與你在 SwiftUI 裡已經用過相當多次的元件一樣。

此處不會用到什麼神秘的元件，只有一些 `Text`、一些 `Spacer`、一些 `HStack` 和 `VStack`、一些 `Image` 以及一個 `Button`。

削尖你的鉛筆

你認為我們要製作的歡迎畫面，可能會需要哪些主要元素？

我們畫了一張歡迎畫面的草圖，請試著確認你能從哪些 SwiftUI 建構元件中，組合出這個畫面。

我們已經先給你幾個提示了…

這個大大的歡迎訊息文字是由一些 Text 視圖組成，然後放在 VStack 裡，所以這些視圖會彼此垂直疊放在一起。我們將其中一個 Text 視圖塗成藍色。

歡迎畫面的其他部分還需要什麼元素？別忘了還有 VStack、HStack 和 Spacer！

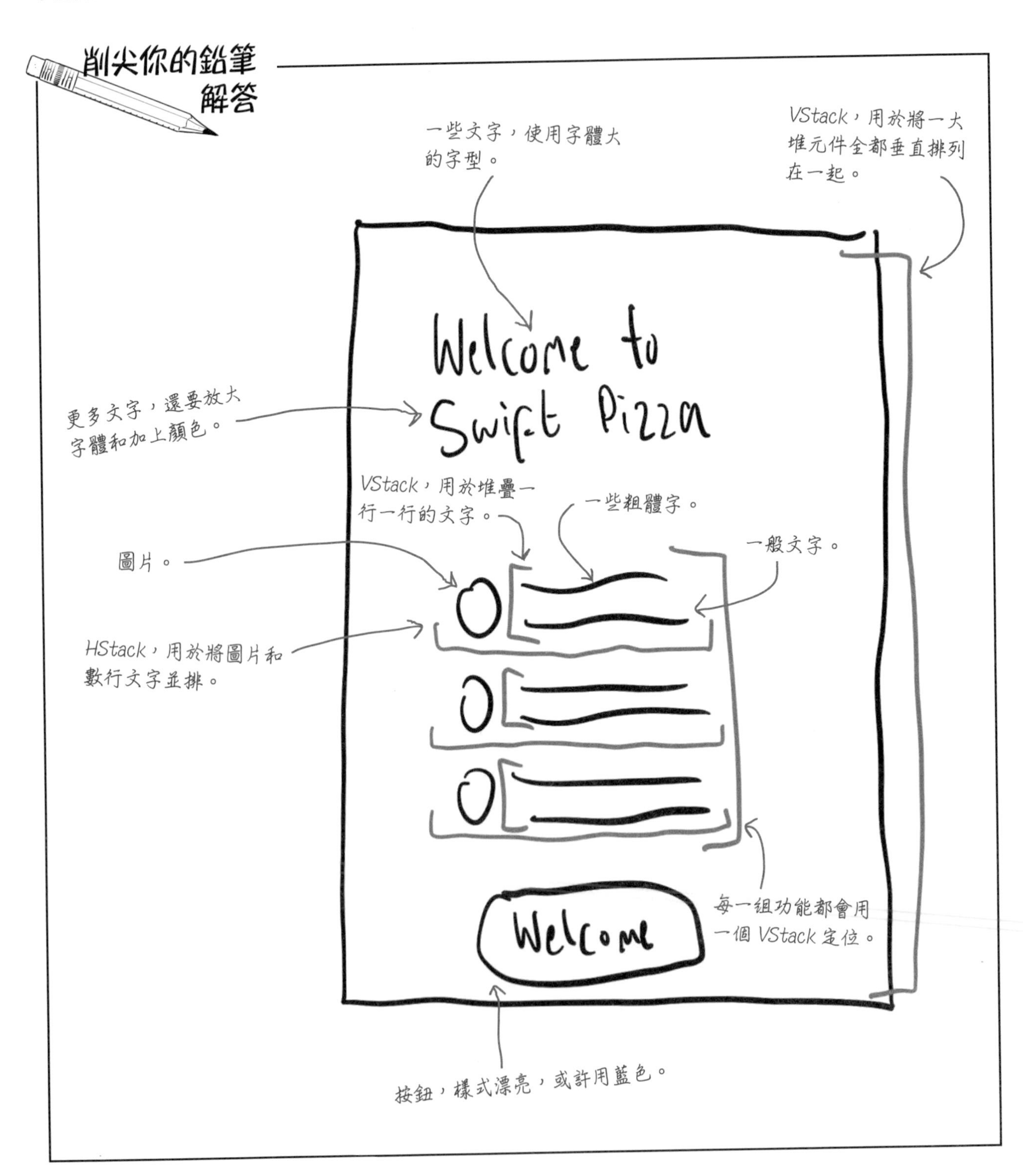
削尖你的鉛筆
解答
一些文字，使用字體大的字型。
VStack，用於將一大堆元件全都垂直排列在一起。
Welcome to Swift Pizza
更多文字，還要放大字體和加上顏色。
VStack，用於堆疊一行一行的文字。
一些粗體字。
一般文字。
圖片。
HStack，用於將圖片和數行文字並排。
每一組功能都會用一個 VStack 定位。
Welcome
按鈕，樣式漂亮，或許用藍色。

所以，我們要如何利用 SwiftUI 來建立這個歡迎畫面呢？我確實抓到了熟悉的概念，但我還是需要協助！

歡迎畫面的菜單

1. 確定 `ContentView` 結構已經準備就緒。此處的範例會保留 `ContentView` 這個名稱，因為這是 Xcode 專案對第一個 SwiftUI 視圖的預設名稱。

2. 確定 `body` 屬性也一樣準備就緒，這一步沒有什麼神秘之處。

3. 創一個 `VStack`，將所有元素都放進去，並且設一些邊距。

4. 增加兩個 `Text` 視圖，用於顯示訊息「Welcome to Swift Pizza」，並且為這兩個視圖設定適當的風格。

5. 增加一個 `Spacer` 視圖。

6. 為三個功能項目增加需要的視圖：一個 `VStack`，用於將三個項目放在一起；三個一樣的 `HStack`，每一個都會放一個 `Image` 視圖和一個包含兩個 `Text` 視圖的 `VStack`。

7. 增加另一個 `Spacer` 視圖。

8. 最後是增加一個風格適當的 `Button` 視圖。

一步步組裝歡迎畫面

ContentView 雖然也可以隨意命名，但是 SwiftUI 的應用程式範本在預設環境中會尋找名稱是 ContentView 的視圖（不過，只有屬性 body 的名稱不能改）。

❶ ContentView 視圖

```
struct ContentView: View {

}
```

❷ body 屬性

```
var body: some View {

}
```

❸ 以 VStack 容納所有元素

```
VStack (alignment: .leading) {

}.padding(.all, 40)
```

將 alignment 參數設為 .leading，表示 VStack 內所有元件的對齊方式；在從左到右的環境中，所有元件會靠左對齊，從右到左的環境則靠右對齊。

為 VStack 內所有元件增加 40 單位的邊距。

❹ 歡迎訊息文字

```
Text("Welcome to")
        .font(.system(size: 50)).fontWeight(.heavy)
        .foregroundColor(.primary)
Text("Swift Pizza")
        .font(.system(size: 50)).fontWeight(.heavy)
        .foregroundColor(Color(UIColor.systemBlue).opacity(0.8))
```

Welcome to
Swift Pizza

❺ Spacer 方法

```
Spacer()
```

Spacer 方法會在任何它可以擴展的軸向上，取得最大的空間。在這個範例中，Spacer 方法是放在容納所有元素的 VStack 內，所以會在垂直方向上擴展出最大空間為止，為歡迎畫面提供相當不錯的空間。

❻ 突顯功能

三個功能項目全都垂直排列。

每個功能項目各自放在一個 HStack 裡，讓我們能將圖片水平排在文字左邊。

```
VStack (alignment: .leading, spacing: 24) {
    HStack (alignment: .top, spacing: 20) {
        Image(systemName: "bag").resizable()
                .frame(width: 40, height: 40)
                .foregroundColor(Color(UIColor.systemBlue).opacity(0.8))

        VStack (alignment: .leading, spacing: 4) {
            Text("Order Everything").font(.headline).bold()
            Text("Our whole menu is available in the app.")
                .font(.subheadline)
        }
    }
    HStack (alignment: .top, spacing: 20) {
        Image(systemName: "giftcard").resizable()
                .frame(width: 40, height: 40)
                .foregroundColor(Color(UIColor.systemBlue).opacity(0.8))

        VStack (alignment: .leading, spacing: 4) {
            Text("Buy Gift Cards").font(.headline).bold()
            Text("Buy a gift card, check card balance, and more.")
                .font(.subheadline)
        }
    }
    HStack (alignment: .top, spacing: 20) {
        Image(systemName: "fork.knife").resizable()
                .frame(width: 40, height: 40)
                .foregroundColor(Color(UIColor.systemBlue).opacity(0.8))

        VStack (alignment: .leading, spacing: 4) {
            Text("Customize Pizzas").font(.headline).bold()
            Text("Easily View Stock Options, Quotes, Charts etc.")
                .font(.subheadline)
        }
    }
}
```

Order Everything
Our whole menu is available in the app.

三個功能項目全都可以複製使用這個結構。

Buy Gift Cards
Buy a gift card, check card balance and more.

範例中的圖片是直接使用 Apple 圖庫「SF Symbols」。

Customize Pizzas
Pick and choose ingredients to make your dream pizza.

另一個 Spacer 方法

7

```
Spacer()
```

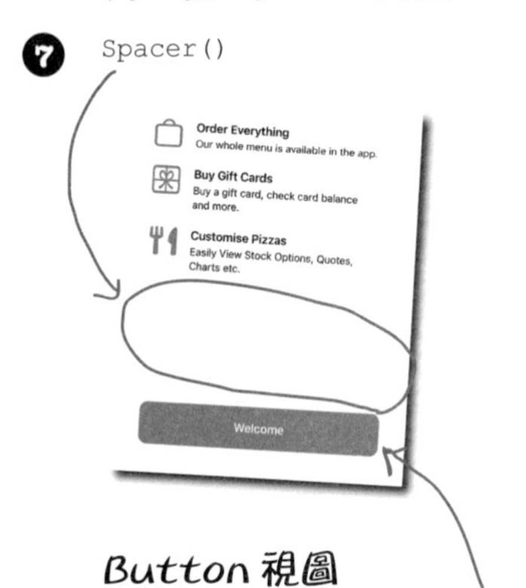

Spacer 方法 V.S. Padding 方法

你或許會很好奇，在 SwiftUI 視圖裡使用 `Spacer` 方法和 Padding 方法兩者有什麼差異，答案很簡單。`Spacer` 方法的作用是佔據 SwiftUI 視圖之間的所有空間，這個方法是根據自身存在於 `VStack` 還是 `HStack` 裡，來決定擴展的方向。

Padding 方法的作用是讓你以更精確的方式來控制元件的間距：指定視圖某一側的邊距大小。在未指定邊距大小的情況下，系統會根據你的需求計算出最佳邊距。

Button 視圖

8

```
Button(action: {}) {
    Text("Welcome").foregroundColor(.white).bold()
}.frame(width: 350, height: 60)
    .background(Color(UIColor.systemBlue)
    .opacity(0.8)).cornerRadius(12)
```

認真寫程式

我們已經帶你看過每個建構元素了，現在請啟動 Xcode，試試看你是否能利用這些技巧，重新建構出 Swift 披薩的歡迎畫面。

你可以隨意在歡迎畫面中提出你想突顯的新功能、使用不同的圖示或是使用一點顏色，讓畫面更加豐富！

你會需要創一個新的 Xcode 專案，建立一個空的 iOS 專案。

事實上，SwiftUI 會自動支援深色模式（Dark Mode）！在多數情況下，你完全不需要做任何事。

那深色模式呢？我該如何確定應用程式可以在深色模式下運作？

但自動支援的效果有限，有時你必須介入程式碼，覆寫某些內容。

例如，以下是我們應用程式裡的程式碼，作用是顯示一張以紐約市時代廣場為中心的地圖：

```
import SwiftUI
import MapKit

struct ContentView: View {
    @State private var region: MKCoordinateRegion =
      MKCoordinateRegion(center:
           CLLocationCoordinate2D(latitude: 40.75773, longitude: -73.985708),
           span: MKCoordinateSpan(latitudeDelta: 0.05, longitudeDelta: 0.05))

  var body: some View {
      Map(coordinateRegion: $region)
           .edgesIgnoringSafeArea(.all)
  }
}
```

由於這個程式碼有使用地圖，必須匯入 MapKit 模組。

使用一個狀態變數來定義我們要檢視的地圖區域。

指向紐約州紐約市的時代廣場。

根據上面程式碼定義的區域來顯示地圖，額外參數是告訴 iOS 系統，以全螢幕方式來顯示地圖。

如果在模擬器中執行，應該會看到類似這樣的畫面。

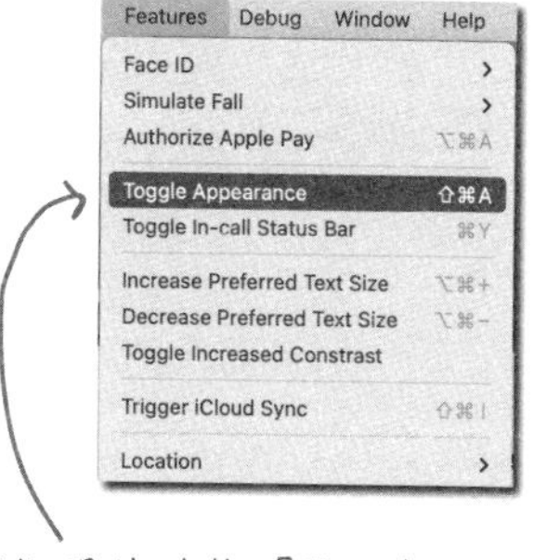

使用模擬器的功能「Toggle Appearance」（切換外觀），就能切換到深色模式。

然後，你就會看到類似這樣的畫面，很神奇吧！

腦力激盪

請試著利用 SwiftUI，自己製作一個簡單的使用者介面，測試看看是否能自動執行深色模式。這個練習題非常簡單，簡單到幾乎不值得練習，但請你無論如何都要實作看看，因為這是很棒的練習。

自訂深色模式

- [ ] 使用 Xcode 創一個全新的 iOS 應用程式。
- [ ] 在專案提供的空 `ContentView` 視圖裡，創一個 `VStack`。
- [ ] 在 `VStack` 裡，加入一些 `Text` 視圖、一些 `Image` 視圖（使用圖庫「SF Symbols」的圖片）、一些 `Button` 視圖，以及任何你能想到的內容。
- [ ] 如果你想豐富內容，可以再加個 `Map` 元件。
- [ ] 在 iOS 模擬器中啟動應用程式，檢視應用程式的外觀。
- [ ] 使用模擬器功能選單項目「Toggle　Appearance」，切換到深色模式。看看應用程式的外觀變得如何？

有什麼地方看起來怪怪的嗎？

有什麼地方看起來似乎沒有錯嗎？

SwiftUI 視圖是視圖狀態的函式。

實務上的意義就是，當我們想改變視圖時，就改變衍生視圖的資料（也就是狀態），視圖就會自動更新，反映出我們改變的資料。

SwiftUI 的 Stepper 視圖。

更具體的說法是，SwiftUI 提供好幾種方法來儲存狀態。

其實你已經用過其中一種，就是：屬性包裝器 **@State**，其運作方式如下：

```
struct ContentView: View {
    @State private var number: Int = 0

    var body: some View {
        Stepper(value: $number, in: 0...10, label: {Text("Number is \(number)")})
    }
}
```

此處創了一個用於保存數字的屬性，並且以 @State 標記這個屬性。

這是 Stepper 視圖，綁定數字。

Stepper 視圖是一種控制元件，能讓你遞增或遞減一個值。

在宣告的屬性前面使用 **@State**（否則就只是一般的 Int 型態），用意是告訴 Swift，我們希望管理這個屬性，而且只要其所屬的視圖依舊存在，就讓這個屬性持續保存在記憶體內。由於屬性標記了 @State，當屬性值改變時，SwiftUI 就會自動重新繪製視圖。

這是很合理的做法，因為 SwiftUI 視圖屬於結構，如同你先前使用結構時學到的知識，結構無法改變。

使用 @State，我們還能有效率地處理任何只屬於某個特定視圖的屬性，而且這些屬性對這個特定視圖外面的環境來說並不重要、沒有相關性，或者根本沒有用處。 這就是上面這個狀態屬性被標記為 **private** 的原因。

這種狀態永遠無法離開其所屬的視圖，因為它已經設定為 private。

打破共享視圖狀態

@State

@State 是這一群狀態裡最簡單的一個，而且你已經用過，單純就是應用程式裡某個視圖的真實狀態來源，包含簡單的狀態值，例如，Int、String、Bool 等型態，其設計目的不是拿來用在花俏的引用型態上，也不是讓你用來自訂類別和結構。

只要附加 @State 的屬性隨時發生更新，視圖裡 body 屬性下有標記 @State 的變數值就會跟著重新計算。

@StateObject

@StateObject 比 @State 複雜一點，其作用是告訴 SwiftUI，如果在標記屬性包裝器 @StateObject 的物件裡，發現任何具有屬性包裝器 @Published 的屬性改變了，就讓 body 屬性下的變數值重新計算。

所有標記屬性包裝器 @StateObject 的物件都必須符合 ObservableObject 型態（這是一個程式協定）。

@ObservedObject

@ObservedObject 的作用是讓我們追蹤已經建立的 @StateObject 物件。

當你需要在視圖之間傳遞某個 @StateObject 物件，其他不是建立這個 @StateObject 物件的視圖就會將屬性標記為 @ObservedObject，其用意是告訴 Swift，這個物件已經建立，你只是希望存取這個物件的（子）視圖可以取得相同的資料，不需要重新建立物件。

@EnvironmentObject

@EnvironmentObject 的作用是存取某個 @StateObject 物件，這個物件是在眾多視圖裡的某個地方建立，然後附加到某個特定視圖。當你需要在子視圖裡使用這樣的物件，而且子視圖與擁有這個物件的視圖距離遙遠，此時就可以使用 @EnvironmentObject 來存取這個物件。

其作用是尋找相同型態的某個物件，這表示擁有相同型態的視圖樹狀結構，在同一個結構裡不能有一個以上的 @EnvironmentObject 物件存在。

現在該會會老朋友了…

特意設計的範例 @StateObject 和 @ObservedObject

此處是一個用於表示遊戲分數的型態：

```
class GameScore: ObservableObject {
    @Published var numericalScore = 0
    @Published var piecesCaptured = 0
}
```

GameScore 遵守 ObservableObject 型態的協定，其作用是在視圖裡使用 GameScore 的實體，當 GameScore 改變時，會重新載入視圖。

屬性包裝器 @Published 的作用是告訴 SwiftUI，當這些屬性值裡有任何一個發生改變時，就會特意觸發視圖的更新機制。

以下是有用到這個類別的幾個視圖：

```
struct ContentView: View {
    @StateObject var score = GameScore()

    var body: some View {
        VStack {
            Text("Score is \(score.numericalScore),
                  \(score.piecesCaptured) pieces captured.")
            ScoreView(score: score)
        }
    }
}

struct ScoreView: View {
    @ObservedObject var score: GameScore

    var body: some View {
        Button("Bigger score!") {
            score.numericalScore += 1
        }
        Button("More pieces!") {
            score.piecesCaptured += 1
        }
    }
}
```

此處建立的物件必須遵守 ObservableObject 型態的協定，幸好它確實有遵守。

此處是以 GameScore 型態建立的實體——score 屬性，使用了屬性包裝器 @StateObject，表示每當 ObservableObject 型態內有標記為 @Published 的屬性改變了，就要重新載入視圖。

此處是我們創的第二個視圖（ScoreView），傳入 score 屬性的值。

ContentView 之後用到這個視圖的 score 屬性時，不需要創一個新的 score 實體，只需要追蹤一個已經實體化的屬性（使用屬性包裝器 @StateObject）。因此，此處的 score 是 @ObservedObject 物件。

當這裡的 score 的屬性值有更新，原本 @StateObject 的 score 也會跟著更新。

如果視圖之間能相互轉換，彼此傳遞資訊，那不是很夢幻嗎…

開發應用程式——利用多個共享狀態的視圖

@StateObject 和 @EnvironmentObject

這裡有一個我們假設的應用程式，以下是第一個視圖：

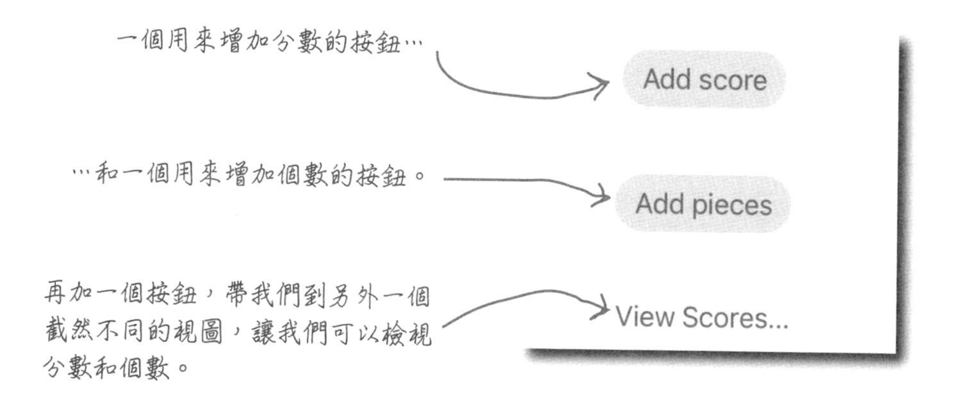

以下為假設應用程式裡的第二個視圖：

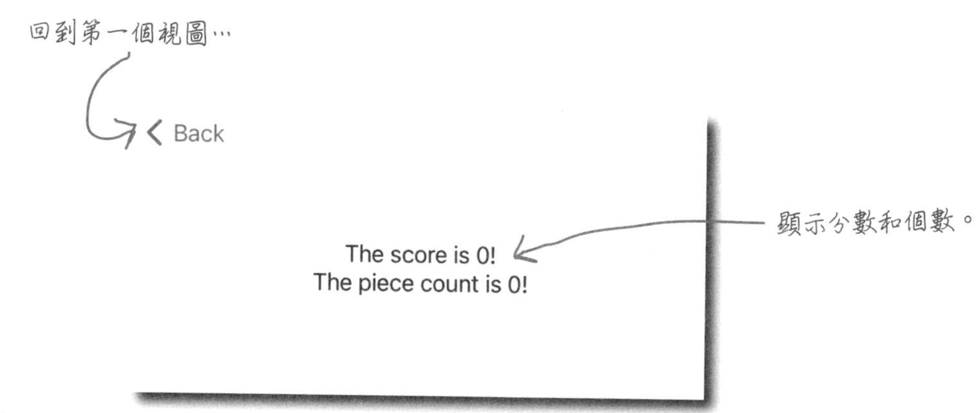

腦力激盪

請練習建立上面這個範例應用程式，看看你是否能製作出其中一部分或是重現全部的內容。首先啟動 Xcode，從一個空的 iOS 版 SwiftUI 應用程式開始，固定用一個原始檔案（預設為 *ContentView.swift*）。然後創一個表示 GameScore 型態的類別（遵守 ObservableObject 型態的協定），用以儲存分數和個數的屬性值。利用你對狀態的了解，建立其餘部分的程式碼。如果你還搞不清楚如何將應用程式的畫面拆成兩個視圖，以及在兩個視圖間移動，可以先將功能全都放在同一個畫面上。

開發有兩個視圖的分數追蹤器

習題

以下是我們需要完成的內容：

☐ 實作 GameScore 類別，用於儲存分數和個數，這個類別會遵守 ObservableObject 協定。

☐ 組合 ContentView（第一個視圖）的內容，包含一個 GameScore 型態（@StateObject 物件）和建立視圖需要的所有元件。

☐ 建立 ScoreView（第二個視圖）的內容，利用 @EnvironmentObject 物件來取用第一個視圖的 GameScore 型態（@StateObject 物件），以及建立視圖需要的所有元件。

☐ 確保應用程式能在不同的視圖之間切換，往返視圖之間。

ObservableObject 協定

❶ 需要建立一個新的型態，負責儲存兩個內容：分數和個數，兩者的型態均為整數。

```
class GameScore {
    var score = 0
    var pieces = 0
}
```

這個自訂類別的作用是儲存兩個整數，以及當這兩個整數屬性改變時，負責更新 SwiftUI 視圖（這些視圖是使用這個型態建立的物件作為屬性）。

❷ 我們自訂的型態必須遵守 ObservableObject 協定，才能使用屬性包裝器 @Published 來發布這個型態的一些屬性值。

```
class GameScore: ObservableObject {
    @Published var score = 0
    @Published var pieces = 0
}
```

太可疑了，有這麼簡單嗎？還是有什麼我們沒想到的…

☑ 實作 GameScore 類別，用於儲存分數和個數，這個類別會遵守 ObservableObject 協定。

分數追蹤器的第一個視圖

第一個視圖 ContentView 建立的內容相當直覺，包含：一個 @StateObject 物件（負責儲存 GameScore 型態），和放在 VStack 定位元素下的兩個 Button 視圖和一個 Text 視圖。很簡單吧。

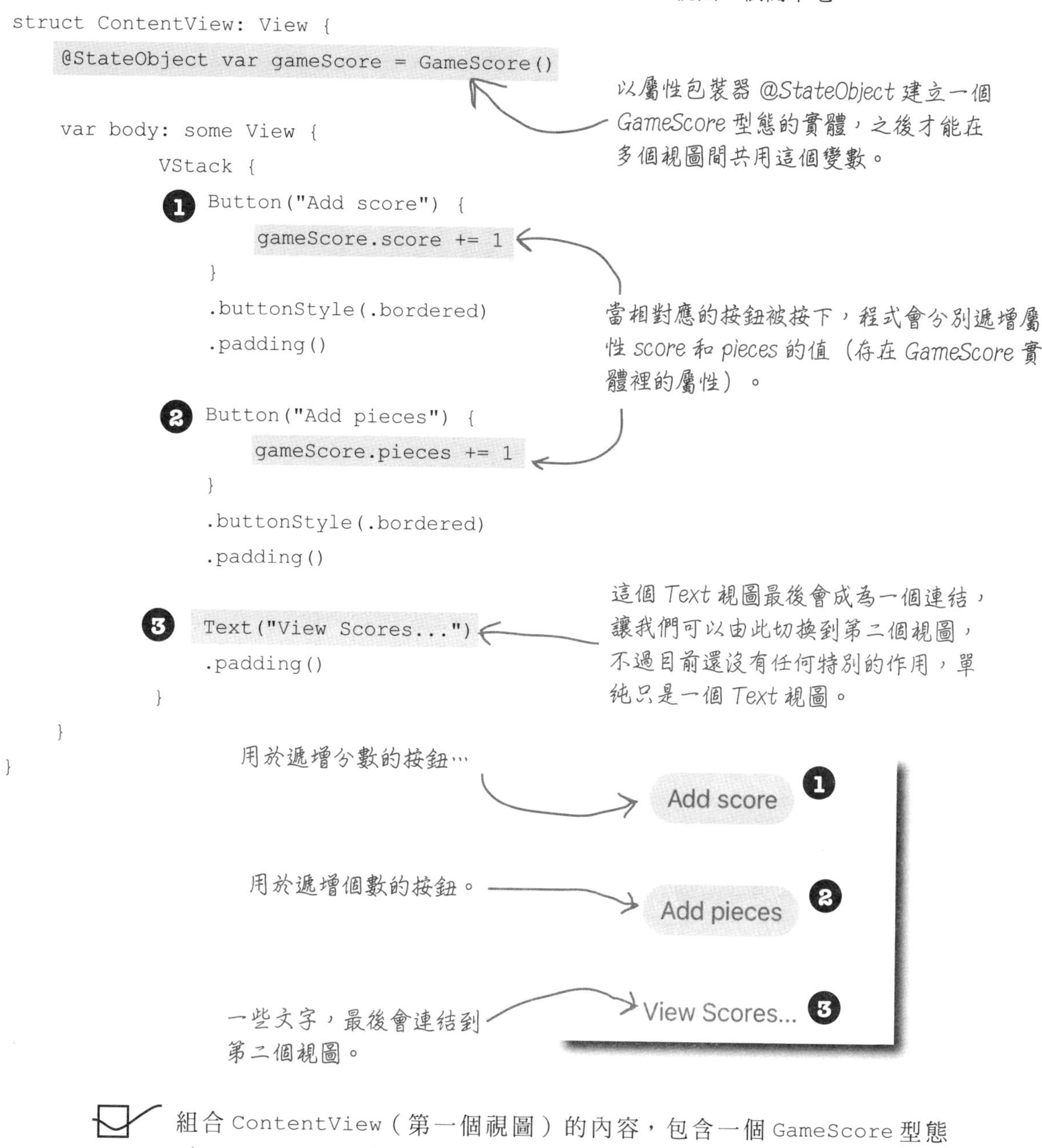

☑ 組合 ContentView（第一個視圖）的內容，包含一個 GameScore 型態（@StateObject 物件）和建立視圖需要的所有元件。

分數追蹤器的第二個視圖

第二個視圖 ScoreView 的內容也相當直覺，使用 @EnvironmentObject 來引用 GameScore 型態，其餘內容就只剩下一個定位元素 VStack，裡面放了幾個 Text 視圖（用於顯示 score 和 pieces 的值）和一個 Spacer 方法。

```
struct ScoreView: View {
    @EnvironmentObject var gameScore: GameScore

    var body: some View {
        VStack {
            Text("The score is \(gameScore.score)!")
            Text("The piece count is \(gameScore.pieces)!")
            Spacer()
        }
    }
}
```

@EnvironmentObject 的作用是讓我們能取用有加上 @StateObject 標記的 GameScore 實體（這個實體是另一個視圖所創，然後附加到視圖）。

在一些 Text 視圖中顯示變數 gameScore 的屬性：score（分數）和 pieces（個數）。

你或許已經注意到我們目前還沒有在任何地方實作「Back」按鈕的功能…很快就會實作這個部分。

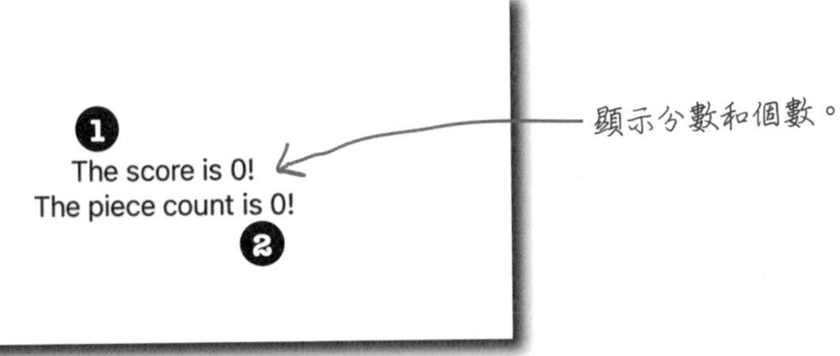

顯示分數和個數。

☑ 建立 ScoreView（第二個視圖）的內容，利用 @EnvironmentObject 物件來取用第一個視圖的 GameScore 型態（@StateObject 物件），以及建立視圖需要的所有元件。

放輕鬆

你或許會覺得一下子要消化很多內容，但是，這裡使用到的觀念，你其實已經用過很多次了，這個範例不過是以新的方式將這些觀念結合在一起。

其他所有狀態共享系統的運作方式，基本上都與 @State 一樣，只是提供更多的彈性。相較於在 VStack 或 HStack 裡包裝某些元件，在不同視圖之間切換的做法並不會比較棘手。

回到第一個視圖

❶ 現在我們需要更新 ContentView，才能從第一個視圖切換到第二個視圖（ScoreView）。因此，需要加入 NavigationView 和 NavigationLink。

```
struct ContentView: View {
    @StateObject var gameScore = GameScore()

    var body: some View {
        NavigationView {
            VStack {
                Button("Add score") {
                    gameScore.score += 1
                }
                .buttonStyle(.bordered)
                .padding()

                Button("Add pieces") {
                    gameScore.pieces += 1
                }
                .buttonStyle(.bordered)
                .padding()

                NavigationLink(destination: ScoreView()) {
                    Text("View Scores...")
                        .padding()
                }
            }
        }
    }
}
```

NavigationView 是一種特別的容器視圖，其作用是讓你管理其他視圖。

在 NavigationView 這個容器視圖內使用 NavigationLink，就能在不同視圖間移動。NavigationLink 是一種特別的 Button 視圖，其作用是觸發另一個視圖，然後讓這個被觸發的視圖顯示在目前的視圖上，而且還會自動為新的視圖加上「Back」（回到上一頁）按鈕。

此處是指定我們的目的地視圖要切換到 ScoreView，保留之前就已經存在 ScoreView 內的同一個 Text 視圖。現在輕觸這個 Text 視圖就有作用了。

請將 NavigationView 看成是其他容器視圖（例如，VStack 和 HStack）的對應窗口，其作用不是堆疊螢幕上內容，而是堆疊視圖集合，這些視圖彼此之間可以相互往返。在像 iPhone 這種小螢幕的裝置上，視圖會互相取代；但換到螢幕更大的裝置上（例如，iPad 和 Mac），第一個視圖可能是出現在介面左側那一欄，第二個視圖則可能是出現在右側那一欄。

回到第一個視圖（續）

❷ 為了讓第二個視圖可以使用 `GameScore` 實體儲存的屬性，接下來我們需要對 `ContentView` 加上修飾項目「`.environmentObject()`」，讓 `ScoreView` 內的所有視圖都能使用這些屬性資料。

```
struct ContentView: View {
    @StateObject var gameScore = GameScore()

    var body: some View {
       NavigationView {
            VStack {
                Button("Add score") {
                    gameScore.score += 1
                }
                .buttonStyle(.bordered)
                .padding()

                Button("Add pieces") {
                    gameScore.pieces += 1
                }
                .buttonStyle(.bordered)
                .padding()

                NavigationLink(destination: ScoreView()) {
                    Text("View Scores...")
                        .padding()
                }
            }
        }.environmentObject(gameScore)
    }
}
```

對 NavigationView 加上修飾項目「.environmentObject()」，這樣才能讓 gameScore 的屬性資料用於 NavigationView 內的所有視圖；透過 NavigationLink 切換之後，ScoreView 也能使用 gameScore 的屬性資料。

☑ 確保應用程式能在不同的視圖之間切換，往返視圖之間。

❸ 如果你有使用 Xcode，一路跟著這個範例寫到這裡，那麼你現在可以執行應用程式了，應該可以運作！這個應用程式現在可以遞增分數和個數，也能切換到第二個視圖去查看分數和個數的結果。

重點提示

- 利用屬性包裝器 @State，可以在視圖間共享簡單的資料，例如，Int、String 和 Bool 型態的資料。適用於共享非常直覺的狀態，例如，數字或是切換開關狀態。
- @StateObject 則用於共享更複雜一點的型態。所有利用 @StateObject 共享的型態內容都必須遵守 ObservableObject 協定，而且型態內的所有會導致視圖更新的屬性都必須加上屬性包裝器 @Published。
- ObservableObject 協定的作用是，當有標記屬性包裝器 @Published 的物件屬性值改變時，就讓物件通知其他物件。
- 當你要追蹤一個已經實體化的屬性時，就需要屬性包裝器 @StateObject。
- @ObservedObject 是用於取得遵守 ObservableObject 協定、由目前視圖的父代建立，而且以屬性包裝器 @StateObject 標記的實體化資料。
- 如果 @StateObject 物件附屬在一個使用修飾項目 .environmentObject() 建立的視圖，利用 @EnvironmentObject 就能從視圖階層裡的任何一處，取得遵守 @ObservableObject 協定的 @StateObject 物件資料。
- NavigationView 是一種特別的容器視圖，其作用是讓你在多個視圖之間往返。
- NavigationLink 是一種特別的 Button 視圖，其作用是觸發 NavigationView 內不同視圖之間的移動。
- iOS（和其支援 SwiftUI 的作業系統）會自動加入「回到上一頁」的按鈕或類似的提示，用以在前後視圖之間移動。

嗯…如果我利用 SwiftUI 開發應用程式，但我使用的圖片不是來自「SF Symbols」圖庫，我該怎麼做呢？

利用 SwiftUI，輕鬆就能處理內置圖片。

你或許已經猜到了，大部分的應用程式可能會需要在某個時間點，顯示內置圖片。內置圖片並非來自網際網路，也不是使用者執行應用程式期間下載的圖片，是應用程式內置的圖片。

Swift 確實能簡化這項工作，但你需要 Xcode 從旁提供一點協助。

加入內置圖片探究

要在應用程式裡加入內置圖片，必須先在 Xcode 的應用程式專案裡，將圖片加到其下的「Assets」目錄裡，之後就能在 Swift 程式碼裡以名稱引用圖片。

❶ 移動到 Xcode 專案裡

在 Xcode 視窗左側欄的 Project navigator（專案瀏覽視窗）裡，找到目錄「Assets」。

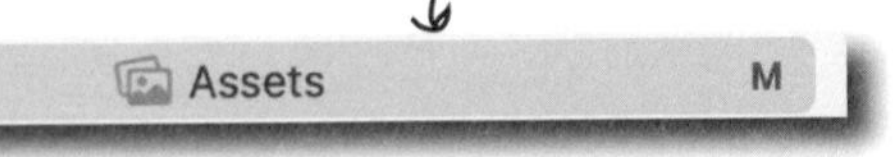

❷ 從「Finder」視窗拖曳圖片

從「Finder」視窗裡，將任何你想要的圖片拖曳到 Xcode 專案底下的「Assets」目錄。

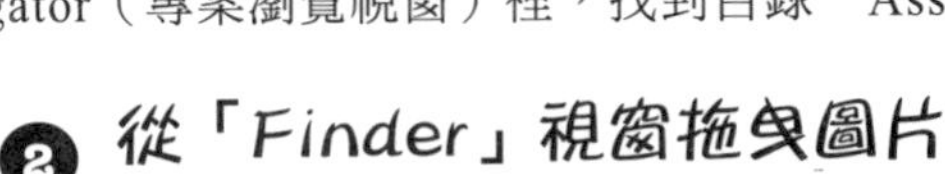

❸ 確認圖片存在

Xcode 會將你拖曳的圖片複製到專案下，加進目錄「Assets」；若有需要，你也可以在此處為這些加入的圖片重新命名。

❹ 在程式碼裡使用圖片

在 Swift 程式碼的 `Image` 視圖裡引用圖片名稱，就能使用先前加進目錄「Assets」的圖片。

```
struct ContentView: View {
    var body: some View {
        VStack {
            Image("argos")
                .resizable()
                .aspectRatio(contentMode: .fit)
            Spacer()
            Image("apollo")
                .resizable()
                .aspectRatio(contentMode: .fit)
        }
    }
}
```

這個修飾項目是告訴 Swift：自動設定圖片大小，讓圖片縮放後的大小填滿整個可用空間。

這個修飾項目是告訴 Swift：讓圖片的長寬比保持不變。你也可以使用 .fill，Swift 會忽略圖片的長寬比，將圖片縮放為全螢幕的大小。

重點提示

- SwiftUI 的 Image 視圖允許以引用圖片名稱的方式來顯示圖片。
- 若要以圖片名稱來顯示專案目錄「Assets」的圖片，可以先從「Finder」視窗拖曳圖片，加入「Assets」目錄裡。
- 在預設情況下，圖片會以原本的完整大小顯示，有可能會比使用中的視圖還大。
- 如果希望圖片能以更適合的大小，填滿整個可用螢幕區域，可以加入修飾項目 `.resizable()`。
- 如果希望圖片保持原本的長寬比（讓圖片不會變形或扭曲），可以套用修飾項目 `.aspectRatio(contentMode: .fit)`。
- 使用修飾項目 `.frame()`，搭配適當的設定值，還可以在自訂的方框中定位圖片，例如，`.frame(width: 100, height: 100)`。
- 使用修飾項目 `.frame()` 時，指定參數 alignment 的值（`.top`、`.bottom`、`.right`、`.left`、`.center`），可以將圖片推到某個方向，例如，`.frame(width: 100, height: 100, alignment: .top)`。
- 加上修飾項目 `.clipShape()`，搭配指定形狀，就能將圖片裁剪為某種形狀，例如，`.clipShape(Circle())`。
- 所有 SwiftUI 視圖使用修飾項目 `.border`，搭配適當的設定值，就能加上邊框，例如，`.border(Color.red, width: 2)`。

削尖你的鉛筆

請利用你學到的 SwiftUI 技巧，試著重製出右側的視圖。

如果必須更換圖片，你可以使用自己手邊的圖置換掉範例中這些超級帥氣的小狗。

解答請見第 385 頁。

在 SwiftUI 裡套用修飾項目的順序，會影響視圖最終呈現的外觀效果。

利用 SwiftUI，輕鬆就能從網頁載入圖片。

這個問題一點都不蠢，有非常多的應用程式透過 URL 載入線上圖片，這幾乎可以說是 SwiftUI 的基本功能！

一起來認識另一個 SwiftUI 提供的建構元件 —— `AsyncImage`。

AsyncImage 的運作方式類似 Image 視圖。

```
AsyncImage(url: URL(string: "https://cataas.com/cat?type=square"))
    .frame(width: 300, height: 300)
```

但 AsyncImage 視圖能接受 URL 作為引數值。

我知道一般的 URL（網頁位址）是指什麼⋯但 URL 在 Swift 裡有什麼意義嗎？是一種資料型態嗎？

Swift 的 URL 是程式語言提供的一種資料型態。

Swift 的 `URL` 是由字串建立而成，程式裡有許多地方都能使用 `URL` 來載入資料內容，以及指向遠端或內部檔案。

URL 與其他型態一樣。

以一個字串作為參數。

```
let myLink = URL(string: "https://secretlab.games/")
```

也可以相對於另一個 URL 來建立。

```
let mySecondLink = URL(string: "headfirstswift/", relativeTo: myLink)
```

若有需要，還可以從 Optional 型態的字串取得 URL。

```
let firstLinkString = myLink?.absoluteString
let secondLinkString = mySecondLink?.absoluteString
```

```
The first link is: https://secretlab.games/
```

```
print("The first link is: \(firstLinkString!)")
print("The second link is: \(secondLinkString!)")
```

```
The second link is: https://secretlab.games/headfirstswift/
```

酷炫的 AsyncImage 元件

在應用程式從網際網路載入圖片的過程中，有時你會希望呈現一點酷炫的效果，這時你可以加個漂亮、小小的旋轉動畫，顯示圖片正在下載的進度，最後再替換為載入的圖片。

如下所示：

載入圖片時，會出現一個漂亮的旋轉視圖…

下載完成後，旋轉視圖會被取代為圖片。

做法如下：

```
struct ContentView: View {

 var body: some View {
    VStack {
        AsyncImage(url: URL(string: "https://cataas.com/cat?type=square")) { image in
            image.resizable()
        } placeholder: {
            ProgressView()
        }
        .frame(width: 300, height: 300)
    }
  }
}
```

AsyncImage 在設法取得圖片的實際過程中，會將載入的圖片資料放進 image；此處的 image 就是 SwiftUI 的 Image 視圖，之前你就已經學過用法。

此時的 image 就只是一張圖片，所以能套用修飾項目 .resizable()。

ProgressView 這個好用的小視圖是由 SwiftUI 提供，其功能是持續顯示一個旋轉動畫。除非你主動讓這個動畫消失，不然它會永遠存在，而且就只是一直旋轉。

若有需要，也可以將此處的 ProgressView() 替換為其他效果，例如，Text("Image loading!")。在 AsyncImage 設法取得圖片之前，會顯示佔位符號閉包（placeholder closure）的任何內容。

習題

請看看以下這個程式碼，其中的內容都是你已經學過的開發技巧，但這個版本的效果更炫。這裡的練習題留了幾個空白處，請試著填寫看看。

```
struct ContentView: View {

    var imageURL = URL(string: "https://cataas.com//cat?type=square")

    var body: some View {
        VStack {
            AsyncImage(url: imageURL) { phase in
                switch phase {
                    case .empty:
                        ____________________
                    case .success(let image):
                        ____________________
                            ____________________
                            ____________________
                    case .failure:
                        ____________________
                    default:
                        EmptyView()
                }
            }
        }
    }
}
```

AsyncImage 可以搭配閉包一起使用，用於接收 AsyncImagePhase，指示圖片載入的狀態。

根據圖片載入的狀態…

如果狀態是「empty」（空的），表示還在載入圖片。

此處需要放 ProgressView 視圖，在載入圖片時顯示這個視圖，也可以在其中加入文字，例如，ProgressView("Like this...")。

這個語法綁定了一個關聯值（來自 .success 的列舉），是命名為 image 的常數，藉此獲得圖片。

如果狀態是「success」（成功），表示有抓取到圖片。

此處使用常數 image，加上修飾項目 .resizable()，讓圖片配合視圖，顯示在 300 x 300 的方框裡。

如果狀態是「failure」（失敗），表示無法載入圖片。

這個練習題顯示的圖片是來自「SF Symbols」圖庫，此處建議使用「shippingbox」，但你可以自由發揮創意。

如果發生怪異的情況，就會得到 EmptyView。

EmptyView 是 SwiftUI 提供的視圖，不包含任何內容。當你其實只需要一個空的視圖時，這是一項很有用的技巧。

Loading cat...

.empty

.success

.failure

解答請見第 386 頁。

削尖你的鉛筆解答

題目請見第 381 頁。

```
struct ContentView: View {
    var body: some View {
        VStack {
            Image("argos")
                .resizable()
                .frame(width: 300, height: 300)
                .aspectRatio(contentMode: .fill)
                .border(Color.green, width: 3.0)
            Spacer()
            Image("apollo")
                .resizable()
                .aspectRatio(contentMode: .fit)
                .clipShape(Capsule())
        }
    }
}
```

我們收到通知要利用 Swift 製作網站，但我們該怎麼做？雖然我相信 Swift 有能力可以做到，可是，我不知道要如何利用它來建立網站…

現在該來（非常快速地）會會 Vapor 框架了。

Vapor 是針對 Swift 程式語言撰寫而成的網頁開發框架，具有表現能力、事件驅動和協定導向的特性，其所提供的一切能力，是讓你利用 Swift 程式語言，開發出令人驚豔的現代化網頁服務和網站內容。

Vapor 框架不屬於 Apple 專案，是由活躍的 Swift 社群發展出來的開放原始碼專案。

習題解答

題目請見第 384 頁。

```
struct ContentView: View {

    var imageURL = URL(string: "https://cataas.com//cat?type=square")

    var body: some View {
        VStack {
            AsyncImage(url: imageURL) { phase in
                switch phase {
                    case .empty:
                            ProgressView("Loading cat...")
                    case .success(let image):
                            image.resizable()
                                .aspectRatio(contentMode: .fit)
                                .frame(maxWidth: 300, maxHeight: 300)
                    case .failure:
                            Image(systemName: "shippingbox")
                    default:
                        EmptyView()
                }
            }
        }
    }
}
```

Loading cat...

.empty

.success

.failure

認識 Swift 網頁框架——Vapor

要讓你開發的 **Xcode 專案**和已經安裝完成的 Vapor 框架一起使用，這個**流程需要三個步驟**。

由於 Vapor 框架的安裝程序十分繁瑣，本書不會介紹如何安裝這個框架，請在瀏覽器中前往 https://vapor.codes，該網站會引導你開始安裝。

❶ 使用以下命令，建立一個新的 Vapor 專案：

```
vapor new mysite -n
```

完成之後，你會看到類似這樣的畫面。

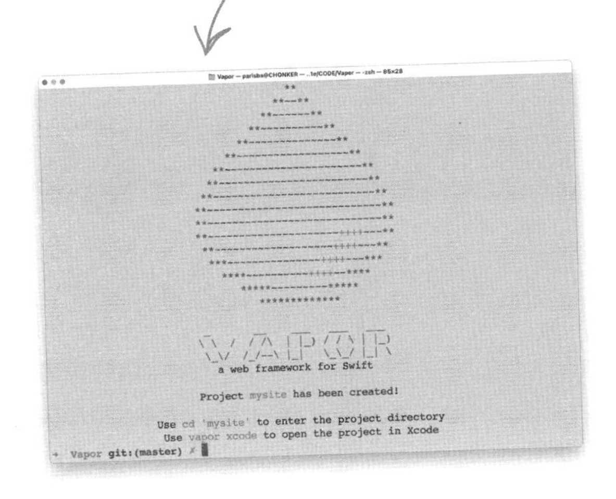

❷ 使用以下命令，更改 Vapor 專案的目錄：

```
cd mysite
```

這些步驟無法在 iPad 上執行。

雖然我們到目前為止寫的其他所有程式內容，你一樣可以移到 iPadOS 或 macOS 裝置上做，但唯有 Vapor 框架不行，這個框架只能在 macOS 裝置上開發內容。

所以，非常抱歉：為了使用 Vapor 框架，你必須開啟 Mac ！

❸ 執行以下命令，在 Xcode 開啟新建立的 Vapor 專案：

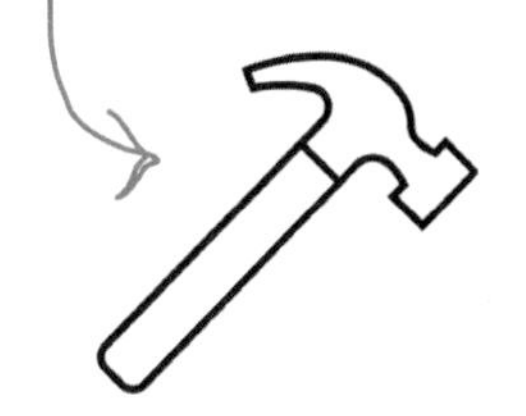

```
open Package.swift
```

Fetching swift-nio (22%)...

在 Xcode 環境下開啟 Vapor 專案後，Swift 提供的工具「Package Manager」（套件管理）會下載一堆需要的檔案。

下載完成後，你可以在側邊欄裡檢視已經加入專案的套件。

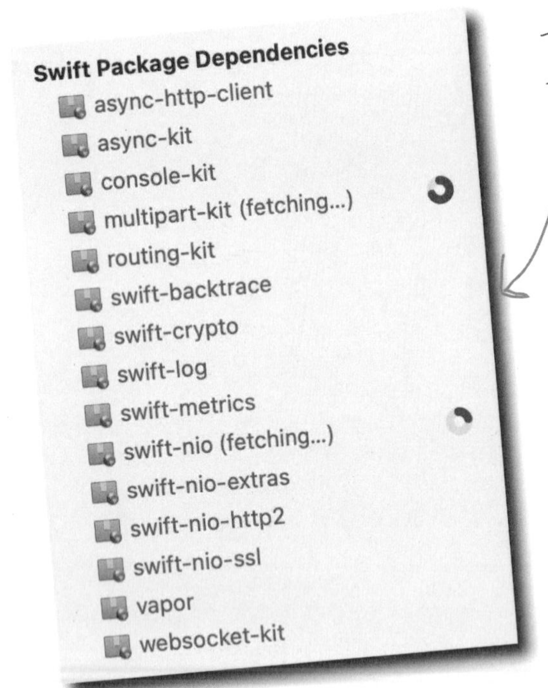

新車試駕

請點擊 Xcode 介面上的按鈕「run」（執行），等待專案建立。專案建立完成後，請在 Xcode 的「log」（紀錄）區找出 URL，然後前往這個 URL，看看你發現什麼內容。最後再檢視檔案「*routes.swift*」，並且思考看看，你是否了解這究竟是怎麼回事。

```
[ NOTICE ] Server starting on
    http://127.0.0.1:8080
```

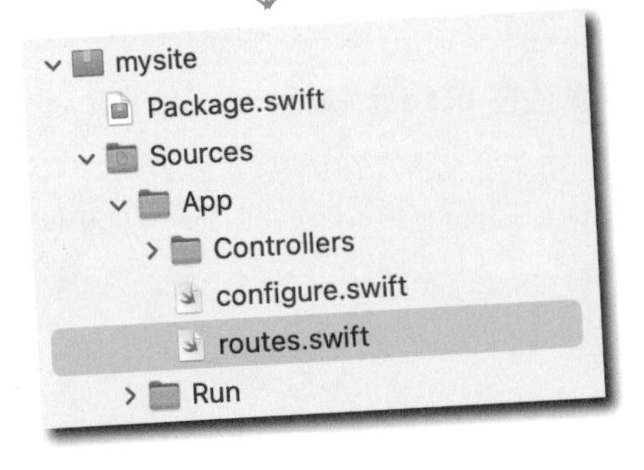

我可以了解這些路由是怎麼指引出我看到的內容，但如果我想做比問候使用者更複雜一點的功能，該怎麼做？

路由會帶你去許多地方。

Vapor 框架允許你創造路由（route），目的是定義不同環境下會發生的各種情況。此處不會介紹一個完整的範例，但如果你已經在 Xcode 專案下開啟檔案「*routes.swift*」，加入新的路由，如下所示：

```
app.get("swift", "awesome") { req -> String in
  return "Swift is awesome!"
}
```

這樣就是創造了新的路由。

以上範例程式中的路由是用於處理 GET 請求，這是一個閉包，其中每一個參數都是組成 URL 的路徑參數，這個 URL 就是我們要建立的路由（在這個範例中是指 */swift/awesome*）。

所以，如果你現在前往本機的 URL：*/swift/awesome*，就會回傳你為這個路由指定的文字。

很有用，對吧？

利用 Vapor 框架傳送網頁資料

你還可以利用 GET 請求，從 URL 收集資料，然後根據 URL 資料裡放的名稱，對某個人顯示指定的問候內容。

❶ 建立一個帶有動態參數的閉包：

```
app.get("hello", ":name") { req -> String in

}
```

從技術面來說，這只是一個字串，但 Vapor 框架知道如果在參數開頭發現「:」，就表示它被當作一個動態參數。這是 Vapor 的慣用寫法，不適用於 Swift。

❷ 加入「guard let」解開 Optional 型態的參數：

```
app.get("hello", ":name") { req -> String in
    guard let name = req.parameters.get("name") else {
        throw Abort(.internalServerError)
    }
}
```

此處使用「guard let」解開 Optional 型態，如果無法解開，就拋出錯誤。本書並未真正介紹錯誤處理這個部分，所以稍微解釋一下，這個程式碼拋出的錯誤是來自於 Vapor 框架提供的錯誤列舉。

❸ 回傳你需要回傳的內容

```
app.get("hello", ":name") { req -> String in
    guard let name = req.parameters.get("name") else {
        throw Abort(.internalServerError)
    }
    return "Hello, \(name)!"
}
```

最後一步是，回傳包含變數 name 的字串！

❹ 前往新的 URL

重點提示

- Vapor 框架是讓你利用 Swift 程式語言，建立現代化的網頁應用程式和網站。
- 安裝 Vapor 框架後，你可以使用 Xcode 來定義路由（route）和不同頁面要做的事，為網頁應用程式創造其他功能。
- Vapor 框架可以回傳文字或 JSON 格式的內容，搭配 Swift Package Manager 底下的套件一起使用，建立各種令人驚豔的網頁內容。
- Vapor 框架可以搭配各種套件，從 MySQL 到 JQuery、Redis 和 Apple 的推播通知服務等等。

請在你的網頁應用程式裡增加幾個路由，/add 和 /multiply 會根據你傳給 URL 的數字進行運算，例如，/add/2/10 會將 2 和 10 相加，顯示 12。看看你是否能找出放程式碼的最佳位置，以及如何將程式碼拆解成有意義的部分。

我們現在知道 Swift 是開放原始碼了，可是，這究竟代表什麼意義？意思是說我能為 Swift 程式語言本身貢獻一己之力嗎？我覺得這似乎是一個值得貢獻心力的專案…

如果你想開始為 Swift 程式語言貢獻一己之力，Swift Evolution 流程是最好的方式。

Swift Evolution 流程的設計目的是促進 Swift 社群的活躍性，期望帶進更多的新人加入社群，帶來更多的見解、想法和經驗。

Swift 程式語言是一個龐大又複雜的專案，雖然屬於開放原始碼專案，但也不可能全盤接納所有人提出的想法。

這就是 Swift Evolution 的作用，歡迎所有人在論壇上提出自己對 Swift 程式語言的新想法，共同討論和審核新想法的內容。

發布新想法的格式設計為具有一致性，而且易於理解。

Swift 專案會持續追蹤社群在這個流程中發布的想法，因此，你可以隨時查看發展的進度。

如果你想開始參與這項流程，請前往 Swift 專案的官網。

```
let swiftWebsite =
    URL(string: "https://swift.org")
```

Swift Evolution

Search

319 proposals

Active Review — SE-0317 async let bindings
Authors: John McCall, Joe Groff, Doug Gregor, Konrad 'ktoso' Malawski
Review Manager: Ben Cohen
Status: Active Review
Scheduled: May 24 – June 3

Active Review — SE-0315 Placeholder types
Author: Frederick Kellison-Linn
Review Manager: Joe Groff
Implementation: swift#36740
Status: Active Review
Scheduled: June 21 – July 6

Active Review — SE-0314 AsyncStream and AsyncThrowingStream
Authors: Philippe Hausler, Tony Parker, Ben D. Jones, Nate Cook
Review Manager: Doug Gregor
Implementation: swift#36921
Status: Active Review
Scheduled: June 21–28

Active Review — SE-0304 Structured concurrency
Authors: John McCall, Joe Groff, Doug Gregor, Konrad Malawski
Review Manager: Ben Cohen
Status: Active Review
Scheduled: July 7–14

Accepted — SE-0309 Unlock existentials for all protocols
Authors: Anthony Latsis, Filip Sakel, Suyash Srijan
Review Manager: Joe Groff
Implementation: swift#33767

Swift Evolution 流程讓所有願意參與專案的人，都能直接貢獻他們的影響力。

請由此連結（secretlab.com.au/books/head-first-swift）下載本書中的範例程式碼和其他額外的練習題。

Frank：就這樣？我們都完成了？

Judy：我想我們已經學完這本書的內容了，應該是吧。

Jo：那我們現在要做什麼？

Sam：嗯，我在想我們是否已經全盤了解 Swift 程式語言？

Frank：我想沒有，我覺得我們才剛學到所有必要的基本建構元件，和學習 Swift 程式語言其他內容所需要的全部技能。

Jo：所以還有「更多」知識要學？我覺得這本書的內容已經夠多了！

Judy：好吧，你要這樣說也對，不過，我覺得這本書只是把 Swift 程式語言的各個不同面貌，都拿出來介紹一點，以後要靠我們自己的力量學下去了。

Sam：我們有這個能力可以應付的！讓我們一起繼續前行！

「Swift」填字遊戲

我們將你在本章學到的 SwiftUI 知識，全都**有技巧地隱藏**在這個填字遊戲裡。
在你離開本書安全的懷抱前，試著一展身手吧⋯

「Swift」填字遊戲

中文提示（縱向）

1. 這個視圖的作用是佔據其他視圖之間的所有空間。
3. SwiftUI 視圖是反映自身 _________ 的函式。
5. ____________ 的作用是從另一個視圖追蹤 @StateObject 物件。
6. 一種特別的容器視圖，其作用是包裝多個不同的視圖，在多個視圖之間轉換。
8. 這個修飾項目的作用是確保圖片會根據可用空間，自動設定大小。
9. _________ 視圖的作用是讓使用者在視圖之間切換。
12. Xcode 專案下的 ______ 目錄是用於儲存圖片。

中文提示（橫向）

2. 這個屬性包裝器的作用是，標記哪些屬性會觸發自身作用視圖的自動更新機制。
4. Swift _______ 流程是用於管理 Swift 社群對 Swift 程式語言的要求和想法。
7. MapKit 模組會自動支援 _____ 模式。
10. 視圖使用屬性包裝器 @State 操作的屬性時，會將這些屬性加上存取控制標籤 _______。
11. 精確指定你要在視圖某一側增加的空間大小。
13. 在其他視圖裡使用 _________ 標記，可以取用附屬於另一個視圖的 @StateObject 物件。
14. __________ 類似 @State，但用於在視圖間共享狀態。
15. 這個修飾項目的作用是將 SwiftUI 裡的圖片裁剪為某種形狀，例如，圓形或膠囊形狀。
16. 這個視圖允許你從網頁下載圖片，如果存在，就會顯示圖片。

「Swift」填字遊戲解答

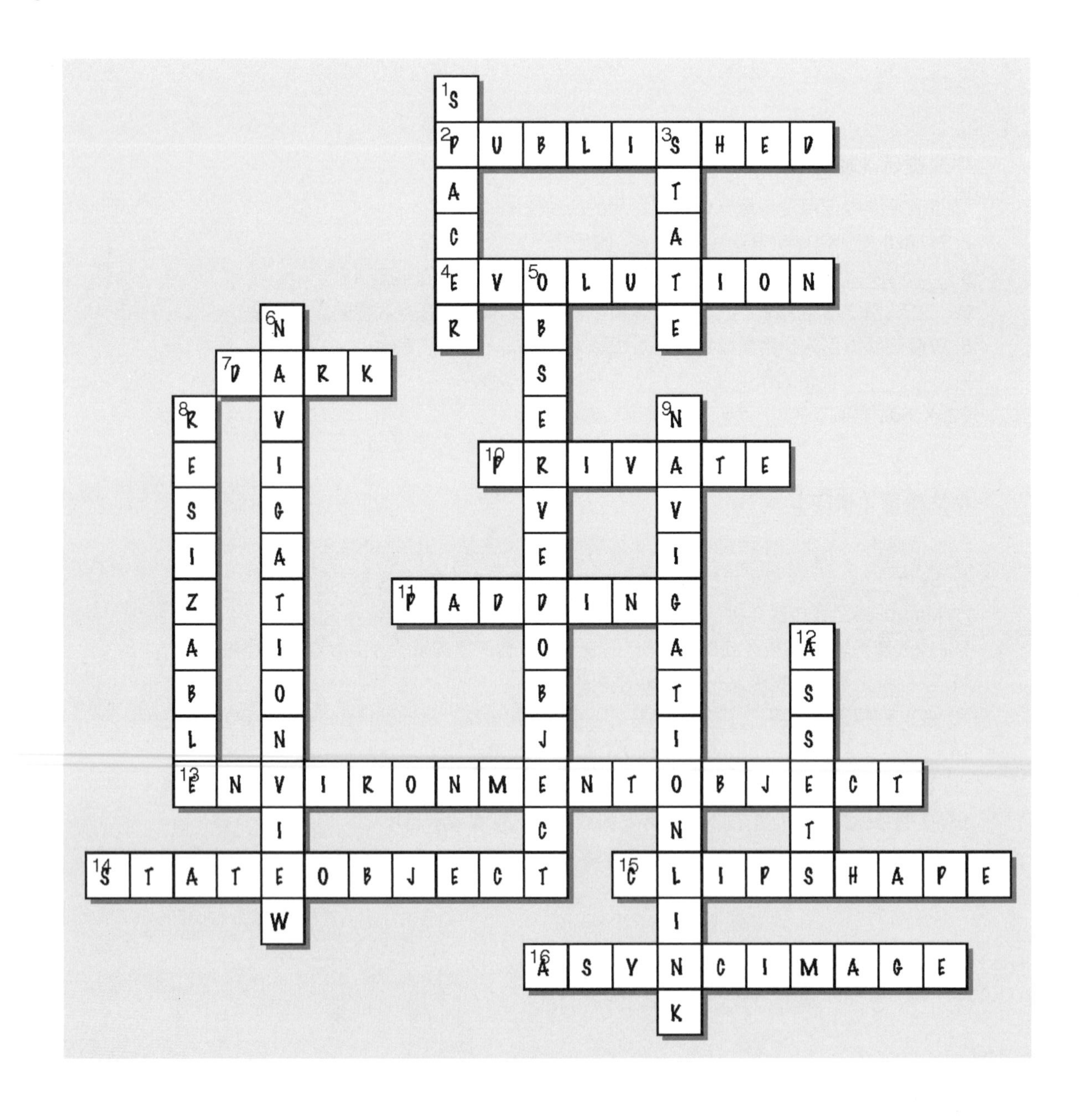

索引

符號 / 數字

A

B

C

D

E

F

H

I

K

L

M

N

O

P

Q

R

S

T

U

V

W

Z

深入淺出 Swift 程式設計

作　　者：Paris Buttfield-Addison, Jon Manning
譯　　者：黃詩涵
企劃編輯：蔡彤孟
文字編輯：詹祐甯
設計裝幀：陶相騰
發 行 人：廖文良

發 行 所：碁峰資訊股份有限公司
地　　址：台北市南港區三重路 66 號 7 樓之 6
電　　話：(02)2788-2408
傳　　真：(02)8192-4433
網　　站：www.gotop.com.tw
書　　號：A550
版　　次：2022 年 10 月初版
建議售價：NT$780

國家圖書館出版品預行編目資料

深入淺出 Swift 程式設計 / Paris Buttfield-Addison, Jon Manning 原著；黃詩涵譯. -- 初版. -- 臺北市：碁峰資訊, 2022.10
面；　公分
譯自：Head First Swift
ISBN 978-626-324-323-1(平裝)
1.CST：電腦程式語言　2.CST：物件導向程式
312.2　　111015540

讀者服務

- 感謝您購買碁峰圖書，如果您對本書的內容或表達上有不清楚的地方或其他建議，請至碁峰網站：「聯絡我們」\「圖書問題」留下您所購買之書籍及問題。(請註明購買書籍之書號及書名，以及問題頁數，以便能儘快為您處理)
http://www.gotop.com.tw
- 售後服務僅限書籍本身內容，若是軟、硬體問題，請您直接與軟、硬體廠商聯絡。
- 若於購買書籍後發現有破損、缺頁、裝訂錯誤之問題，請直接將書寄回更換，並註明您的姓名、連絡電話及地址，將有專人與您連絡補寄商品。